· 网络空间安全技术丛书 ·

机密计算

原理与技术

姚颉文 著

CONFIDENTIAL
COMPUTING

Principle and Technology

机械工业出版社
CHINA MACHINE PRESS

本书系统介绍了机密计算的概念，总结了各类主流 TEE 硬件通用设计，帮助读者理解 TEE 硬件的工作原理。本书围绕安全模型、生命周期、证明模型、攻击方法和防范策略，系统介绍了 TEE 的设计原则和使用方法，并以业界常用的 x86、ARM 以及 RISC-V 架构提供的 TEE 为例，分析了硬件 TEE 的实现方法，帮助读者理解不同实现的利弊。全书分为三个部分，第一部分介绍机密计算的基础知识，包括隐私计算的概述和机密计算的定义、分类等；第二部分介绍机密计算中的 TEE，主要内容包括机密计算模型、TEE 的生命周期、TEE 的证明模型、TEE 的可选功能、机密计算的软件开发、TEE 的攻击与防范；第三部分介绍机密计算中的 TEE-IO，主要内容包括 TEE-IO 模型、TEE-IO 的生命周期、TEE-IO 的证明模型和特别功能、TEE-IO 机密计算软件的开发、TEE-IO 的攻击和防范。

　　本书体系清晰，内容先进，适合从事机密计算相关研究和技术开发工作的人员阅读，也适合作为高校学生的拓展读物。

图书在版编目（CIP）数据

机密计算：原理与技术 / 姚颉文著 . -- 北京：机
械工业出版社，2025.3. -- (网络空间安全技术丛书).
ISBN 978-7-111-77394-8

　Ⅰ . TP274

中国国家版本馆 CIP 数据核字第 2025EU1580 号

机械工业出版社（北京市百万庄大街 22 号　邮政编码 100037）
策划编辑：朱　劼　　　　　　　　　责任编辑：朱　劼
责任校对：颜梦璐　李可意　景　飞　　责任印制：张　博
北京铭成印刷有限公司印刷
2025 年 7 月第 1 版第 1 次印刷
186mm × 240mm · 19.5 印张 · 1 插页 · 399 千字
标准书号：ISBN 978-7-111-77394-8
定价：89.00 元

电话服务	网络服务
客服电话：010-88361066	机　工　官　网：www.cmpbook.com
010-88379833	机　工　官　博：weibo.com/cmp1952
010-68326294	金　书　网：www.golden-book.com
封底无防伪标均为盗版	机工教育服务网：www.cmpedu.com

本书献给我的妻子曾文珺女士，感谢她对我持续的鼓励和无条件的支持！

推荐序一

机密性和完整性是信息技术安全的基石。在保护静止或运动中的数据时，密码学与传统的访问控制和其他隔离机制相结合的方式现在已被广泛使用、理解和接受。例如，当我们在计算机和计算设备上保存或备份数据时，会使用加密的文件系统或自加密存储设备；当我们在线开展业务时，会在 Web 浏览器地址栏中寻找锁定符号，因为这表示使用了 TLS 协议（传输层安全性协议）——一种重度依赖加密的安全通信协议。

随着个人和企业越来越依赖于可能无法直接控制的计算环境，人们对使用密码学来保护使用中的数据的需求越来越高。在这里，加密技术同样有很好的前景，并可能对将私有计算外包给各种云计算模型后的环境产生巨大影响。例如，全同态加密（FHE）支持对密文或加密数据进行任意计算。自 20 世纪 70 年代末理论化以来，FHE 取得了重大进展，随后研究人员于 2009 年发表了第一个看似合理的 FHE 结构。遗憾的是，FHE 和其他有前景的加密技术（如安全多方计算）的实现还有很长的路要走，才能在普通计算环境中用于通用计算。

可信执行环境（TEE）是一种基于硬件的计算环境，它结合了存储器中代码和数据的密码隔离，以及更传统的隔离技术，从而提供强大的机密性和完整性保证，这些保证在当今所有计算环境中都适用于通用计算。Intel 软件保护扩展（SGX）和可信域扩展技术（TDX），以及 AMD 安全加密虚拟化（SEV）和 ARM 机密计算架构（CCA）都是此类 TEE 的示例。本书的作者研究了这些技术，并希望帮助读者更好地了解这些技术提供的保证和能力，以及在常见的计算环境寻求更强有力的安全保证时面临的机遇和挑战。

TEE 支持的这种实用且新兴的安全计算范式称为**机密计算**，对于程序员来说，不仅要了解这些技术是如何工作的、它们所支持的安全特性是什么，还要了解为什么这些技术对于计算能力的持续增长至关重要——它由全球规模和基本共享的计算基础设施支持，正迅速从大型分布式数据中心扩展到具有更快连接能力的本地化"边缘"环境。机密计算大大减少了可信计算基（TCB），即传统硬件和系统软件堆栈中的那些元素，而 TCB 必须依赖于特定应用程序或工作负载及其数据的安全性。在过去的五十年或更长的时间里，我们一直依赖于一个纯粹的分层 TCB，它包括底层计算硬件、构成操作系统和其他系统软件的数十亿行代码、计算基础设施管理软件，以及特定系统上的无数应用程序和工作负载。而当使用 TEE 支持的机密计算时，TCB 仅由目标应用程序或工作负载加上底层硬件和固件的元素组成。一个更易于处理的 TCB 的漏洞和受攻击的风险降低了几个数量级，从而使计算环境以及应用程序或工作负载的机密性、隐私性和完整性大大提高，这些都可以在任何地方、任何时间通过远程认证进行度量和验证。

我鼓励您加入越来越多的计算机科学家、工程师和信息技术专业人士都感兴趣的领域，共同推动机密计算的发展。没有比学习这本书更好的踏入机密计算之门的方法了。

Ron Perez
Intel 公司院士和安全总架构师

推荐序二

2023 年，出现了很多和"诈骗"相关的安全事件，比如通过诈骗手段，让受害者把银行卡里的钱转出给诈骗者。其实，每个银行都有自己的一套"风控系统"，可以通过大数据计算的方法来判断哪笔转账可能是受骗者在"懵圈"状态下发起的，如果银行判断一笔转账存在风险，则马上进行拦截。

但这种场景下存在一个问题：不同的金融机构有不同的数据。对于同样一笔从账户 A 到账户 B 的转账，甲银行可能通过数据计算，判断出这是诈骗引起的转账，不应该批准；而乙银行可能因为没有相关数据，会认为没有风险，可以转账。于是，诈骗者会利用这个漏洞，让受骗者尝试不同渠道转账，直到某个银行恰巧没有相关的风控数据，不拦截交易。面对诈骗者的招数，最好的办法是什么呢？当然就是把各个银行和支付机构的数据联合在一起进行计算，这就相当于让大家合穿了一套坚固的铠甲。

可现实世界往往有诸多无奈，受限于不同的因素和考虑，各金融机构无法把自己的原始数据共享给别人，但又希望具有将这些数据联合计算以后的"风控能力"，从而形成了矛盾。

这里就要引出这本书的主题——机密计算了！机密计算可以对使用中的数据进行安全保护，达到数据可用但不可见的效果。使用机密计算技术结合联合风控反诈，各个金融机构就可以在联合进行数据计算的同时，使自己的原始数据得到安全保障。

当然，数据的安全联合计算只是机密计算的一个应用，机密计算还可以用于大数据分析、大模型保护、大模型输入隐私保护、机密数据库、区块链隐私保护、云计算数据安全等场景中。

机密计算是数据要素安全高效流通的重要支撑技术之一，相比其他技术具有性能强、通用性好、研发成本低等特点，冯登国院士在 2023 年 CNCC 的机密计算论坛的报告中指出，机密计算是目前最为现实的数据使用安全技术。可以说，机密计算是正在蓬勃发展且具有广阔前景的新兴技术和产业生态。正是由于机密计算方兴未艾，目前存在各种不同的机密计算实现手段、编程模型、威胁模型、证明模型等，缺乏统一的理解和学习框架。想要进入这个领域的技术人员，只能面对各种似是而非的术语、繁杂的学术论文和不同硬件厂商的技术文档，不得其门而入，学习曲线极为陡峭。因此，非常需要一本能够全面、系统地阐述机密计算技术原理和工作机制的书籍。我自己也想动笔写这样一本书，但因工作缠身而迟迟未动。

颉文的这本机密计算著作真是恰逢其时，填补了这个空白。这本书从机密计算与其他数据安全技术的区别等基本概念讲起，搭建了一个由安全模型、生命周期、证明模型、攻击和防范等内容组成的叙述框架，从共性层面讲述了可信执行环境（TEE）的通用设计原则和使用方法，并结合各种 TEE 实例将原理框架映射到具体实现，使读者既能学习抽象层面的一般性原理，又能理解实际 TEE 实现中各厂商的思考和折中。难能可贵的是，这本书不仅用这个框架讲解 CPU TEE，还将其扩展到设备 TEE（或称为 TEE-IO），帮助读者理解和使用加速器 TEE，将机密计算能力从通用计算延伸到智能加速计算，在当前这个大模型时代，这本书的意义是毋庸置疑的。

最后，作为一个机密计算领域的从业者，我郑重地向读者朋友们推荐这本书。相信无论是希望学习和了解机密计算技术的读者，还是有志于设计机密计算软硬件系统的读者，都能从这本书中得到有益的启发。

闫守孟

蚂蚁集团可信安全计算部负责人，蚂蚁技术研究院计算系统实验室主任

推荐序三

我很高兴向大家介绍这本书。这本书的作者姚颉文因对平台固件（UEFI）的深刻理解，一直被认为是固件安全领域的领军人物。他一直活跃在固件、管理标准（DMTF）和可信计算组织（TCG）等开源社区，这些是可信执行环境（TEE）的基础组成部分。颉文深厚的技术功底、丰富的专业知识，以及他对开源软件和标准的战略眼光和长期贡献，使他成为这本技术书籍的理想作者。

多年来，我有幸与颉文合作，在英特尔公司开发漏洞防御和可信执行环境的体系结构。我构建了第一个基于硬件虚拟化的操作系统运行时完整性系统，并在 x86 的 64 位架构上开发了基于虚拟机的机密计算硬件安全架构。在我的技术旅程中，颉文一直是我亲密的合作伙伴，致力于发现技术差距，开发开源软件，并为机密计算所需的构件制定领先的标准。他一直是 UEFI 项目中机密计算的关键倡导者，并贡献了许多扩展功能，如机密虚拟机和基于容器的部署模型的客户固件、TEE-IO 标准、SPDM 标准以及平台和设备认证标准等。在开发的每一个阶段，颉文都通过开源代码和深厚的实现经验而处于领先地位。

这本书的与众不同之处在于它在理论见解和实践案例之间做出了很好的平衡——既提供了技术方面的背景知识，又用实用的方式传授概念，深入讲解架构和设计选择，从而指导读者理解为机密计算部署的软件和硬件的生命周期。它描述了安全需求的历史和演变、硬件/软件设计和实现权衡以及安全生命周期。颉文考虑了从 x86 到 ARM、RISC-V 的不同体系结构，同时介绍了机密计算联盟（CCC）内作为项目处理的公共部分。我们已经进入一个将隐私敏感的数据分析、机器学习和人工智能融入所有数字行业的时代，具有大规模联邦和多方计算需求的组织以及不同组织之间对使用中的数据的保护需求呈指数级增长。这本书提供了一个路线图，帮助读者理解机密计算及其影响。

无论你是渴望探索机密计算基础知识的新手，还是寻求更深入知识的资深从业者，这本书都将是适合你的技术参考书。我很高兴有机会为机密计算社区撰写这本书的推荐。总之，这本书是任何有兴趣了解机密计算技术的为什么、是什么以及怎么工作的人的必读书目。通过清晰的解释、实际的例子和深刻的见解，我相信这本书将帮助领导者、架构师和开发人员构建和发展强大的机密计算能力。

Ravi Sahita

Rivos 公司首席安全架构师

RISC-V 安全横向委员会副主席，可信/机密计算 SIG 主席，机密虚拟机 TG 主席

Intel 公司前资深首席安全架构师

前　言

　　两个富翁希望能比一比谁的钱更多，但是他们又各有小心思，不想暴露自己财富的数额，该怎么办呢？这就是图灵奖得主姚期智院士在1982年提出的百万富翁难题。我们来看一个简化版本的方案。假设两个富翁的财富在1~10之间，那么可以按以下步骤处理。
① 富翁A找来10个一模一样的盒子，盒子外壳分别贴上标签1~10，然后在盒子里放入两种颜色的小球，白色小球代表财富值小于或等于A，灰色小球代表财富值大于A，之后锁上箱子交给富翁B。② 富翁B打不开盒子，只能根据10个盒子外的标签选择和自己财富值对应的盒子，然后销毁其他9个盒子，再销毁唯一选定的盒子的标签，还给富翁A。③ 富翁A和富翁B一起打开选定的盒子，若是灰球，则富翁B的财富更多；若是白球，则富翁A的财富更多。由于富翁B不能打开盒子，因此富翁B不知道富翁A的财富值。由于富翁B销毁了其他盒子，并且撕去了选定盒子上的标签，因此富翁A不知道富翁B的财富。他们得到了比较结果，而且没有暴露自己的财富值。图0-1展示了富翁A的财富为4，富翁B的财富为7的例子，灰球表示富翁B的财富更多。

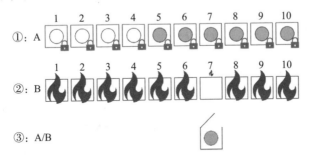

图 0-1　百万富翁难题的简化版方案

　　百万富翁难题只体现了隐私需求的一个方面。40多年之后，随着大数据和人工智能的应用，人们对隐私保护的需求也日益增加，隐私保护数据挖掘（Privacy Preserving Data Mining，PPDM）和隐私保护机器学习（Privacy Preserving Machine Learning，PPML）等概念渐渐被人熟知。我国的《数据安全法》、美国的《数据隐私和保护法》、欧盟的《通用数据保护条例》等都明确提出了数据隐私方面的要求。联合国大数据全球工作组的白皮书"隐私保护计算技术手册"中总结了五大技术方向：安全多方计算（Secure Multiparty Computation，MPC）、同态加密（Homomorphic Encryption，HE）、差分隐私（Differential Privacy，DP）、零知识证明

（Zero Knowledge Proof，ZK Proof）和可信执行环境（Trusted Execution Environment，TEE）。其中只有 TEE 是关于计算机硬件体系结构的创新，而其他四项都是密码学相关的技术。

作为隐私计算的一大分支，基于 TEE 的机密计算具有独特的性质。它提供了一个隔离的环境，直接保护数据的动态运行，只要数据在 TEE 内部，TEE 外部的任何程序都无法感知数据的信息。相比于密码学方案，它具有通用性强、性能高等特点。2024 年，冯登国院士发表了《网络空间安全科技应重点关注六个方面》，其中一个方面就是"零信任、机密计算、隐私计算与弹性安全等技术仍将蓬勃发展"。目前，Intel、AMD、ARM、RISC-V 等各大 CPU 厂商或联盟都在布局 TEE 的机密计算，而且 NVIDIA 等 GPU 设备厂商也在支持并推出产品，微软、谷歌、蚂蚁集团、字节跳动等云服务提供商也开展了 TEE 机密计算相关的研发。在这一浪潮下，工程师需要深入了解 TEE 硬件的设计和工作原理，才能更好地使用 TEE，选择合适的机密计算软件应用框架，保护隐私数据以及应用程序。

本书的主要内容

目前，很多公司都推出了自己的机密计算方案，这给用户带来了不小的挑战。本书总结了各类主流 TEE 硬件的通用设计，通过介绍它们的共性，帮助读者理解 TEE 硬件的工作原理，方便用户通过一些抽象的共性来定义 TEE 的使用场景。本书从安全模型、生命周期、证明模型、攻击方法和防范策略等方面介绍了 TEE 的设计原则和使用方法，帮助读者理解机密计算的安全属性和实现要点。同时，本书以业界常用的 x86、ARM 以及 RISC-V 架构提供的 TEE 为例，分析了硬件 TEE 的实现方法和其中的异同，帮助读者深刻理解不同实现所带来的利弊，希望给未来的 TEE 软硬件设计者一些启示。

本书的目标读者

本书的目标读者是对机密计算具有浓厚兴趣，希望了解深层次工作原理的程序员。初级程序员可以通过本书学习机密计算的原理，在使用各类机密计算软件时知其然更知其所以然；有经验的程序员可以通过本书了解机密计算不同实现的异同和利弊，在选择和设计机密计算方案时做到胸有成竹；研究人员可以通过本书了解机密计算的发展和现状，思考新的应用场景和未解决的难题，为机密计算和隐私计算的发展添砖加瓦。机密计算 TEE 是一个崭新的概念和架构，目前工业界也在起步阶段，希望读者可以通过本书理解 TEE 的软硬件设计理念，将来可以设计和实现自己的 TEE 硬件或者软件。

本书的内容组织与架构

本书分为三部分，第一部分包括第 1 章和第 2 章，旨在介绍隐私计算和机密计算的基

XI

础知识。第 1 章简单介绍隐私计算的目标和安全多方计算、同态加密、差分隐私以及零知识证明，并介绍包括联邦学习在内的隐私计算的应用。第 2 章根据机密计算联盟给出的定义，介绍机密计算的概念、硬件 TEE 方案的分类以及软件实现方法。

第二部分包括第 3~8 章，旨在全面介绍 TEE 的各个方面。第 3 章介绍机密计算安全模型，帮助读者理解机密计算需要的安全属性，考虑抵御哪些威胁或不考虑哪些威胁。第 4 章介绍 TEE 的生命周期，包括 TEE 的内存布局、TEE 的启动过程和卸载，并给出实例。因为证明是机密计算的基本安全需求，所以以第 5 章介绍 TEE 的证明模型，包括 TEE 的可信启动过程、证据的生成和传递、证据的验证和证明结果的传递等，以及两个高级话题，并给出了 TEE 证明实例。第 6 章介绍 TEE 的可选功能，包括封装、嵌套、vTPM、实时迁移和运行时更新。第 7 章介绍机密计算的软件开发，包括机密虚拟机的各种模块、安全飞地的软件支持、TEE 远程证明相关软件、TEE 安全通信方法和 TEE 内保障数据安全的方法。第 8 章介绍 TEE 的攻击与防范，需要考虑的风险点有 TEE 的软件实现、TEE 内部的密码应用、侧信道和故障注入，并设置简单物理攻击的保护，还介绍了针对 TEE 特有的攻击和保护。

为了提高效率，计算过程中的工作负载（如 AI 负载）可能会被交给设备加速器运行。考虑到这类用例，TEE 需要从主机端扩展到设备端。第三部分将介绍 TEE-IO 的各个方面，包括第 9~14 章。第 9 章介绍 TEE-IO 安全模型，以及 TEE-IO 威胁模型，包括设备端的安全需求和主机端的安全需求，并给出了实例。第 10 章介绍 TEE-IO 的生命周期，包括系统和设备初始化、与设备建立安全的管理通道、与设备建立安全数据通道、设备配置锁定、可信设备认证、安全会话的密钥更新、设备连接的终止和设备移除等，以及 TEE-IO 设备的错误处理，包括错误的触发、报告和恢复，并给出了相关实例。证明在 TEE-IO 中更加复杂，第 11 章介绍 TEE-IO 的证明模型，包括 TVM 对设备的证明和第三方对绑定设备的 TVM 的证明，会涉及证据的生成和传递、设备与主机的双向证明，并给出相关实例。第 12 章介绍 TEE-IO 的特别功能，包括 TEE-IO 设备的弹性恢复、设备的运行时更新、PCIe 设备间的对等传输，以及 CXL 设备在机密计算中的使用。第 13 章介绍 TEE-IO 软件的开发，包括机密虚拟机对设备的支持、设备的证明，以及设备的安全通信。第 14 章介绍 TEE-IO 的攻击与防范，风险点包括 TEE-IO 的主机端、设备连接和设备端三方面。除了通用的软件安全、侧信道和故障注入之外，DMA 和 MMIO 安全是需要重点考虑的。

目前，业界已开始部署 TEE 机密计算部分，而 TEE-IO 是未来发展的方向。初级程序员可以优先关注本书的第一部分和第二部分，高级程序员或架构师则需要关注第三部分，以便为将来的机密计算研发工作做准备。

机密计算涉及的技术极其广泛。横向来看，涉及威胁建模、可信计算、弹性安全、密码学、侧信道以及软硬件安全攻防等方面的技术和知识；纵向来看，涉及 SOC 硬件、设备总线、固件、虚拟机、操作系统和系统应用等软硬件协议栈。对于想全面了解机密计算的工程师来说，本书提供了一幅"地图"，可以帮助读者了解有哪些方面的知识需要学习。由于篇幅有限，本书不可能详细地描述所有方面，只能聚焦于与机密计算密切相关的部分。

但是对于一个安全方案来说，面面俱到是必要的选择，不然就会有"千里之堤，溃于蚁穴"的风险。因此，坦率地说，仅仅通过本书学习是不够的。本书资源中附有延伸阅读的书籍和文献列表，想要深入掌握机密计算技术的读者可进一步进行研读，读者可以从出版社网站下载。

另外，需要说明的是，由于机密计算领域发展迅速，很多术语或名词没有形成共识的译法。为避免引起理解错误，本书中的一些名词保留了英文名称或叫法。

致谢

作者从 2003 年开始参与 EFI 固件项目，从软件和硬件两方面接触计算机安全，并且在 2017 年开始参与 Intel TDX 机密计算的架构、设计与开发工作，见证了项目的启动、发展、成熟和落地应用。本书的完成得益于和其他优秀工程师的思想交流，与 DMTF、PCI-SIG、RISC-V、TCG、UEFI 等标准化组织的讨论，以及 CCC、CoCo、EDK II、Linux、SPDM 等开源社区的分享，在此特别感谢如下同行和老师（以公司和姓氏的英文字母排序）：阿里集团的 Jiang Liu、Shoumeng Yan、Jia Zhang，AMD 公司的 Abner Chang、Tom Lendacky、Michael Roth，Ampere 公司的 Vincent von Bokern、Dave Harriman、Chris Li，ARM 公司的 Samer El-Haj-Mahmoud，Dell 公司的 Amy Nelson，Google 公司的 Erdem Aktas，HPE 公司的 Jeff Hilland，Intel 公司的 Arie Aharon、Joseph Cihula、Eddie Dong、Mark Doran、Jiaqi Gao、Anas Hlayhel、Simon Johnson、Hormuzd Khosravi、Susie Li、Wei Liu、Ken Lu、Xiaoyu Lu、Krystian Matusiewicz、Dan Middleton、Alberto Munoz、Jun Nakajima、Ronald Perez、Makaram Raghunandan、Elena Reshetova、Xiaoyu Ruan、Vincent Scarlata、Ned Smith、Junli Sun、Dan Williams、Hao Wu、Haidong Xia、Min Xu、Longlong Yang、Andy Zhao、Peter Zhu、Vincent Zimmer，Microsoft 公司的 Jon Lange，NVIDIA 公司的 Steven Bellock、Joe Pennisi、Tim Prinz，RedHat 公司的 Paolo Bonzini、Laszlo Ersek、Gerd Hoffmann、David Gilbert，Rivos 公司的 Samuel Ortiz、Ravi Sahita、Vedvyas Shanbhogue 等，字节跳动的 Wenhui Zhang。

最后，感谢华东师范大学的黄波教授牵线促成了本书，感谢机械工业出版社的各位编辑为本书出版所做的工作。

机密计算技术的发展日新月异，在本书问世的同时，新的需求和用例可能会不断出现，作者提出的观点也可能会落后或有不妥，敬请各位专家和读者批评、指正。

目　录

第一部分

机密计算基础

第 1 章

隐私计算概述

本章将主要介绍隐私计算，机密计算（Confidential Computing）是隐私计算的一种方法。

1.1 隐私计算的目标

根据联合国全球大数据工作组（BigData UN Global Working Group）发布的"隐私计算技术手册"（UN Handbook on Privacy-Preserving Computation Techniques）白皮书，统计分析过程可以抽象为三部分：输入方（源数据）、计算方（统计分析）、结果方（统计结果），如图 1-1所示，对应的隐私计算目标分为以下三类：

- ❏ **输入隐私**（Input Privacy）：计算方不能访问或衍生出输入方提供的输入数据，也不能访问计算过程中的中间数据或中间结果。需要注意的是，即使计算方不能直接访问数据，也可能通过侧信道攻击衍生出输入数据，这都是输入隐私需要虑的。
- ❏ **输出隐私**（Output Privacy）：除了输入方允许的内容之外，发布的结果不能包含任何可识别的输入数据。输出隐私要解决的是测量和控制计算结果的泄露问题。
- ❏ **策略强制**（Policy Enforcement）：由策略来控制输入方把哪些敏感数据提供给计算方，并且控制输出方输出哪些数据结果。

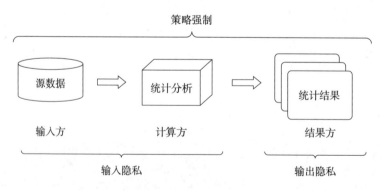

图 1-1　隐私计算目标 [⊖]

⊖　来源：联合国全球大数据工作组发布的"隐私计算技术手册"白皮书。

1.2　隐私计算技术

目前，工业界常用的隐私计算技术有**同态加密**（Homomorphic Encryption，HE）、**安全多方计算**（Secure Multi-Party Computation，MPC）、**零知识证明**（Zero Knowledge Proof，ZKP）、**差分隐私**（Differential Privacy，DP）以及**可信执行环境**（Trusted Execution Environment，TEE）等。

图 1-2 展示了隐私计算技术和隐私计算目标之间的关系。

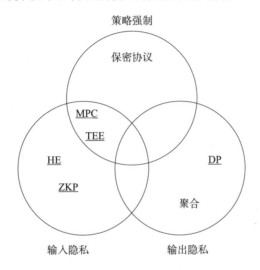

图 1-2　隐私计算技术和隐私计算目标之间的关系 [⊖]

1.2.1　同态加密

在"RSA三人组"发明了大名鼎鼎的 RSA 算法之后，Rivest、Adleman 和 Dertouzos 在 1978 年发表了题为"On data banks and privacy homomorphisms"的文章，首次阐述了同态加密的概念。同态加密可以直接对密文数据进行计算，得出结果后再解密。这个特性称为同态性。

RAS 和之后的 ElGamal 算法只能做到乘法半同态（Partially Homomorphic Encryption，PHE），只有乘法运算可以实现同态性，其他运算则不行。Paillier 在 1999 年发表的论文"Public-key cryptosystems based on composite degree residuosity classes"中提出了落地的加法半同态算法（也称为 Paillier 算法），弥补了不足。

同态加密在 2009 年取得了突破。Gentry 在"Fully homomorphic encryption

⊖　来源：联合国全球大数据工作组发布的"隐私计算技术手册"白皮书。

using ideal lattices"中首次实现了基于理想格（Ideal Lattice）的全同态（Fully Homomorphic Encryption，FHE）算法。目前，同态加密还在持续发展中，如 Brakerski和Vinod Vaikuntanathan在2011年的论文"Efficient fully homomorphic encryption from (standard) LWE"中提出了BV算法，Brakerski、Gentry和Vaikuntanathan 在2012年的论文"(Leveled) fully homomorphic encryption without bootstrapping"中 提出了BGV算法，Brakerski在2012年的论文"Fully homomorphic encryption without modulus switching from classical GapSVP"中提出了Bra算法，Fan和Vercauteren在 2012年的论文"Somewhat practical fully homomorphic encryption"中提出了BFV算法， Gentry、Sahai和Waters在2013年的论文"Homomorphic encryption from learning with errors: conceptually-simpler, asymptotically-faster, attribute-based"中提出了GSW算法， Cheon、Kim、Kim和Song在2017年的论文"Homomorphic encryption for arithmetic of approximate numbers"中提出了CKKS算法，但这些算法需要解决计算开销和性能 问题。

同态加密通过直接对密文数据进行计算来保护数据的隐私性，如图 1-3 所示，同态 加密算法有以下功能模块：

- ❑ HE:KeyGen（ ）：密钥生成，根据参数生成临时 HE密钥。
- ❑ HE:Encrypt（ ）：加密，使用 HE密钥加密明文输入数据，生成加密输入数据。
- ❑ HE:Evaluate（ ）：评估，对加密输入数据进行运算，生成加密输出数据。
- ❑ HE:Decrypt（ ）：解密，使用 HE密钥解密加密输出数据，生成明文输出数据。

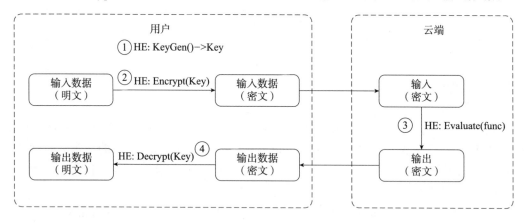

图 1-3　同态加密算法的功能模块

同态加密非常适合云计算应用的场景。用户希望利用云端的计算能力，但是不希 望暴露自己的隐私数据，于是可以把机密数据上传到云端进行计算，得到结果之后再 返回到本地解密。

目前，同态加密的安全性是由底层的密码学原语（Primitive）保证的，这就是容错学习问题（Learning with Error，LWE）。如果容错学习问题不被攻破，就意味着同态加密具有安全性。

同态加密只是密码学原语而不是协议。同态加密在单独使用的情况下不能够完全提供输入隐私功能，如果计算时需要多方的输入，同态加密不能保证每个输入只能被密钥拥有者看见。另外，同态加密只提供不可区分性（Indistinguishability，IND），即对手不能获得明文信息；而不提供不可延展性（Non-Malleability，NM），即对手可以修改密文信息。

"隐私计算技术手册"白皮书中指出，基于同态加密构造的安全协议需要密码专家的帮助，而且多数基于同态加密的安全协议是半诚实（Semi-Honest）安全的 [⊖]。

1.2.2　安全多方计算

图灵奖得主姚期智院士在 1982 年发表的"Protocols for secure computations"一文中提出了"百万富翁难题"，开启了保护隐私的安全多方计算研究。目前，安全多方计算包括不经意传输（Oblivious Transfer，OT）、混淆电路（Garbled Circuit，GC）和秘密共享（Secret Sharing，SS）等方法。

1.不经意传输

Rabin 在 1981 年发表的文章"How to exchange secrets with oblivious transfer"中提出了不经意传输的概念。假设通信双方都有自己的秘密，并且希望在没有可信第三方的情况下交换秘密，但是他们有一个要求，就是秘密的拥有者不能知道对方是否获得了秘密。举个例子来说，Alice 有一个秘密要发送给 Bob，但是当 Alice 发送秘密时，Bob 只能以概率的方式获得秘密，这使得 Alice 无法知道 Bob 是不是真的获得了秘密。

之后，Evan、Goldreich 和 Lempel 在 1985 年的文章"A randomized protocol for signing contract"中提出了真正意义上的不经意传输，称为二选一不经意传输（1-out-of-2 OT）。Alice 在通信中发送两个秘密（m_0，m_1），Bob 选择接收其中的一个秘密，但是 Alice 不知道 Bob 选择的是哪一个秘密，而且 Bob 一旦选择了一个秘密，就不能知道另一个秘密。这个过程如图 1-4 所示。Brassard、Crepeau 和 Robert 在 1986 年发表的"Information theoretic reductions among disclosure problems"一文中将二选一不经意传输扩展到了 N 选一不经意传输（1-out-of-N OT），也就是说，Alice 一次发送 N 个秘密，让 Bob 选择其中一个。之后，又扩展到了 N 选 K 不经意传输。

⊖　关于同态加密的参考书籍有钟焰涛、蒋琳和方俊彬编写的《同态密码学原理及算法》，以及陈智罡编写的《全同态加密：从理论到实践》。

图 1-4　二选一不经意传输

2.混淆电路

混淆电路这个概念是由姚期智院士在 1986 年发表的"How to generate and exchange secrets"一文中提出的。该方法可达到如下效果：Alice 和 Bob 想一起输入些数据得出计算结果，双方都知道自己的输入和最后的结果，但是双方都不愿让对方知道自己的输入是什么。图 1-5 展示了混淆电路和工作流程的一个简单例子。

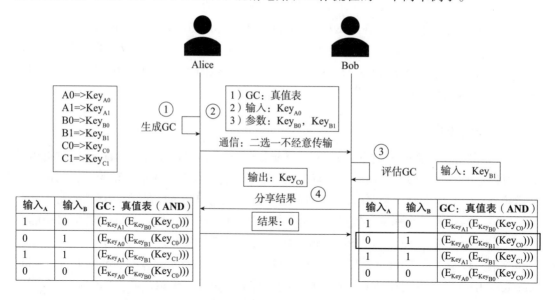

图 1-5　混淆电路和工作流程

我们假设双方的计算通过一个电路完成。以与（AND）操作真值表为例，Alice 的输入为 0 或 1，使用密钥 Key_{A0} 和 Key_{A1} 表示；Bob 的输入为 0 或 1，使用密钥 Key_{B0} 和 Key_{B1} 表示；输出结果为 0 或 1，使用密钥 Key_{C0} 和 Key_{C1} 表示。Alice 生成真值表，使用对应的密钥加密结果并且打乱顺序，这个加密打乱的过程就是混淆电路的工作原理。

混淆电路的工作流程如下所示：

①混淆电路生成。Alice 生成混淆电路真值表。

②双方通信。Alice 把真值表、Alice 的输入（例如 Key_{A0}）、Bob 的两个密钥 Key_{B0} 和 Key_{B1} 发送给 Bob。这里的通信使用二选一不经意传输，因此 Bob 只能选择其中的一个密

钥，而不知道另一个密钥。同时 Alice 不知道 Bob 到底选择了哪一个密钥。

③混淆电路评估。Bob 选择自己的输入（例如 Key$_{B1}$），解密真值表，得出结果的密钥（例如 Key$_{C0}$）。

④结果分享：Bob 把结果的密钥发送给 Alice，Alice 查出对应的明文 0 或 1 后告诉 Bob。

Bob 不知道 Alice 的输入 Key$_{A0}$ 所代表的含义，只是结合自己的输入 Key$_{B1}$ 尝试解密真值表的各项，唯一可以解密出来的那一项就是结果 Key$_{C0}$。Alice 只看到最后的结果 Key$_{C0}$，但是 Alice 不知道 Bob 使用真值表的哪一项来解密，所以也不知道 Bob 使用的密钥，由此满足了不泄露输入信息这个条件。

注意：姚氏混淆电路只对忠实的参与方有效，对恶意参与方无效。

Goldreich、Micali 和 Wigderson 在 1987 年发表的 "How to play ANY mental game" 一文中将姚氏混淆电路扩展为 GMW 协议，从两方扩展到多方、从布尔电路扩展到算术电路，而且可以抵御部分恶意参与方。Beaver、Micali 和 Rogaway 在 1990 年的论文 "The round complexity of secure protocols" 中提出的 BMR 协议则采用分布式执行混淆电路生成过程，使得任何参与方都无法单独获得混淆电路的秘密信息，同时使生成过程的通信复杂度与待计算电路的深度无关。

3. 秘密共享

Shamir 的 "How to share a secret" 和 Blakley 的 "Safeguarding cryptographic keys" 分别在 1979 年提出了多方秘密共享方案。(K, N) 门限方案（Threshold Scheme）的核心思想就是将一个秘密 S 用 N 把子密钥保护起来，凑齐其中任意 K 把子密钥就能还原这个原始秘密，但是小于 K 把子密钥就不能还原出原始秘密。图 1-6 展示了一个基于（3，5）门限方案的秘密共享示意图。在这个方案中，一个秘密由 5 把子密钥保护，凑齐 3 把子密钥可以破解这个秘密。

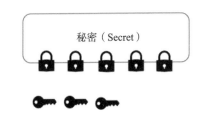

图 1-6　基于（3，5）门限方案的秘密共享

Shamir 采用了一个简单的数学原理：给定多项式 $f(x) = a_{k-1}x^{k-1} + \cdots + a_2x^2 + a_1x + a_0$，已知任意 k 个点 $(x, f(x))$ 即可解出这个多项式，而已知的点小于 k 个则无法解出多项式。对于密文 S 和（K, N）门限，随机生成 $K-1$ 个参数作为 $a_{k-1}, \cdots, a_2, a_1$，秘密 S 作为 a_0，这样得到 $K-1$ 阶多项式 $f(x)$，然后随机产生 N 个非零数 x 代入多项式得到 N 个 $f(x)$，最后把这 N 个 $(x, f(x))$ 分别发送给 N 个用户即可。这样，任意 K 个用户在一起就可以构造 K 个

方程的方程组解出这 K 个系数，而系数 a_0 就是秘密 S。

Blakley则采用了另一种方法。假设这个秘密是三维空间中的一点，可以用 5 个经过这个点的平面作为子秘密，凑齐其中任意 3 个平面就可以确定空间的这一点。把这个三维空间扩展到 K 维空间就是 Blakley 算法，即把秘密作为 K 维空间的一个点，用 N 个经过这个点的平面作为子秘密发送给各个参与方，凑齐其中任意 K 个平面就可以确定这个秘密。

多数情况下，我们采用（N，N）门限方案，即拥有全部 N 个子秘密是重新构建出秘密的充要条件。MPC可以利用秘密共享方案的同态特征，即对于各个子秘密进行加法或乘法的同态计算，最后合并得到计算结果。图 1-7 展示了一个秘密共享的加法示例，工作步骤如下：

1）**输入方秘密拆分**。Alice把秘密 A 拆分为 S_{A1} 和 S_{A2}，Bob把秘密 B 拆分为 S_{B1} 和 S_{B2}。

2）**子秘密发送**：Alice把 S_{A1} 发给计算方 1，把 S_{A2} 发给计算方 2。Bob把 S_{B1} 发给计算方 1，把 S_{B2} 发给计算方 2。

3）**计算方计算**：计算方 1 算出 $CP_1=S_{A1}+S_{B1}$，计算方 2 算出 $CP_2=S_{A2}+S_{B2}$。这时，计算方无法得知原始秘密 A 和秘密 B。

4）**发送计算结果**：计算方分别把结果发送给输出方。

5）**输出方结果计算**：输出方计算 CP_1+CP_2，即秘密 A+秘密 B。这样，结果方就在不知道原始秘密 A 和秘密 B 的情况下得知了秘密之和。

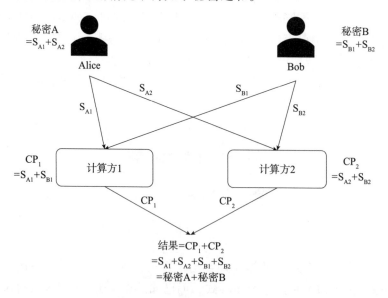

图 1-7　秘密共享的加法示例

Ben-Or、Goldwasser和 Wigderson 在 1988 年的论文 "Completeness theorems for non-cryptographic fault-tolerant distributed computation" 中提出的 BGW 协议就是

基于 Shamir提出的秘密共享方案。Chaum、Crepeau和 Damgard也在 1988年的论文 "Multiparty unconditionally secure protocols"中提出了类似的 CCD协议。

4.安全模型

安全多方计算的威胁模型增加了一个特殊的对手（Adversary）——内部威胁者（Insider）。我们需要考虑以下特性：

- **诚实性**（Honesty）：诚实性分为三类：半诚实、隐匿和恶意。在半诚实（Semi-Honesty）模式下，受害的参与者只是读取数据；在隐匿（Covert）模式下，对手可能会修改或破坏已经同意的协议，并且隐藏自己；在恶意（Malicious）模式下，对手可能会修改或破坏已经同意的协议，但是隐藏自己并不是目标，可以采取更多措施。
- **移动性**（Mobility）：移动性分为两类：固定对手和非固定对手。在固定对手模式下，只有固定的参与者被渗透，从而受到影响，这些被渗透的参与者不会变化；在非固定对手模式下，被渗透参与者可以发生变化，从一个参与者移动到另一个参与者。例如，在 A、B、C、D、E五个参与者中，开始是 A和 B作为对手，但在计算一段时间后，对手变成了 A和 C。
- **被渗透方的比例**（Portion of Compromised Parties）：被渗透方的比例分为两类：诚实的占大多数和不诚实的占大多数。

不同的安全多方计算协议具有不同的性质，涉及以下方面：

- **输入隐私**：参与者不把数据暴露给其他参与者。
- **输出正确性**：所有参与者得到的输出是正确的输出。
- **公正性**：要么所有参与者得到输出，要么所有参与者都没有得到输出。
- **保证的输出**：不管不诚实的参与者做什么，所有诚实的参与者都做正确的计算。

关于安全多方计算的优秀参考书籍有 Evans、Kolesnikov和 Rosulek编写的《实用安全多方计算导论》，其中包含了对于 GMW协议、BMR协议、BGW协议和 CCD协议的介绍。

1.2.3　零知识证明

Goldwasser、Micali和 Rackoff在 1985年的论文 "The knowledge complexity of interactive proof-systems"中提出了零知识证明的概念，即证明者（Prover）在不向验证者（Verifier）提供有用信息的情况下使证明者相信某个陈述（Statement）。

我们使用 Quisquater等在 1989年发表的 "How to explain zero-knowledge protocols to your children"一文中提到的山洞问题来说明这个概念。如图 1-8 所示，山洞内的 C点和 D点之间有一道密门，证明者陈述自己知道密门的口令，但不想把口令告诉验证者，那该怎么办呢？验证者可以重复以下步骤：

1）验证者站在A点，证明者站在B点。

2）证明者随机走到C点或D点，但验证者看不见证明者的选择。

3）验证者走到B点，要求证明者从左边或右边的通道出来。

4）证明者根据要求从左边或右边的通道出来。

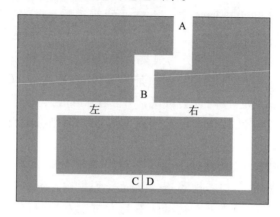

图1-8　零知识证明的山洞问题

如果证明者知道密门的口令，就一定能正确地从验证者要求的通道中出来；如果证明者不知道密门的口令，则每次有1/2的概率从验证者要求的通道中出来。只要重复的次数足够多，验证者就有理由相信证明者确实知道密门的口令。

零知识证明分为交互式零知识证明和非交互式零知识证明两种。密码学中的数字签名可以作为一种典型的交互式零知识证明方式，例如Schnorr在1991年的论文"Efficient signature generation by smart cards"中提到的身份认证协议。

在零知识证明中，经典的方法包括Groth在2010年的论文"Short pairing-based non-interactive zero-knowledge arguments"和Bitansky、Canetti、Chiesa和Tromer在2012年的论文"From extractable collision resistance tosuccinct non-interactive arguments of knowledge, and back again"中正式提出的零知识简明非交互式知识论证（Zero-Knowledge Succinct Non-interactive Argument of Knowledge, zk-SNARK），以及Ben-Sasson、Bentov、Horesh和Riabzev在2018年的论文"Scalable, transparent, and post-quantum secure computational integrity"中提出的零知识可扩展透明知识论证（Zero-Knowledge Scalable Transparent Arguments of Knowledge，zk-STARK），它可以抵御量子攻击。

零知识证明需要满足以下性质：

❑ **完备性**（Completeness）：如果陈述为真，而且证明者和验证者都遵循协议，那么验证者将接受证明。

❑ **可靠性**（Soundness）：如果陈述为假，而且验证者遵循协议，那么验证者将无法接受证明。

❑ **零知识**（Zero-Knowledge）：如果陈述为真，而且验证者都遵循协议，那么除了证明为真之外，验证者将无法获得其他任何机密信息。

零知识证明的安全性由不同的数学难题保证。例如，简明非交互式证明（Succinct Non-interactive Proof）基于不可伪造性（Non-Falsifiable）假设，即如果对手破坏了这个假设，验证者就不能进行有效的验证，而有效的验证将成为整个系统有效性的瓶颈。

1.2.4　差分隐私

Dwork、Kenthapadi、McSherry、Mironov和Naor在2006年的论文"Our data, ourselves: privacy via distributed noise generation"中提出了差分隐私的概念。在隐私保护统计数据库中，差分隐私引入随机噪声对真实回答进行扰动。和其他的隐私计算不同，差分隐私属于对输出结果的隐私保护。

我们使用Warner在1965年的论文"Randomized response: A survey technique for eliminating evasive answer bias"中使用的方法来举个简单的例子。假设在一个有300人的学校里，如果想知道作弊学生的百分比，可以找到每个学生问："你曾经在考试中作过弊吗？"由于这是个非常敏感的问题，作过弊的学生可能不会诚实回答。这时，怎么解决这个问题呢？

一个基于差分隐私的方案如图1-9所示。在向每个学生提问之前，你拿出一个硬币给他，让他抛两次硬币之后再回答问题，但是学生不会告诉你每次抛硬币的结果是正面还是反面。第一次是正面的话，不管第二次的结果，只回答真实情况；第一次是反面的话，看第二次的结果；第二次是正面的话，永远回答"是"，第二次是反面的话，永远回答"否"，而无论真实情况如何。由于硬币引入了随机性，因此你不可能知道每个学生的情况。随着学生人数的增加，抛硬币的随机性可以固定在 1/2。假设学生真实作弊率是 c，那么通过这种方法得出的结果就是 $c/2+1/4$，所以可以反推回去得出真实结果。

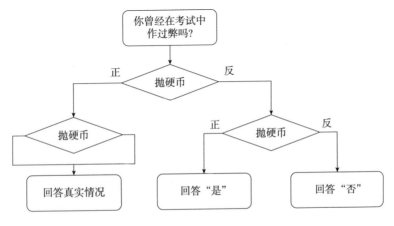

图 1-9　差分隐私方案示例

这只是差分隐私的一个简单例子。由于抛硬币的引入，导致每一个回答被匿名化了，每一个回答中都存在合理推诿（Plausible Deniability），但是我们仍然能推断出真实的结果。

差分隐私背后的原则是多样性（Versatility）和健壮性（Robustness）。根据隐私算法应用的时机，差分隐私分为以下两种模式：

❑ **本地**（Local）模式：在收集（Collection）和聚集（Aggregation）之前，差分隐私直接应用于每个人提供的数据。

❑ **馆长**（Curator）模式：一个可信方（Trusted Party）从每个人处收集数据，然后使用差分隐私算法输出结果。

差分隐私需要提供这样一种能力，数据库中的单个记录对整个数据结果的输出可以忽略不计。由于概率噪声的引入，无论有没有这条记录，最终输出的结果都非常接近，而且是概率分布，如图 1-10 所示。因此，对手无法从有无记录的两次查询中获得和这条记录有关的信息，这样就可以防止对手获得附带知识（Side Knowledge），这就是差分隐私所要求的统计学不可区分性（Statistically Indistinguishable）。

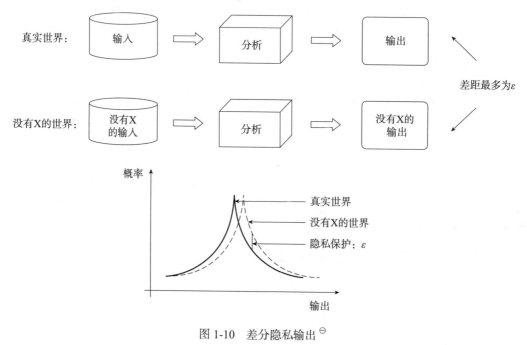

图 1-10　差分隐私输出 ⊖

1.3　隐私计算的应用

除了以上四类之外，隐私计算还包括基于可信执行环境的机密计算，我们将在下

⊖　来源：Nissim等，Differential Privacy: A Primer for a Non-technical Audience。

一章详细介绍。

目前，隐私计算的应用除了安全多方计算和可信执行环境之外，最有名的是联邦学习（Federated Learning，FL），它主要用于人工智能模型的训练和预测，也称为联邦机器学习（Federated Machine Learning，FML）。联邦学习由 McMahan等在 2017年的论文 "Communication-efficient learning of deep networks from decentralized data" 中提出，主要思想是把训练数据放在移动终端设备上，通过聚集本地设备计算的结果而学习到一个共享模型。联邦学习采用了一种去中心化的思想。为了遵守隐私保护法规，机器学习应用需要以一种分布式的方式去使用数据，即不能直接交换原始数据，也不能使任何一方推理出其他一方的隐私数据，这就是联邦学习在人工智能领域要解决的问题。2020年，IEEE发布了 IEEE 3652.1-联邦机器学习架构框架和应用指导（IEEE Guide for Architectural Framework and Application of Federated Machine Learning），规范化了联邦机器学习的流程。联邦学习的参考架构如图 1-11 所示，不同地方的数据所有者的隐私数据通过学习成为子模型（Sub-model），然后再被协调员（Coordinator）聚集成为联邦模型（Federated Model）后使用。

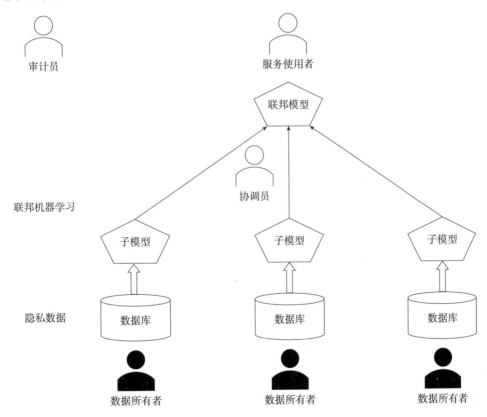

图 1-11　联邦机器学习参考架构

表 1-1 比较了隐私计算中的安全多方计算、可信执行环境和联邦学习。关于隐私计算的介绍性书籍可参考陈凯和杨强编写的《隐私计算》以及李伟荣编写的《深入浅出隐私计算》等。

表 1-1　安全多方计算、可信执行环境和联邦学习的比较

应用	性能	通用性	安全性	可信方	整体描述	技术成熟度
安全多方计算	中低	高	高	不需要	通用性高，计算和通信开销大，安全性高，研究时间长，久经考验，性能不断提升	高
可信执行环境	高	高	中高	需要	通用性高，性能强，开发和部署难度大，需要信任硬件厂商	快速增长
联邦学习	中	中	中	均可	综合运用 MPC、DP、HE 方法，主要用于 AI 模型的训练和预测	快速增长

可信执行环境和其他隐私计算技术并不矛盾，安全多方计算、同态加密、零知识证明、差分隐私等隐私计算技术以及联邦学习都可以部署在可信执行环境内部。即使一个技术存在安全隐患，还可以用另一个技术保护数据隐私，这就是纵深防御的典型例子。

第2章

机密计算概述

第1章介绍了隐私计算，机密计算是隐私计算的一种方法。在本章中，我们将介绍机密计算的基础概念。需要说明的是，在本书中主要参考的是国际机密计算联盟（Confidential Computing Consortium，CCC）给出的定义。

2.1 机密计算的概念

根据机密计算联盟在"机密计算通用术语"（Common Terminology for Confidential Computing）白皮书中的定义，机密计算是指"**在一个基于硬件、被证明的可信执行环境中进行计算以保护使用中的数据**"。下面解释一下这个定义。如图 2-1所示，数据分为三类：存储时的数据（Data at Rest）、传输中的数据（Data in Transit）和使用中的数据（Data in Use）。首先，机密计算的目的是保护**使用中的数据**。传输中的数据可以由网络安全传输协议保护，例如，安全传输层协议（TLS）、互联网安全协议（IPSec）、媒体访问控制安全（MACSec）等；存储时的数据可以由安全存储提供保护，例如，磁盘加密、文件加密、数据库访问控制等。其次，机密计算是基于硬件的，必须要有**特殊硬件支持**，因为现有的普通硬件无法提供足够的保护，在计算执行过程中，代码和数据都是以明文的形式存在。机密计算需要基于硬件，这是由 CCC对机密计算的定义得出的，但这并不代表只有基于硬件才能实现计算的机密性。例如，在第1章介绍的同态加密、安全多方计算、差分隐私等密码学方案也可以实现机密性，只是密码运算可能会带来性能损耗。使用一个类似虚拟机的高权限软件模块能够提供一个基于软件的机密方案，但这类纯软件方案无法抵御硬件物理攻击，我们将在第3章详细介绍机密计算的安全模型和威胁模型。最后，机密计算需要一个**可信执行环境**，而且这个可信执行环境是**被证明的**（Attested）。

图 2-1   数据的分类

针对机密计算，可信执行环境主要需要提供三类安全属性：

❑ **数据的机密性**（Confidentiality）：未授权的实体不能在运行时读取 TEE中的数据。

❑ **数据的完整性**（Integrity）：未授权的实体不能在运行时添加、删除和篡改 TEE中的数据。

❑ **代码的完整性**：未授权的实体不能在运行时添加、删除或篡改 TEE中的代码。

不同的 TEE可以提供其他的属性：

❑ **代码的机密性**：未授权的实体不能在运行时读取 TEE中的代码。例如，如果使用者考虑到代码的知识产权，不想让其他人看到代码，哪怕是二进制代码，那么就需要 TEE具有这个特性。如果执行的代码已经是开源代码，那么这个特性不是必需的。

❑ **认证的启动**（Authenticated Launch）：某些 TEE可以在启动时就对初始启动代码进行验证，例如签名校验。未知的启动代码会被 TEE拒绝执行，这是认证的启动的优点。但是，认证的启动需要预先部署认证策略。以签名校验为例，需要部署签名实体的公钥，那么由谁来部署？怎么信任部署的公钥？如果公钥过期，或私钥被泄露，应如何更新部署？另外，签名校验需要考虑部署安全版本号（Security Version Number，SVN），以防回滚攻击（Rollback Attack）。例如，攻击者可以启用一份有已知安全漏洞的签名代码进行回滚攻击。由于认证策略部署的复杂性，这个特性并不是机密计算必需的。

❑ **可编程性**：有的 TEE包含一份固定的代码来提供特定的功能，有的通用 TEE可以让外部使用者加载任意代码。具体的情况由使用案例决定。

❑ **可证明性**（Attestability）：TEE需要提供它自身代码和数据的来源以及当前的运行状态，这称为证据（Evidence），通常用代码和数据的度量值（Measurement）来表示。一个本地或者远程的验证者可以通过验证证据来判定这个 TEE是不是可信的。由于证据需要在不安全的通道中传输，因此 TEE 硬件通常会提供密码学方案来保证证据的完整性，例如数字签名或消息认证码。

❑ **可恢复性**（Recoverability）：有些 TEE 可以提供恢复机制。例如，在认证的启动过程中，如果一个模块发现签名校验失败，它可以自动加载一个已知的完好模块、自动更新，并重新加载。套用 NIST SP800-193 平台固件韧性恢复指南（Platform Firmware Resiliency Guidelines）的定义，在这类具有韧性恢复能力（Resiliency）的 TEE 中，通常需要定义各类可信根（Root-of-Trust，RoT）组件，包括检测可信根（Root-of-Trust for Detection，RTD）、更新可信根（Root-of-Trust for Update，RTU）和恢复可信根（Root-of-Trust for Recovery，RTRec）。

可证明性是国际可信计算联盟（Trusted Computing Group，TCG）提出的可信计算（Trusted Computing）的一个基本要求，核心思想是允许验证者验证一个系统上运行的程序确实是期望运行的。需要特别强调的是，**可证明性**是非常重要的特性。如果一个 TEE 无法提供可证明性，它就不能被称为机密计算的 TEE。原因是如果没有可证明性，那么机密计算的使用者就无法知道 TEE 中数据和代码的真实来源，一份未知代码可能会导致数据泄露，那么机密性就无从谈起。我们将在第 5 章详细讨论可信计算以及 TEE 的证明模型。

　　注意　我们一般说 TEE 是一个**可信**（Trusted）的环境，但不代表 TEE 是**安全**（Secure）的环境。TEE 的可证明性只是提供了代码和数据原始出处的证明，从而表明代码和数据是可信的。但是，TEE 的可证明性不能证明代码没有任何安全漏洞，例如代码是否存在缓冲区溢出漏洞、侧信道脆弱性等。机密计算只能保证代码的完整性不会在运行时被恶意破坏，并向验证者提供证明。代码本身的安全性还是需要代码的提供者来保证。

在 2023 年 OC3 大会上，Schuster 在主题演讲 "Welcome Keynote and Introduction to Confidential Compating" 中介绍了机密计算想要解决的问题、工作负载安全需求和机密计算中 TEE 的属性（如图 2-2 所示）。其中，TEE 属性包括以下方面：

❑ **隔离**（Isolation）：一个 TEE 必须和非 TEE 隔离，也要和其他 TEE 隔离。

❑ **运行时内存加密**（Runtime Memory Encryption）：一个 TEE 必须对内存进行运行时加密，防止针对内存的线下攻击。

❑ **远程证明**（Remote Attestation）：一个 TEE 必须要提供远程证明能力，以向第三方证明环境是被可信地建立起来的。

相信读者对第一项不会有任何异议，第三项的重要性之前已经阐述过。这里重点讨论第二项。运行时内存加密是机密计算引入的新的需求。目前，业界有些 TEE 只提供执行环境隔离，但是不提供运行时内存加密，例如 ARM TrustZone。严格来说，ARM TrustZone 并不算机密计算技术，所以 ARMv9 提出了机密计算架构（Confidential

Compute Architecture，CCA）。但是，Open Enclave SDK还是对 ARM TrustZone提供了支持。基于 RISC-V 的 Key Stone方案只提供隔离功能，而把运行时内存加密作为可选项，可以由运行时软件完成或由独立的内存加密引擎（Memory Encryption Engine，MEE）完成。用户选择方案时要根据项目需求来确定。

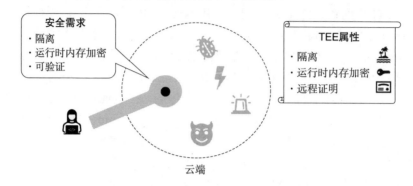

图 2-2　机密计算的安全需求和 TEE 属性

冯登国院士在 2021年中国计算机大会上做了"从可信计算到机密计算"的报告，比较了可信计算与机密计算，如表 2-1 所示。

表 2-1　可信计算与机密计算比较

项目	可信计算	机密计算
硬件基础	信任根，TPM/TCM 安全芯片	硬件 TEE，CPU 安全支持
技术架构	体系结构型整体安全解决方案，包括硬件、软件、网络的全域技术栈，信任锚点是硬件信任根	体系结构型整体安全解决方案，信任锚点为 CPU
安全侧重点	可信计算基于底层硬件可信，侧重于代码认证的信任机制；可信计算侧重于静态 TEE，TEE 隔离系统个数固定，启动时创建	机密计算基于 TEE 系统隔离，侧重于数据保护；机密计算侧重于动态 TEE，动态创建、销毁 TEE，可动态迁移等
数据安全	可信计算对数据的保护偏弱，仅限密钥和关键数据	机密计算保障大量数据（包括算法代码）的机密性和完整性
云网端应用	可信计算侧重于保障终端、边缘侧安全，应用于 PC、IoT、移动、云平台等领域，应用范围更广	机密计算要求的硬件和软件的配置性能更高，应用在云环境，机密计算侧重于保障云端安全
隐私性	可信计算与隐私计算关联性较小，除静态 TEE 外，可信计算的直接匿名证明（增强的隐私保护）属于隐私计算	机密计算是实现隐私计算的一种技术途径，它为隐私计算的安全多方计算、同态加密、联邦学习等提供支撑

机密计算和可信计算的本质区别在于要解决的安全问题不同。可信计算出现在 21世纪初期，2003年成立的可信计算联盟致力于解决**系统平台的可信问题**，依赖于一个硬件可信平台模块（Trusted Platform Module，TPM），生产商或用户可以决定在本地机

器上允许运行哪些软件，可信计算并没有特别关注数据隐私。机密计算是 21 世纪 20 年代前后出现的技术，2019 年成立的机密计算联盟致力于定义和加速机密计算的发展以及在工业界的采用，机密计算的核心目的是解决**使用中的数据安全问题**，保护数据不被泄露，作为传输中的数据安全和存储时的数据安全的补充；同时，机密计算提供了**数据隐私保护**，满足了目前日益增长的隐私需求。

2.2　机密计算中硬件 TEE 方案的分类

根据机密计算联盟的定义，可以把现有的机密计算中的硬件 TEE 方案分为以下几类：

- ❑ **安全飞地**（Secure Enclave）：借助 CPU 硬件的特性，用户可以创建一个飞地（Enclave）作为 TEE。飞地在机密计算中指的是一个完全隔离的运行环境。在飞地中执行的代码和数据受到保护，与飞地外或其他飞地保持隔离。通常情况下，飞地是应用程序级别，如图 2-3 所示。例如，基于 Intel 软件保护扩展（Software Guard Extensions，SGX）创建的飞地称为 SGX Enclave。
- ❑ **机密虚拟机**（Confidential Virtual Machine，CVM）：用户可以创建一个完整的虚拟机作为 TEE，如图 2-4 所示。例如，Intel 可信域扩展（Trust Domain Extensions，TDX）、AMD 安全加密虚拟化（Secure Encrypted Virtualization，SEV）、ARM 机密计算架构（Confidential Compute Architecture，CCA）的机密领域管理扩展（Realm Management Extension，RME）、RISC-V 机密虚拟机扩展（Confidential VM Extension，CoVE）采用的都是机密虚拟机方案。采用这种方案的原因是机密虚拟机可以为已有的应用程序提供最大的兼容性，只需对操作系统进行修改即可为应用程序提供机密计算的支持。
- ❑ **机密设备加速器**（Confidential Accelerator）：在现有的用例中，有些应用依赖于硬件加速功能，例如，利用 GPU 进行 AI 计算加速。如果主机端的 TEE 需要硬件加速，那么在设备端就需要提供机密设备加速功能，如图 2-5 所示。例如，NVIDIA Hopper H100 提供了基于机密设备的机密计算方案。

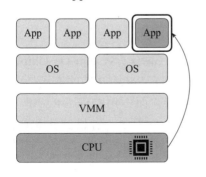

图 2-3　安全飞地

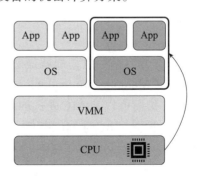

图 2-4　机密虚拟机

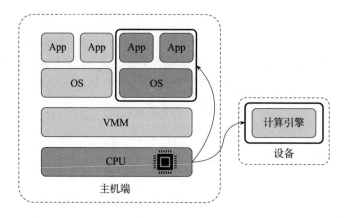

图 2-5　机密设备加速器

　　最后，还有一种完全**隔离 TEE**（Isolated TEE）。例如，ARM TrustZone、RISC-V KeyStone、RISC-V MultiZone和 RISC-V Penglai TEE等。图 2-6给出了隔离 TEE的示意图。从广义上看，还有一类安全处理器（Secure Processor）或安全芯片（Security Chip）也可以归入隔离 TEE，例如 Apple的 T2安全芯片、Google的 Titan M2安全芯片、Amazon的 Nitro安全芯片以及 TCG定义的可信计算模块（Trusted Platform Module，TPM）等。但是，这种安全芯片 TEE只能运行厂商的特定程序，而不能完全开放给最终用户，在本书中不会讨论这类 TEE。

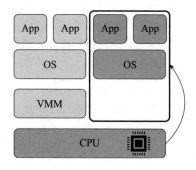

图 2-6　隔离 TEE

　　这里有一个隐含的假设，那就是平台 CPU的片上系统（System-On-Chip，SoC）自带内存控制器（Memory Controller，MC），或者 CPU- SoC和 MC的连接是可信的，不会受到攻击。我们可以让 MC进行内存加密的动作，而不用相信 DRAM。但是，如果 MC在 SoC外部，SoC与 MC的连接不可信，那么就需要一种机制让 MC变得可信，如图 2-7所示。

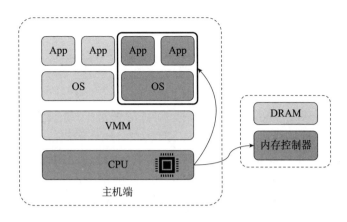

图 2-7　TEE 和外部 MC

　　我们将在第二部分讨论安全飞地和机密虚拟机方案，在第三部分讨论机密设备加速器方案。

2.3　机密计算的软件实现

　　机密计算联盟在"机密计算通用术语"白皮书中提出了软件打包模型（Packaging Model），即软件以什么样的形式在可信执行环境中运行，分为以下几类：

- ❑ **机密库**（Confidential Library）：一个程序库，例如 Enclave 在 TEE 中执行。这个 TEE 中的程序为 TEE 外的应用提供服务。
- ❑ **机密进程**（Confidential Process）：一个进程，例如可信应用（Trusted Application）在 TEE 中执行。
- ❑ **机密容器**（Confidential Container）：一个符合开放容器标准（Open Container Initiative，OCI）的容器镜像（Container Image）在 TEE 中执行。
- ❑ **机密虚拟机**：一个虚拟机在 TEE 中执行。

　　无论哪种类型，TEE 的目的都是保护在主机环境中执行的部分代码和数据，把它们和非 TEE 以及其他 TEE 中的代码和数据隔离开来。这些软件可以由硬件厂商提供，也可以由第三方软件厂商提供，例如由操作系统厂商（OSV）、云服务提供商（CSP）等提供。

　　需要注意的是，机密计算的软件打包模型并不一定要和硬件 TEE 分类一一对应。例如，机密虚拟机打包模型软件可以使用基于机密虚拟机的 TEE，也可以使用安全飞地 TEE。

　　目前，在机密计算联盟（CCC）中注册的机密计算项目有：Occlum 和 Gramine 使用的是 library OS 方案，它们可以帮助开发者把已有的应用打包变成 SGX 机密库。Enarx 提供了基于 Web Assembly 的运行时 TEE，允许开发者部署已有的各种语言的应用，例如 Rust、C/C++、C#、GO、Java、Python 等。Enarx 支持 SGX 机密库和 SEV 机密虚机 AMD。

Open Enclave SDK帮助构建基于TEE的应用，支持SGX机密库和TrustZone机密进程。

2.4 机密计算的应用

随着人工智能（AI）的迅速发展，安全问题特别是隐私问题备受关注，机密计算可以为机器学习提供机密性和完整性保护。Mo、Tarkhani和Haddadi在2024年发表的"Machine learning with confidential computing: a systematization of knowledge"一文中对机密计算辅助下的机器学习做了系统介绍。服务端中心化机器学习提供训练服务（Training as a Service，TaaS）和推理服务（Inference as a Service，IaaS），使用TEE可以保护部署的数据的隐私性和模型的知识产权。客户端的分布式机器学习提供设备端上推理（On-Device Inference，ODI）和设备端上个人化（On-Device Personalization，ODP），并作为联邦学习全局模型（Global Model）的提供方之一，使用TEE可以保护其部署的模型的知识产权。TEE在机器学习中的应用如图2-8所示。

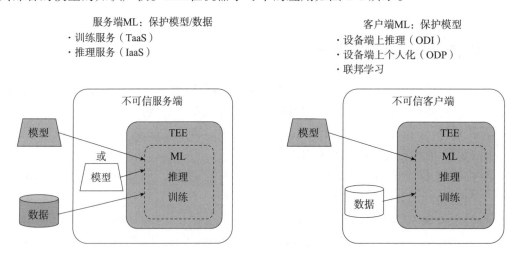

图 2-8 TEE 在机器学习中的应用

由于额外的加密，引入机密计算可能会导致AI性能损失。IBM在IEEE Cloud 2024上发表了"Securing AI inference in the cloud: is CPU-GPU confidential computing ready?"一文，研究了使用Intel TDX系统和NVIDIA H100 GPU进行AI推理的性能。由于尚未采用TEE-IO硬件加密架构，CPU-GPU之间的通信只能采用软件加密的方式，这是一个性能瓶颈。研究表明，采用流水线处理（Pipelined Processing）可以缓解IO瓶颈，使用CPU-GPU TEE中的大语言模型（Large Language Model，LLM），推理的性能可以和非机密计算场景接近。

第二部分

机密计算中的 TEE

第 3 章

机密计算模型

在第 2 章中，我们介绍了机密计算的基础概念。在本章中，将详细介绍机密计算的通用模型。

3.1 机密计算安全模型

简单地说，机密计算用于保护使用中的数据。机密计算联盟在"机密计算技术分析"（A Technical Analysis of Confidential Computing）白皮书中给出了更严格的目标定义：机密计算的目的是"最大限度地减少系统平台的所有者 /管理者 /攻击者访问 TEE 中数据和代码的能力，使得攻击运行程序这条路径在经济上或逻辑上不可行"。这句话有点拗口，也有点复杂。前半句的重点是，除了 TEE的使用者，**其他系统平台人员都不应该拥有运行时访问 TEE中数据和代码的能力**。这和我们以往的经验不同，在机密计算出现之前，系统平台管理员（例如 root用户）往往拥有至高无上的权利，可以修改用户权限、访问用户数据等。后半句则阐明了局限性，强调攻击在**经济上或逻辑上不可行**。我们知道，没有绝对的安全。在密码学中，根据香农（Shannon）的观点，只有一次一密（One Time Pad）在理论上是绝对安全的，现有的密码体系都是建立在计算性安全（Computational Security）上的。这意味着：1）如果攻击者拥有无限的资源（时间或计算能力），那么就有可能打破机密计算的保护；但是如果破坏方案需要的资源要比打破保护获得的收益更大，那么现有的方案还是安全的。2）攻击者虽然可能有非常小的概率获得成功，但是这个概率小到可以忽略，那么就不必担心了。

就可用性（Usability）和代价（Cost）而言，相比其他方案，TEE方案显著提高了保护使用中的数据的能力，这就可以让涉及敏感数据的软件设计者 /实现者 /操作者能够专注于系统的其他方面。

尽管机密计算本身只关注运行中的数据安全，但对于一个系统方案来说，存储中和传输中的数据安全同样重要。例如，我们需要考虑以下几点：

- TEE的本地或远程证明：使用者需要确保 TEE是被管理者正确地启动的。
- TEE中工作负载和数据的传输：使用者需要确保工作负载和数据是被安全地传输到 TEE的，机密性和完整性没有受到破坏。
- 与 TEE相关的数据在非 TEE的非易失存储介质（Non-Volatile Storage，NVS）中的存储：使用者需要确保这些 TEE相关数据的机密性和完整性，还要避免数据的重放攻击（Replay Attack）。
- 在 TEE之间工作负载和数据的迁移：使用者需要制定安全策略来表明什么样的 TEE可以迁移，什么样的 TEE无法迁移。

3.1.1　机密计算的通用架构模型

图 3-1展示了一个基于 TEE的机密计算通用架构模型。我们用白色框表示 TEE可信计算基（Trusted Computing Base，TCB），浅灰色框表示 TEE自身，深灰色框表示不可信的模块。

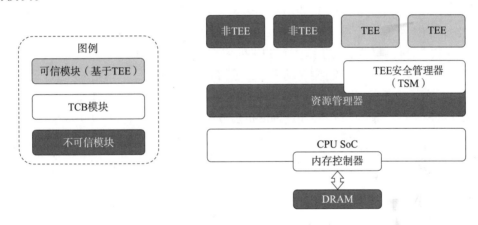

图 3-1　基于 TEE 的机密计算通用架构模型

首先，系统的 CPU和内存控制器必须是可信的，因为它们是进行计算的基础，必须是 TEE TCB的一部分。DRAM可以是不可信的，因为 MC可以自带内存加密引擎（MEE）并把加密的内容存储到 DRAM中。Gueron在 2016年的论文"A memory encryption engine suitable for general purpose processors"中介绍了通用 MEE的设计以及安全模型，MEE的安全目标有：

- DRAM数据的机密性。
- DRAM数据的完整性，并能抵御重放攻击，保证从 DRAM上读取的数据就是最近一次写入的数据。

注意　根据上述的 MEE 设计和安全模型，MEE 不需要设计成不经意 RAM（Oblivious RAM，ORAM）。ORAM 的概念由 Goldreich 和 Ostrovsky 在 1996 年的论文"Software protection and simulation on oblivious RAMs"中提出。ORAM 是一种计算机模型，对于任意两组运行同样时间的输入，访问内存区域的序列是相同的，从而达到保护软件的目的。MEE 允许攻击者追踪 DRAM 的改动、缓存行的访问地址等。

MEE 需要满足以下安全特性：

❑ MEE 密钥需要在启动阶段均匀随机地生成，并且不离开芯片内部。

❑ MEE 加密密钥和认证密钥需要分开，分别对应机密性和完整性。

❑ MEE 完整性验证需要遵循"放弃和锁定"（Drop-and-Lock）策略。MEE 需要在读操作时计算 MAC 值，然后和完整性树中的期待值进行比较，如果一致则继续。但是，MEE 一旦发现有不一致之处，就需要立刻发出失败信号，放弃当前事务（Transaction），并且锁定内存控制器，使得之后的事务也一同失败。这时的 MC 处于死机状态，只能由重启恢复。

其次，TEE 可有一个或多个，这取决于系统架构的实现。如果存在多个 TEE，那么这些 TEE 之间必须是隔离的。一个 TEE 的安全不应该依赖于其他 TEE，因为当存在多个 TEE 的时候，攻击者可能会启动一个恶意 TEE 作为同谋。

再次，为了方便管理多个 TEE，系统可以有一个 TEE 安全管理器（TEE Security Manager，TSM）。TSM 可以是 CPU SoC 扩展硬件的一部分，也可以是一个或多个独立运行的软件。TSM 要负责管理所有 TEE 和 TEE 的元数据（Metadata），例如 TEE 上下文（Context）。TSM 也是 TEE-TCB 的一部分。TSM 和包括 TEE 的其他任何模块都必须是隔离的。

最后，系统中的其他模块都是不可信的，包括资源管理器（Resource Manager）和被资源管理器管理的其他非 TEE 部分。这里，如果 TEE 是个用户态的安全飞地，那么资源管理器就是操作系统，非 TEE 则是其他应用程序。如果 TEE 是机密虚拟机，那么资源管理器就是 VMM，非 TEE 则是普通虚拟机。

这种架构中的软硬件模块分为三类：**TEE-TCB、TEE 和不信任模块**，它们之间的关系如图 3-2 所示。

❑ **信任关系**：系统各个 TEE-TCB 之间的信任关系由系统架构决定；TEE 可以信任所有 TEE-TCB，但是多个 TEE 之间不能互相信任。

❑ **保护关系**：TEE-TCB 必须保护自己不被任何 TEE 和不信任模块攻击；TEE-TCB 必须保护每个 TEE 及其 TEE 元数据不被其他 TEE 和不信任模块攻击；TEE 必须保护自己不被其他 TEE 和不信任模块攻击；如果 TEE 有认证的启动能力，TEE-

TCB负责进行启动时的认证。

❑ **证明关系**：TEE-TCB作为度量可信根（Root-of-Trust for Measurement，RTM），必须支持为TEE建立度量可信链，为了方便细粒度的度量，TEE-TCB可以支持TEE运行时度量；TEE-TCB作为存储可信根（Root-of-Trust for Storage，RTS），必须为TEE提供受保护的度量存储空间，TEE的度量可以作为TEE的元数据的一部分；TEE-TCB作为报告可信根（Root-of-Trust for Report，RTR），必须支持报告所有TEE-TCB模块和每个独立TEE的度量作为证据。为了协助远程证明，TEE-TCB可以包括一个或多个证明TCB（Attestation-TCB）模块，作为RTR的一部分。

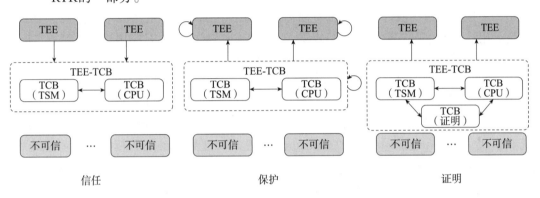

图 3-2　机密计算模块间的信任、保护和证明关系

下面再讨论一下这种架构中的一些重要模块的角色和责任。

❑ **资源管理器**是TEE的**管理者**，负责管理和协调所有的TEE，包括TEE的启动和关闭、CPU和内存配置、调度运行等。资源管理器需要通知TSM对TSM的配置。

❑ **TSM是TEE安全策略实施者**，负责保护TEE的资源不被其他模块攻击，并且锁定资源管理器对TEE的配置。

❑ **TEE**内部有一个**决策者**，它根据策略做出决策。例如，决策者需要决定是否接受资源管理器对TEE的配置。

3.1.2　关于 TEE 的权限问题

可用性通常不是机密计算需要考虑的问题，原因是系统的资源管理器负责管理整个系统资源，TEE只是其中的一部分。虽然不能访问TEE，但是资源管理器有权启动或关闭TEE。因此，**TEE的可用性是不必考虑的**。

但是，从整个平台来说，我们需要考虑**系统的可用性**，即资源管理器的可用性。

和非机密计算的传统威胁模型类似，这时的攻击者是 TEE，而系统资源管理器需要保护自己。这时有以下几种关系：

- **信任关系**：我们认为资源管理器可以信任 TEE-TCB，理由是 TEE-TCB通常拥有很高的权限，也是平台的 TCB，例如 CPU SoC。但是，资源管理器不能信任任何 TEE。
- **保护关系**：资源管理器需要保护自己不被 TEE攻击。资源管理器不需要保护 TEE-TCB或者其他 TEE，因为在机密计算模型下，资源管理器是不可信的。
- **证明关系**：资源管理器不需要证明能力，因为它是不可信的。

这里我们单独讨论**可用性**，目的是说明机密计算 TEE的权限问题。广义上说，只要是一个独立可信的执行环境，都可以称为 TEE。TEE可以有最高的系统权限，会影响系统可用性；也可以有最小的系统权限，只保护一小部分用户态应用程序。例如，Intel 早在 386SL处理器中就提出了系统管理模式（System Management Mode，SMM），如图 3-3 所示。但是，SMM具有最高的系统优先级，甚至可以超过 VMM，那么把 SMM 作为通用 TEE就不是一个合适的选择。同样，ARM在 ARMv6KZ 引入的 TrustZone 就是一个创建安全世界（Secure World）TEE的安全技术，如图 3-4 所示。其中，监视器模式（Monitor-mode）的 TrustZone 监视器软件具有最高的权限，这就意味着，如果把这类 TEE作为机密计算 TEE，就赋予了这个执行环境所不需要的权限，违反了 Saltzer和 Schroeder早在 1975年发表的"The protection of information in computer systems"中提出的计算机安全保护的最小权限（Least Privilege）原则。Smith在 2012 年的文章"A contemporary look at Saltzer and Schroeder's 1975 design principles"中重新审视了这些设计原则，最小权限原则依然重要。因此，这不是机密计算 TEE最佳的选择。

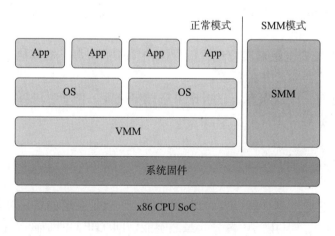

图 3-3　系统管理模式

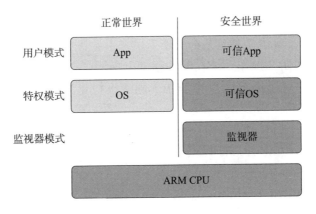

图 3-4　ARM TrustZone

注意　这里并不是说 SMM 或 TrustZone 的设计没有意义。在当年做出这样的设计是有充分理由的。SMM 具有超强的权限，能够给系统打上补丁，解决兼容性问题。TrustZone 将最高权限的监视器划入安全世界，引导系统启动，用监视器模式隔离出不安全的世界，设计简单。那时，业界还没有机密计算的需求。而现在，机密计算 TEE 具有不同的安全需求，引入新的硬件设计也就不足为奇。

3.1.3　关于 TEE-TCB 的范围问题

可信计算基（TCB）不是一个全新的概念。Lampson、Abadi、Burrows 和 Wobber 在 1992 年的论文 "Authentication in distributed systems: theory and practice" 中把 TCB 定义为 "我们区分出来的安全所依赖的一小部分计算机软件和硬件，使得其他大部分模块就算失灵也不会影响安全"。美国国防部（Department of Defense，DoD）在 1983 年发布的 DOD 5200.28 "可信计算机系统评估标准"（Trusted Computer System Evaluation Criteria）橘皮书中定义了各种安全级别下 TCB 的角色和责任。美国国家标准与技术研究院（National Institute of Standards and Technology，NIST）对 TCB 的定义是 "一个计算机系统里的所有保护机制的总体集合，包括硬件、固件和软件。它们负责强制执行安全策略"。TCB 对系统安全的重要性显而易见，TCB 保护系统安全的前提是保护 TCB 自身的安全。因此，系统设计者往往会将大量精力花费在设计和实现 TCB 上。为了降低开销和潜在风险，业内公认 TCB 应该越小越好。MINIX 的设计者 Tanenbaum 在和 Linus Torvalds 的辩论中把操作系统的可靠性放在第一位，认为可以 "把操作系统的大部分功能移到一系列用户进程当中，由每个功能驱动一个用户进程，再提供一系列的系统服务。这么做不会减少代码中 bug 的数量，但是会大大减少每个潜在的 bug 带来的危害，**减少了可信基的大小**"。

在系统设计的初期，操作系统在某种程度上扮演了 TCB 的角色，它负责隔离和保护每个用户进程，是每个用户进程的 TCB。随着虚拟化技术的诞生，用户进程安全的依赖更加复杂，自底向上涉及以下模块：

- ❑ **系统级芯片**（SoC）：CPU、内存管理器，包括系统硬件补丁，如 CPU 微码（Microcode）。由芯片厂商提供。
- ❑ **平台外设**（Platform Peripheral）：内存条，由内存设备厂商提供。
- ❑ **系统固件**（System Firmware）：基本输入/输出系统（Basic Input/Output System，BIOS）或统一可扩展固件接口（Unified Extensible Firmware Interface，UEFI）固件。由原始设备制造商（Original Equipment Manufacturer，OEM）提供。
- ❑ **虚拟机管理器**：如 Linux Kernel-based Virtual Machine(KVM)、Windows Hyper-V 等，由 VMM 厂商提供。
- ❑ **操作系统**：如 Linux 系统、Windows 系统，由操作系统厂商提供。

为了解决可信问题，TCG 提出了 TPM 和可信启动规范，例如，平台固件配置规范（Platform Firmware Profile，PFP）描述的基于静态度量可信根（Static Root-of-Trust for Measurement，SRTM）的可信启动，如图 3-5a 所示。我国也发布了和 TPM 类似的可信密码模块（Trusted Cryptography Module，TCM），支持 SRTM 形式的启动。SRTM 是成熟的技术，市场上现有的系统（例如 Linux 和 Windows）都支持基于 SRTM 的可信启动。但为了确保一个用户态的应用程序是可信的，验证者需要检查所有系统组件的度量值，包括硬件补丁、系统固件、虚拟机管理器、操作系统等。由于不同的组件来自不同的厂商，信任链的建立非常复杂。而且，由这些组件构成的 TCB 非常庞大，这些组件中只要有一个出现问题，安全性就无法保证。其中，威胁最大的要数系统固件，由于系统固件的 SMM 代码具有最高权限，因此一旦系统固件存在安全漏洞，就需要重新刷机，重装系统。

之后，TCG 又提出了基于动态可信度量根（Dynamic Root-of-Trust for Measurement，DRTM）的可信启动，如图 3-5b 所示。在系统硬件厂商的 DRTM 配置环境（DRTM Configuration Environment，DCE）的帮助下，一个动态启动度量环境（Dynamic Launched Measured Environment，DLME）可以不需要信任系统固件而随时创建一个动态的可信度量根。这个设计把 OEM 系统固件排除在 TCB 之外，消除了系统固件带来的安全风险。目前，Intel 的可信执行技术（Trusted Execution Technology，TXT）和 AMD 的安全虚拟机（Secure Virtual Machine，SVM）都是支持 DRTM 技术的硬件实现。Microsoft 推出的 Windows 11 Secure Core PC 中的系统保护安全启动和 SMM 保护（System Guard Secure Launch and SMM protection）就是利用基于 DRTM 的可信启动完成的。相比 SRTM，DRTM 是一个进步，但 DRTM 的实现还是把整个 VMM 加入 TCB 作

为可信链的一部分。对于机密计算 TEE来说，TCB还是不够精简。另外，在云环境下，VMM通常是由云服务提供商（Cloud Service Provider，CSP）提供的。而 VM的租户（Tenant）可能只希望使用 CSP提供的 CPU算力，但不希望信任 CSP或把自己的数据暴露给 CSP。这些需求是 DRTM无法满足的。

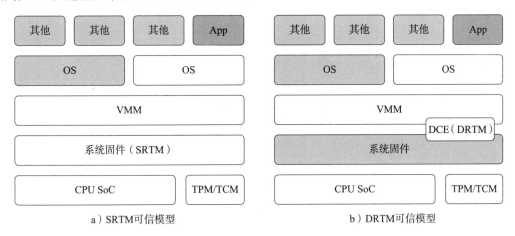

a）SRTM可信模型　　　　　　　　　　　　b）DRTM可信模型

图 3-5　SRTM 和 DRTM 的信任模型

　　因此，在机密计算 TEE的安全模型中，我们直接把 VMM的系统资源管理器排除在 TCB之外，最大程度地减少了 TCB的大小。最理想的情况是，只有芯片厂商提供的硬件、固件和软件模块构成 TEE的 TCB，那么 TEE的使用者只需要信任芯片厂商就可以了，从而大大减少了 TCB内组件出现问题的风险。通常认为，通用机密计算信任模型中的 SoC和 TSM是属于 TEE-TCB的，而且 TEE-TCB可能包含更多的模块，具体的设计和 TEE硬件设计相关。

　　图 3-6总结了可信计算和各种机密计算 TEE架构。左边是之前介绍的可信计算架构，包括基于静态可信根和动态可信根两种。中间部分是基于 x86架构的机密计算方案，包括安全飞地和机密虚拟机。这类方案的特点是把复杂的系统固件和 VMM排除在 TCB之外。注意，这里包括了一个子类——嵌套的机密虚拟机，指的是在一个机密虚拟机内部再启动一个轻量级的 L1 VMM来支持未修改的 OS。例如，Intel TDX的 TD分区（TD Partitioning）和 AMD SEV的 VM特权级别（VM Privilege Level，VMPL）都可以认为是嵌套方案。一个有趣的现象是，x86机密计算的 TCB一开始在 SGX方案中将所有特权级组件（例如操作系统）排除在外，但是人们发现，这样做的话必须要修改现有的系统应用，所以又逐渐添加新的 TCB模块支持已有系统，保持兼容性。可以看出，系统设计的难点不仅仅在于安全性，还包括整个生态系统的支持。为了使产品可用，有时候架构师不得不在安全性和可用性之间进行权衡。右边的部分是基于 ARM和 RISC-V架构的机密计算方案，包括早期提出的隔离 TEE环境和目前的

机密虚拟机。和 x86 架构的方案不同，ARM 和 RISC-V 系统存在一个最高权限的监视器，用来切换包括 VMM 之内的各个不同世界，并提供服务，这个监视器一直是系统的 TEE-TCB。

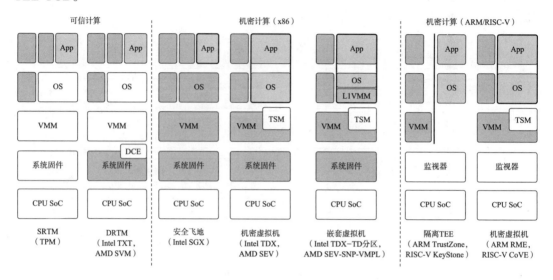

图 3-6   可信计算和各种机密计算 TEE 架构

3.1.4   关于 RoT 的问题

我们在讨论 TCB 的时候提到了可信根（RoT），这里详细讨论一下它的概念，因为之后我们会用到这个概念。根据 NIST 的定义，可信根是"一些高可靠的硬件、固件和软件模块，它们负责执行特定的，重要的安全功能。因为可信根是天然可信的，它们必须通过设计保证安全(Secure by Design)。可信根为构建安全和信任提供坚实的基础"。可信根位于 TCB 之内，但在 TCB 内部，不一定所有模块都是可信根，因为可信根可以通过建立信任链（Chain of Trust，CoT）来一步步扩展可信的范围。

一般来说，可以从两个维度来看可信根：

❑ **可信根的位置**：例如，平台可信根（Platform RoT，P-RoT）负责平台启动，芯片可信根（Silicon RoT）负责 CPU SoC 内部启动，主动设备可信根（Active Component RoT，AC-RoT）负责设备启动等。

❑ **可信根的功能**：例如，可信启动中的度量可信根（RTM）、存储可信根（RTS）和报告可信根（RTR）；安全启动和平台固件弹性恢复中的检测可信根（RTD）、升级可信根（RTU）和恢复可信根（RTRec）。

机密计算 TEE-TCB 通常由芯片可信根负责可信启动，并且引入 RTM、RTS 和

RTR来辅助 TEE的远程证明。如果 TEE-TCB的固件和软件提供升级和恢复功能，那么 TEE-TCB会引入 RTD，RTU 和 RTRec。我们会在之后的内容中详细介绍这些可信根的设计。

如果系统需要支持机密设备加速器，那么系统还需要主动设备组件可信根来负责机密设备的启动并提供设备的远程证明。我们会在第三部分介绍。

3.2　机密计算的威胁模型

本节的介绍依然参考机密计算联盟在"机密计算技术分析"白皮书中给出的通用威胁模型。需要注意的是，具体到一个特定的机密计算实现，不同厂商、不同代的产品会有不同的威胁模型。

3.2.1　需要考虑的威胁

机密计算的主要目标是保障 TEE的机密性和完整性。机密计算需要考虑的威胁主要有以下类型：

- ❑ **软件攻击**：这里的软件可以是系统平台上的任意软件或是固件。例如，虚拟机管理器、操作系统、任何非 TEE程序、其他 TEE程序、系统固件（也称为 BIOS）、不可信的设备固件（如网卡固件、硬盘固件、显卡固件、键盘固件等）。TEE需要抵御对这些软件的直接访问攻击。

- ❑ **协议攻击**：这里的协议指的是 TEE和其他非 TEE交换数据时使用的安全协议，通常需要引入密码学方案来保护它们。例如，TEE和第三方验证者交互进行远程证明，TEE利用认证的密钥交换协议（Authenticated Key Exchange Protocol）安全地导入工作负载和数据。

- ❑ **密码学攻击**：TEE通常需要引入密码学方案来保护数据。需要注意的是，密码学在不停地演进。一方面是密码算法的进步，随着量子计算时代的到来，现在的 RSA、DH、椭圆曲线（ECC）等算法将会被新的抗量子密码算法（Post-Quantum Cryptography，PQC）取代。NIST公布了一系列抗量子密码算法，例如基于模格的密钥封装机制（Module Lattice based Key-Encapsulation Mechanism，ML-KEM）、基于模格的数字签名算法（Module Lattice-based Digital Signature Algorithm，ML-DSA）、基于无状态哈希的数字签名算法（Stateless Hash-based Digital Signature Algorithm，SLH-DSA）以及两种基于有状态哈希的数字签名算法（Stateful Hash-base Signature）。另一方面是密钥长度的变化，在量子计算时代，128位 AES加密算法必须升级为 256位 AES，256位 SHA算法必须升级为 384位 SHA。NSA的商用国家安全算法套件（Commercial

National Security Algorithm Suite，CNSA）2.0规定了传统密码向PQC密码迁移的时间线：大约2025年之后开始迁移工作，2030~2033年完成PQC的部署。TEE固件的设计需要考虑密码的灵活性来为以后的升级做好准备。

- ❑ **简单物理攻击**：虽然针对CPU的攻击在考虑范围之外，但是机密计算需要考虑针对其他物理外设的攻击，包括冷DRAM读取（Cold DRAM Extraction）、总线监听（Bus Monitoring）、缓存监听（Cache Monitoring）和设备（例如PCI Express设备、USB设备等）拔插。

- ❑ **简单上游供应链攻击**（Basic Upstream Supply-Chain Attack）：虽然对于TEE组件供应链的攻击在范围外，但是也需要考虑简单的全局的攻击，例如给系统添加调试端口等。

这里，由于简单物理攻击包括DRAM线下读取，那么运行时内存加密就变成必要的条件。仅仅依靠TEE隔离无法抵御DRAM线下读取。

另外，机密计算联盟的威胁模型还特意指出了一些灰色地带，例如**完整性检查**、回滚攻击以及各类基于软件硬件的重放攻击等。完全防范这些威胁需要进行大量的硬件设计改动。因此，CCC让厂商根据用例自行考虑。

注意　在第2章中曾说过，CCC提出过TEE需要考虑的安全属性包含完整性，但这里又说完整性是灰色地带。这是怎么回事呢？完整性涉及方方面面，包括针对软件攻击的完整性保护和硬件攻击的完整性保护，逻辑完整性（Logical Integrity，LI）保护和密码学完整性（Cryptographic Integrity，CI）保护以及跨TEE的重放攻击保护、同个TEE的重放攻击保护等。因此，CCC放宽了限制，让厂商可以自行决策采用哪一种保护措施。

我们知道，世界上没有百分之百的安全，设计的安全考量归根结底是**风险控制**。例如，对于最终用户来说，需要考虑可用性，如系统性能；对于商业产品设计来说，需要考虑投资回报率。如果仅仅为了提升安全而让设计变得复杂，导致成本提升但是性能下降，那么这样的产品很难成功。因此，最终市场上的产品通常是足够好的，但不一定是最好的。

我们会在3.3节介绍各CPU厂商推出的TEE实例。例如，Intel的TDX有密码完整性和逻辑完整性两种模式。AMD的SEV只做了内存加密保护，到了第二代SEV-ES才增加了CPU状态的保护，第三代SEV-SNP增加了完整性保护。ARM的RME架构开始时不防止跨越Realm边界的泄露，之后才引入了Realm独立密钥功能，而且RME不要求提供物理重放攻击保护。RISC-V的CoVE不强制要求基于TVM的独立密钥加密，也不强制要求抵御基于硬件的完整性攻击。这都是为系统性能所做的考虑。

3.2.2　不需要考虑的威胁

机密计算通常不考虑以下类型的威胁：

- ❑ **复杂物理攻击**：例如，进行芯片剖片（Chip Scraping）或者电镜探测（Electron Microscope Probe）。
- ❑ **上游硬件供应链攻击**：例如，在芯片制成时注入木马。
- ❑ **可用性攻击/拒绝服务攻击**：通常情况下，TEE不是整个系统的管理者。安全飞地的管理者是操作系统，机密虚拟机的管理者是虚拟机管理器。TEE与外界联系时必须要通过不安全的操作系统或 VMM，而操作系统或 VMM 可以忽略 TEE 发出的联系请求。因此，通用 TEE 不可能防止可用性攻击/拒绝服务攻击。

3.2.3　侧信道攻击与防范

虽然 TEE 硬件为机密计算提供了数据机密性方面的保护，但是 TEE 软件设计的漏洞可能会暴露机密数据。除了常见的缓冲区溢出外，近年来最引人注目的要属于侧信道（Side Channel）攻击，例如 Spectre 和 Meltdown。机密计算 TEE 设计的初衷就是解决运行时的数据安全问题，例如，用户可以把密钥部署在 TEE 中，而不用担心密钥在使用过程中被泄露；用户可以把具有知识产权的代码部署在 TEE 中运行，而不用担心这个私有模块代码被其他进程窃取。对于这两种情况，侧信道攻击可以有两个方向：

- ❑ **恢复 TEE 中任意内存信息**：这是和密码学无关的通用侧信道攻击，完全破解了 TEE 的机密性。
- ❑ **恢复 TEE 中的密码学密钥**：这是针对密钥运算的侧信道攻击，包括对称密钥的恢复和非对称密钥系统中私钥的恢复，它和各类密码学算法紧密相关。常用的攻击方法有缓存侧信道（Cache Side Channel）、时长侧信道（Timing Side Channel）、功耗侧信道（Power Side Channel）等，还有故障注入（如电压或电磁攻击）。

我们将在第 8 章详细介绍各种通用侧信道攻击。

3.3　机密计算 TEE 实例的威胁模型

下面我们来看一看各类典型的机密计算 TEE 实例的威胁模型。

3.3.1　Intel SGX 的威胁模型

Intel 的 SGX 是 Intel 提出的最早的机密计算方案。用户可以把一个应用程序拆分成可信和不可信两部分，可信的部分在一个 SGX用户态 Ring-3的 Enclave中执行，使用 SGX保护它的机密性和完整性，如图 3-7 所示。一个 Enclave相当于一个机密计算 TEE。每个 Enclave和非 Enclave以及其他 Enclave都是隔离的。Intel SGX没有软件 TSM，TSM的功能由 CPU Microcode完成。SGX实现了 Enclave中代码和数据的隔离，并且使用内存加密引擎来保障内存数据的机密性、完整性，以及时新性（Freshness）。但是，Intel SGX硬件本身并不能抵御侧信道攻击。

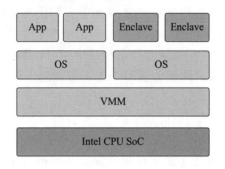

图 3-7   Intel SGX 架构

Intel从 2013年开始介绍 SGX的相关信息，例如发表了论文 "Innovative instructions and software model for isolated execution" 和 "Innovative technology for CPU based attestation and sealing"。Costan等研究了 SGX，并且在 2016年发表论文 "Intel SGX Explained"，2017年发表论文 "Secure processors part I: background, taxonomy for secure enclaves and intel SGX architecture" 和 "Secure processors part Ⅱ: Intel SGX security analysis and MIT Sanctum architecture"，详细描述了 Intel SGX的设计、实现，以及安全特性。下面总结一些 Intel SGX考虑的威胁。

❏ **物理攻击**：SGX假设 DRAM和 DRAM总线是不可信的。因此，SGX使用内存加密引擎来保护内存数据。但是，**SGX不考虑侧信道功耗分析攻击**。

❏ **特权软件攻击**：SGX认为所有系统软件都是不可信的，包括 VMM、操作系统、BIOS等。第一，SGX实现使用特殊的 Enclave Page Cache（EPC）存储 Enclave的控制结构（SGX Enclave Control Structure，SECS）、代码和数据，以及线程控制结构（Thread Control Structure，TCS）。而 EPC位于受保护的内存中，其他软件无法直接访问。第二，Enclave需要和其他软件（非 Enclave或其他 Enclave）进行交互，SGX的 CPU 微码会在 Enclave退出时保存当时的执行状态，在 Enclave进入时重新加载执行状态。当产生硬件中断触发异步 Enclave退出（Asynchronous Enclave Exit，AEX）时，Enclave内的寄存器状态会被保存到 Enclave特有的状态存储区（State Save Area，SSA），其他系统软件无法访问 Enclave的保存状态，如图 3-8 所示。

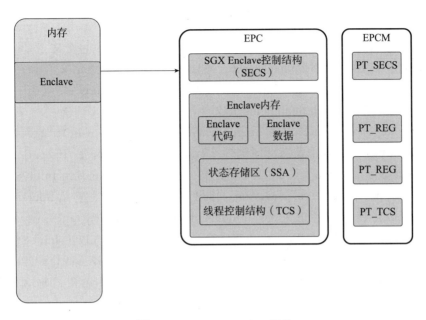

图 3-8　Intel SGX Enclave 组件

- **内存映射攻击**：SGX使用独立的 Enclave页缓冲映射（Enclave Page Cache Map，EPCM）在 Enclave的虚拟地址空间中存储EPC页表信息及其类型。在 CPU地址翻译过程中，Enclave不允许访问的地址在到达页表 TLB之前就被 EPCM直接禁止。SGX允许系统软件把EPC页驱逐（Evict）到 DRAM，同时 SGX通过密码学方案来保护这个EPC页的数据及其相关的 EPCM元数据。
- **对于外设的软件攻击**：SGX只信任 CPU片上系统内部组件，包括内存控制器。SGX不信任任何外设，例如外部 PCI Express总线、DRAM等。SGX通过内存加密引擎来保证EPC内容的安全，包括抵御内存的行锤（Row-Hammer）攻击。
- **缓存时长攻击**：SGX硬件并不能考虑缓存时长侧信道攻击。不安全的操作系统软件控制把 Enclave的内存映射到缓存的特定区域，从而辅助侧信道攻击。
- **对私有微架构状态的软件攻击**：研究指出，SGX硬件不保护微架构的信息，例如，Enclave的分支执行历史。
- **其他软件侧信道攻击**：一个用户的 Enclave通常需要有个引用飞地（Quoting Enclave，QE）提供用于远程证明的 SGX Quote（引用）。SGX Quote要求 QE用私钥进行数字签名。由于 **SGX硬件不提供侧信道攻击保护**，根据密码学侧信道的最佳实践，这意味着 Enclave的开发者需要写出没有数据相关的内存访问（Data-Dependent Memory Access）的代码来访问密钥。

另外，佐治亚理工学院也在 SGX 101网站上发布了一些学习资料。目前，业界已经出现一系列针对 SGX Enclave的侧信道攻击。例如，Weichbrodt等在 2016年的论文"Exploiting synchronisation bugs in Intel SGX Enclaves"中提出了AsyncShock工具可以利用Enclave内的多线程同步漏洞。Gotzfried等在2017年的论文"Cache attacks on Intel SGX"中解释了SGX的缓存攻击。Lee等在2017年的论文"Inferring fine-grained control flow inside SGX Enclaves with branch shadowing"中提出了Intel SGX Enclave的分支追踪（Branch Shadowing）攻击。Bulck等在2018年的论文"Foreshadow: extracting the keys to the Intel SGX kingdom with transient out-of-order execution"中提出了Foreshadow攻击，利用瞬态乱序执行（Transient Out-of-order Execution）从SGX Enclave提取出密钥。Chen等在2019年的论文"SgxPectre: stealing Intel secrets from SGX Enclaves via speculative execution"中展示了SgxPectre，它是Spectre在SGX的变体。Murdock等在2020年的论文"Pludervolt: software-based fault injection attacks against Intel SGX"中提出，Pludervolt攻击会利用电压故障注入攻击Intel SGX。Puddu等在2021年的论文"Frontal attack: leaking control-flow in SGX via the CPU frontend"中提出了Intel SGX的Frontal Attack攻击。王鹃等在2018年的论文"SGX技术的分析和研究"，Fei等在2021年的论文"Security vulnerabilities of SGX and countermeasures: a survey"中分别对SGX的安全弱点和防范进行了总结。这是SGX Enclave的软件设计者需要考虑的问题，读者可以参考Intel提供的一系列侧信道攻击防范的最佳实践来抵御侧信道攻击，例如，"Managed runtime speculative execution side channel mitigations""Security best practices for side channel resistance"以及"Guidelines for mitigating timing side channels against cryptographic implementations"。

3.3.2　Intel TDX 的威胁模型

安全飞地支持把用户态的应用程序加载到飞地中，但这也带来了局限性：为了使用飞地，用户必须把代码重写、整合成符合飞地的形式。而机密虚拟机可以方便地执行未修改的代码。在机密虚拟机方案中，需要更改的只有虚拟机中的操作系统（Windows或Linux），这样就可以方便地执行已有的应用程序。

Intel的TDX是Intel提出的基于虚拟机的机密计算方案。Intel的机密虚拟机称为可信域（Trust Domain，TD），也就是机密计算的TEE VM（TVM）。每个TD和VMM、非TD（也就是普通VM）以及其他TD都是相互隔离的。TDX依赖多密钥全内存加密（Multi-Key Total Memory Encryption，MK-TME）引擎进行内存加密，并添加额外的模式来保证完整性。每一个TD都有属于自己的密钥。

安全地管理一个虚拟机比管理一个飞地更加复杂，特别是管理TD的运行状态以及管理TD和VMM的上下文切换。因此，Intel引入了一个称为Intel TDX-Module的软件模块来辅助管理VMM。这就是机密计算的软件TSM。简单来说，VMM负责非安全的部分，Intel TDX-Module负责安全相关的部分。对于每一个TD来说，Intel TDX-

Module是 TCB的一部分，相当于硬件 CPU 的扩展。Intel TDX-Module的主要功能是负责每一个 TD 的状态管理，以及管理 TD 和 VMM 之间的切换。Intel TDX的架构如图 3-9 所示。

在 TDX白皮书中，详细介绍了 TDX的安全功能（如图 3-10 所示）。

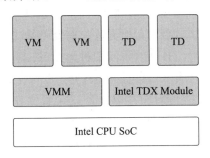

图 3-9　Intel TDX 的架构

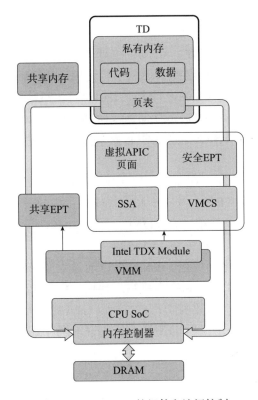

图 3-10　Intel TDX 的组件和访问控制

❑ **内存机密性和完整性**：TDX依赖 TME-MK引擎提供基于 TD 的密钥，从而提供加密和完整性检查功能。TDX使用主机密钥 ID（Host Key Identifier，HKID）

告诉内存加密引擎使用哪个加密密钥，每个 TD 都会在启动时分配到一个私有 HKID用于加密私有内存，而共享内存由共享 HKID负责加密。TDX的内存完整性有两种模式：第一种是密码完整性（Ci），即内存完整性由消息认证码和 TD 所有者位（TD Owner Bit）保证，可以抵御软件篡改攻击和某些硬件破坏攻击，例如行锤攻击；第二种是逻辑完整性（Li），即内存完整性仅由 TD 所有者位保证，只能抵御软件访问 TD 密文而无法抵御硬件攻击。

❑ **地址翻译完整性**：一个 TD 可以访问两种形式的内存，一种是私有内存（Private Memory），这是指只有 TD 自己可以访问的内存，由分配给 TD 特定的临时（Ephemeral）内存加密密钥加密以保证其机密性和完整性；另一种是共享内存（Shared Memory），它不额外受 TDX可信模块保护，VMM也可以访问。通常，在 VMM存在的情况下，VM的物理页表由 VMM通过扩展页表（Extended Page Table，EPT）管理，扩展页表也称为共享 EPT（Shared EPT）。在启用 TDX时，TD私有内存的物理页表由另一个安全 EPT（Secure-EPT，S-EPT）管理。安全 EPT的存放位置由 Intel TDX-Module管理，而其他未授权的软件（VMM、VM、TD）都没有直接访问的权限。

❑ **CPU状态机密性和完整性**：类似于普通 VM，当一个 TD 被创建时，它需要把状态保存到 TD 特有的虚拟机控制结构（Virtual Machine Control Structure，VMCS）中。当 TD 和 VMM进行上下文切换时，TD 的 CPU寄存器由 Intel TDX-Module保存到 TD 特有的状态存储区（SSA）中。Intel TDX-Module负责管理所有 TD 的 VMCS 和 SSA，把这些元数据保存在加密内存中，使其他模块无法访问。

❑ **安全的中断/异常分发**：在 TDX中，中断和异常是通过 VMX-APIC虚拟化和虚拟中断分发到一个 TD 的。VMX-APIC虚拟化的目的是减少软件模拟 APIC，以方便管理，同时减少开销。在 TDX中，虚拟 APIC页也是由 Intel TDX-Module进行管理的，其他未授权模块不可访问。

在一个非 TDX的虚拟化环境里，VMM可以通过设置 EPT来管理客户机物理地址（Guest Physical Address，GPA）到宿主机物理地址（Host Physical Address，HPA）的映射。在 TDX的环境里，也需要有类似的 TD 的 GPA到 HPA的映射。不过，VMM不能够随意地修改这个映射，所以 TDX引入了共享 EPT和安全 EPT这两个页表组件，如图 3-11 所示。

在 TD环境里，所有客户机虚拟地址（Guest Virtual Address，GVA）到 GPA映射是通过普通页表 CR3寄存器完成的。但是，TD环境中的页表会有一个共享位（SHARED-bit）来表示这个页是 TD 的私有内存还是共享内存。随后，CPU在将 GPA翻译为 HPA时会根据共享位来决定使用共享 EPT还是使用安全 EPT来查找地址映射信息。如果一个 TD页面是共享的，那么共享位为 1，CPU使用共享 EPT。如果一个 TD页面是私有的，那么共享位为 0，CPU 使用安全 EPT。共享 EPT 在 VMM 的内存中仍然由 VMM 直接管理。但是，安全 EPT 需要在 TDX Module 管理的私有内存中由 TD 的临时密钥加密，VMM 不能直接修改安全 EPT，只能够向 TDX Module 发送命令来构建管理安全 EPT。

在地址翻译的最后，CPU 会在 HPA 设置主机密钥 ID（HKID），告诉内存加密引擎使用哪个加密密钥。TDX 架构把 HKID 的空间分为共享 HKID（Shared HKID）和私有 HKID（Private HKID）。TD 的共享内存会使用共享 HKID 加密，而 TD 的私有内存使用 TD 特定的私有 HKID 加密。

对于普通设备的 MMIO 地址空间，TD 必须显式设置 SHARED 位来标识，这样可以支持设备的透传（Passthru）模式。这时的设备是不可信设备，TD 在使用前必须要验证设备的数据。

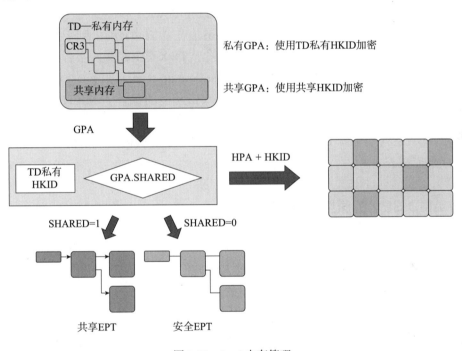

图 3-11　Intel 内存管理

Intel TDX 硬件主要考虑两类威胁：

❑ **系统软件攻击**：这里的系统软件包括具有系统管理员权限的内部攻击者以及 VMM、普通 VM、其他 TD、BIOS（包括系统管理模式）等具有系统权限的软件，它们可以启动其他可能有恶意软件的模块。例如，攻击者可以尝试直接访问 TD 的私有内存、注入私有内存、执行私有内存、修改 CPU 状态、使用直接内存访问（Direct Memory Access，DMA）引擎、利用 EPT 页表、内存重映射、触发内存别名（Alias）访问、注入虚拟中断等方法来获取 TD 中的机密信息。

TDX可以防止以上所列的系统软件攻击，包括不同TD之间和同一个TD的对于私有内存的软件抓取 – 重放（Capture and Replay）攻击。

❑ **硬件攻击**：云服务提供商（CSP）内部的攻击者可以通过硬件攻击来访问目标TD中的数据。例如，攻击者可以使用DRAM冻结攻击（DRAM Freeze Attack）读取DRAM中的加密数据，然后通过线下分析（Offline Analysis）来破解明文；或者覆写DRAM中的加密数据内容进行相同或不同DRAM物理地址的重放攻击。TDX可以防止大部分的简单硬件攻击。需要注意的是，TDX可以防止不同TD之间的抓取 – 重放攻击，但是**不能抵御同一个TD的硬件抓取 – 重放攻击**。

除此之外，Google的Aktas等在2023年发布了关于Intel TDX的审计报告"Intel Trust Domain Extensions（TDX）security review"。IBM的Cheng等也在2023年发表了Intel TDX的研究报告"Intel TDX demystified: a top-down approach"。

同SGX一样，TDX也不能完全防止侧信道攻击。TD的使用者需要采用软件安全最佳实践来保证TD的安全，为此Intel发表了关于TDX安全实践的报告"Trust domain security guidance for developers"和"Intel trust domain extension guest kernel hardening documentation"，以及关于TME-MK的侧信道攻击防范的报告"MKTME side channel impact on Intel TDX"。

Intel TDX系列还包含Intel TDX Connect，它用于支持可信机密设备。我们将在第三部分详细描述。

3.3.3　AMD SEV 的威胁模型

AMDSEV是AMD推出的基于虚拟机的机密计算方案。内存由内存控制器的加密引擎进行加密，然后存储到DRAM。根据AMD在"TLB poisoning attacks on AMD Secure Encrypted Virtualization（SEV）"中的描述，第一代SEV会泄露CPU寄存器的信息，SEV-Encrypted State（SEV-ES）已做出了改进，但还是有可能受到TLB Poisoning攻击的威胁。SEV-Secure Nested Paging（SEV-SNP）解决了前两代的问题，并且加入了内存完整性保护功能。AMD SEV-SNP的架构如图3-12所示。

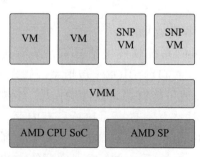

图 3-12　AMD SEV-SNP 的架构

在 SEV-SNP机密虚拟机系统中，每个 SNP VM 就是一个机密计算 TEE。管理 SNP VM的工作由 AMD安全处理器（AMD Secure Processor，AMD-SP）的硬件模块完成，也就是说，AMD-SP充当了硬件 TSM 的角色。AMD-SP和 AMD CPU SoC都是 SEV-SNP方案的 TCB模块，如图 3-12 所示。

SEV-SNP的私有内存管理策略和 TDX 不同，它没有使用隔离的安全嵌套页表（Nested Page Table，NPT）的概念，而是在 NPT之后加上一个反向映射表（Reverse Map Table，RMP），如图 3-13 所示。

在 SNP-VM环境里，所有 GVA 到 GPA的映射是通过普通页表 CR3寄存器实现的。页表会有一个 C（enCryption）位来表示这个页面是加密私有内存还是非加密共享内存。在 GPA通过嵌套 CR3（Nested CR3，nCR3）转换为系统物理地址（System Physical Address，SPA）之后，CPU会查找 RMP。RMP表记录了所有使用的 4KiB页面的所有者（Owner）是 VMM、AMD-SP还是特定的 SMP-VM。只有通过 RMP权限访问检查，内存的访问才被允许。同样，RMP自身是需要保护的，VMM不能直接修改 RMP表，只能通过特殊命令来创建。

同 TDX一样，对于普通设备的 MMIO地址空间，SNP-VM必须清除 C位标识，以支持不可信设备的透传模式。

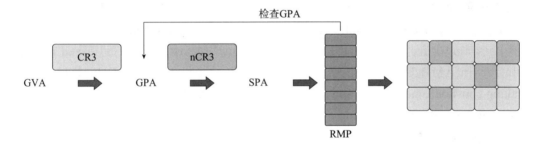

图 3-13　AMD SEV-SNP 内存管理

在 SEV-SNP的白皮书"AMD SEV-SNP: strengthening VM isolation with integrity protection and more"中，介绍了威胁模型。

❑ **机密性**：顾名思义，SNP VM中的内存是加密的。VM的寄存器状态是受保护的，并且通过 DMA保护 SNP VM阻止来自不信任的设备的访问。启动时，每个 SNP VM会有一个地址空间标识（Address Space Identifier，ASID），用来告诉内存控制器使用哪个 VM加密密钥（VM Encryption Key，VEK）来加密 VM内存。

❑ **完整性**：SEV-SNP引入反向映射表（RMP）来支持内存完整性检查，可以抵御内存破坏攻击（写入任意垃圾数据）、内存重放攻击（会写入之前旧的数据）、重映射攻击（会交换映射到 VM的页面）、别名访问攻击（会有两个 VM映射到同一个 DRAM 页面）等。

❏ **可用性**：SEV-SNP可以保证VMM的可用性，但不能保证SNP VM的可用性。

❏ **物理访问攻击**：SEV-SNP可以抵御DRAM线下攻击，但是SEV-SNP**不考虑在线**
（on-line）**DRAM完整性攻击**。例如，在VM运行时直接操纵内存DDR总线。

❏ **其他**：SEV-SNP可以**部分抵御**中断/异常注入攻击，**部分抵御**间接分支预测器
（Indirect Branch Predictor）的 Poisoning攻击，**部分抵御**调试攻击（即在调试时
修改断点）。SEV-SNP不能完全防止侧信道攻击。

业界也对AMD SEV安全性做出了研究。例如，Du等在2017年发表的论文"Secure encrypted virtualization is unsecure"中就提出可能利用SEV缺少完整性检查的缺陷进行攻击。Morbitzer等在2018年的论文"SEVered: subverting AMD's virtual machine encryption"中提出了SEVered，这种攻击可以用恶意VMM获取TEE内容。Buhren等在2019年的论文"Insecure until proven updated: analyzing AMD SEV's remote attestation"中讨论了由于CPU密钥泄露导致的SEV远程证明问题，在2021年的论文"One glitch to rule them all: fault injection attacks against AMD's secure encrypted virtualization"中提出使用glitch进行故障注入，使得ASP执行恶意代码，解密VM内存。Li等在2019年的发表的论文"Exploiting unprotected I/O operations in AMD's secure encrypted virtualization"中提出可能用未保护的I/O攻击了SEV，在2021年的论文"TLB poisoning attacks on AMD secure encrypted virtualization"中说明了TLB Poisoning攻击，在论文"CrossLine: breaking "security-by-crash" based memory isolation in AMD SEV"中说明了CrossLine攻击，并在论文"CIPHERLEAKS: breaking constant-time cryptography on AMD SEV via the ciphertext side channel"和"A systematic look at ciphertext side channels on AMD SEV-SNP"中说明了SEV-SNP的侧信道攻击CipherLeaks。

Google的Cohen等在2022年发布了关于AMD SEV-SNP的审计报告"AMD secure processor for confidential computing security review"。

对于侧信道攻击，AMD也发表了防范指南"Technical guidance for mitigating effects of ciphertext visibility under AMD SEV"。

AMD SEV系列中包含SEV-TIO，可支持可信机密设备。我们将在第三部分详细描述。

3.3.4　ARM RME

ARMv8及之前支持ARM TrustZone的系统可以创建一个与正常世界（Normal World）隔离的安全世界（Secure World）来作为TEE。这个安全世界只能静态创建，所以影响了TEE的扩展性。颇有争议的是，安全世界的权限过大，超过了TEE的需要，

因此不能算是机密计算的通用解决方案。

ARMv9引入了基于虚拟机的 CCA，这是 ARMv9增加的最大的功能。ARM CCA 增加了 Realm World（Realm世界）这个概念。系统利用机密领域管理扩展（RME）可以在 Realm 世界中创建 Realm VM。每个 Realm VM就是一个机密计算的 TEE，TSM则是由机密领域管理监视器（Realm Management Monitor，RMM）负责管理 Realm VM。异常级别 3（Exception Level 3，EL3）的监视器负责切换三个不同的世界。ARM CCA 的架构如图 3-14 所示。

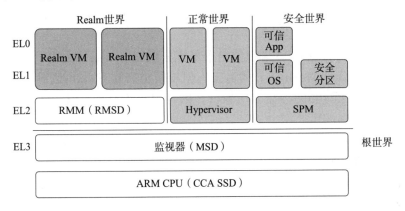

图 3-14 ARM CCA 的架构

ARM DEN-0129 "Arm Realm Management Extension（RME）system architecture" 中介绍了 RME的安全特性，ARM DEN-0096 "ARM CCA security model" 描述了 ARM CCA的安全模型。由于 ARM系统的 EL3还运行着负责切换不同世界的监视器，因此 CCA的组成和安全设计更加复杂一些。

- ❏ **CCA系统安全域**（CCA System Security Domain，CCA SSD）：可信硬件和固件，属于系统 TCB的一部分，被其他模块 MSD和 RMSD所信任。
- ❏ **监视器安全域**（Monitor Security Domain，MSD）：包括在根世界（Root World）运行的所有固件，负责不同世界之间的安全切换，使得其他安全世界和正常世界不会影响 Realm世界。MSD是 Realm世界的 TCB的一部分，被 RMSD所信任。
- ❏ **机密领域管理安全域**（Realm Management Security Domain，RMSD）：包括在 Realm世界运行的所有固件，负责隔离保护每个 Realm VM。RMSD是 Realm VM的 TCB的一部分，充当 TSM的角色，被 Realm VM所信任。

由于 ARM机密计算架构保留了"安全世界"这一概念，因此安全世界的安全性没有改变，即 Realm世界不能影响安全世界。这是由 CCA系统安全域和 MSD保证的。

ARM CCA考虑以下内存相关的威胁模型，同时，CCA还列出了最小安全需求作为实现机密计算的基线（Baseline）。

❑ **直接内存访问**：未授权的软件实体直接访问 Realm的数据，ARM CCA隔离机制可以对此进行防护。

❑ **探测**（Probing）：攻击者用物理方法直接访问内存中 Realm的数据。ARM CCA内存加密机制可以对此进行防护。

❑ **重放**：攻击者使用物理方法重放之前抓取的旧的内存内容。ARM CCA的基线**不提供重放攻击保护**。如果系统采用具有临时时新性的内存完整性保护，则可以防范重放攻击，但是这会影响系统性能，增加内存开销。

❑ **泄露**：攻击者通过 CCA平台的错误配置来获取 Realm的内容。ARM CCA的基线主要防止跨越 World边界的泄露，但**不防止跨越 Realm边界的泄露**。如果系统采用基于 Realm的独立密钥加密，则可以防止跨越 Realm边界的泄露，但是这会影响缓存性能。

❑ **基于软件的侧信道攻击**：例如，时间侧信道攻击、行锤攻击等。ARM CCA的基线不包括软件侧信道保护。

ARM CCA Realm的安全内存管理由多个模块负责，如图 3-15 所示。首先，在一个Realm内部可以设立 Stage-1页表负责虚拟地址（Virtual Address，VA）到中间物理地址（Intermediate Physical Address，IPA）的映射。其次，VMM向 RMM申请 IPA到物理地址（Physical Address，PA）的映射，由 RMM建立 Stage-2页表，也称为 **Realm转换表**（Realm Translation Table，RTT），用于描述 Realm的地址空间信息。一个 Realm的 IPA可以分为保护（Protected）和不保护（Unprotected）两部分，分别对应机密内存和共享内存。最后，Root 世界的监视器会根据物理地址空间（Physical Address Space，PAS）设立**粒度保护表**（Granule Protection Table，GPT），PA只有通过 GPT的检查才能最终访问到系统物理内存。每个世界都有自己的 PAS，例如 Root PAS、Realm PAS、安全PAS（Secure PAS）和非安全 PAS（Non-Secure PAS）。GPT描述了不同世界对不同 PAS的访问控制策略，例如 Realm世界和 Root世界可以访问 Realm PAS，但其他世界不能访问 Realm PAS。

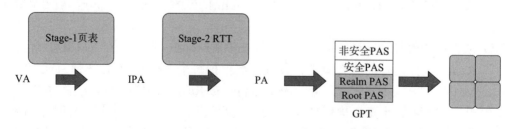

图 3-15　ARM CCA Realm 的安全内存管理

ARM CCA RME的架构中引入了内存加密上下文（Memory Encryption Context，MEC）扩展。在没有 MEC 的时候，每个世界中只有一个根据 PAS 衍生出的加密密钥，虽然 Realm 世界和安全世界以及 Root世界使用不同的加密密钥，但是每个 Realm都使用相同的加密密钥，Realm之间的隔离由 RMM完成。MEC存在的时候，一个 Realm世界中可以有多个根据 **MEC标识符**（MEC Identifier，MECID）衍生出的加密密钥，这样 RMM和每一个 Realm都有自己的加密密钥，满足纵深防御的要求。如图 3-16 所示，左图表示没有 MEC的情况，右图表示有 MEC的情况，虚线框表示同一密钥的加密边界。

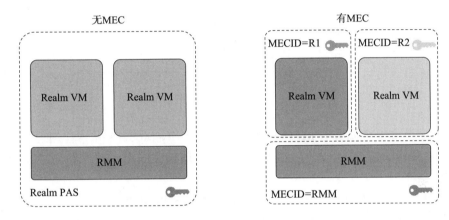

图 3-16　ARM CCA MEC 的比较

ARM安全中心发布了一系列白皮书——"Speculative processor vulnerability latest updates"，用于帮助 ARM开发者理解、抵御侧信道攻击，如 Spectre/Meltdown以及它们的变种。

ARM CCA RME的架构中包含 RME设备分配（RME Device Assignment，RME-DA）来支持可信机密设备。我们将在第三部分详细描述。

3.3.5　RISC-V CoVE

RISC-V标准化组织 AP-TEE工作组在 2023年起草了支持 RISC-V架构的机密虚拟机方案，称为 CoVE。RISC-V的 CoVE方案类似于 ARM CCA RME，不同之处在于 RISC-V没有安全世界这一概念。CoVE将机密计算 TEE称为 TEE VM（TVM）或**域**（Domain），而且直接把保护和隔离 TVM的模块称为 TSM或**域安全管理器**（Domain Security Manager，DoSM）。机器模式或M模式（M-mode）的监视器或**根安全管理器**（Root Security Manager，RSM）负责切换 TEE世界（TEE World）和非 TEE世界（Non-TEE World）。RISC-V CoVE的架构如图 3-17 所示。

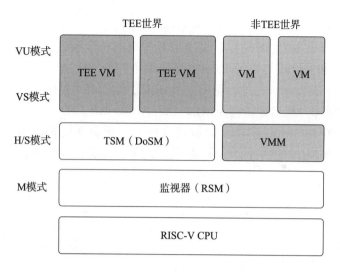

图 3-17　RISC-V CoVE 的架构

CoVE规范和安全模型"RISC-V Platform Security Model"非常详细地定义了威胁模型和安全需求。安全需求分为必要的需求和实现相关的需求。下面简单总结一下必要的需求。

- **CPU状态保护**：防止不可信代码访问或修改 CPU状态。
- **内存机密性**：内存访问需要隔离，内存需要加密。但是，CoVE**不要求基于TVM的独立密钥加密。**
- **内存完整性**：需要抵御基于软件的攻击，包括内存执行。但是，CoVE**不要求抵御基于硬件的攻击，包括行锤攻击。**
- **I/O保护**：不可信的设备不能访问 TEE。
- **安全中断请求**（Interrupt Request，IRQ）：防止违反中断优先级或中断屏蔽的IRQ注入。
- **安全时间戳**：需要保证 TEE有一致的时间戳。
- **性能分析**：既要保证 TEE获得正确的性能监视单元（Performance Monitoring Unit，PMU）信息，又要防止由 PMU导致的机密信息泄露。
- **调试**：产品中的调试端口必须禁止。
- **可用性**：防止 TVM对系统进行拒绝服务攻击。但是 VMM对 TVM的拒绝服务不在考虑中。
- **侧信道**：CoVE规定需要提供受保护的地址映射以及微架构侧信道保护，如分支预测（Branch Prediction），来防止类似 Spectre / Meltdown的攻击；需要提供机制防止单步攻击（Single-Step Attack）/ 零步攻击（Zero-Step），以及防止中断 / 异常注入。但是，CoVE**不要求抵御 CPU架构的缓存侧信道和时长侧信道。**

CoVE机密计算的内存安全管理由SmMPT规范"Memory tracking table for supervisor domain access protection specification"定义，如图3-18所示。首先，在一个Domain内部可以设立VS-Stage页表完成GVA到GPA的映射。其次，TSM建立G-Stage页表负责GPA到系统物理地址（System Physical Address，SPA）的映射。最后，CoVE的一个重要功能模块是**内存保护表**（Memory Protection Table，MPT）。每一个RISC-V的硬件线程（Hardware Thread，HART）会有MPT检查者（MPT Checker，MPTCHK）扩展，它和已有的基于页表的内存管理单元（Memory Management Unit，MMU）以及物理内存保护（Physical Memory Protection，PMP）机制一起工作。机器模式的软件使用MTT来创建一个隔离的环境，包括CPU状态和内存的隔离。MPT的另一个作用是指定物理内存属性（Physical Memory Attribute，PMA），TSM可以指定哪些是机密内存（Confidential，C）、哪些是非机密内存（Non-Confidential，NC）。

CoVE的一个重要功能模块是**特权域物理地址元数据选择子**（Supervisor Domain Physical Address Metadata Selector，Svpams）。当MTT允许访问时，特权模式的软件使用Svpams来更精确地控制内存访问策略。除此之外，Svpams指定的元数据可以与其他特权域标识符（Supervisor Domain Identifier，SDID）、虚拟机标识符（Virtual Machine Identifier，VMID）、地址空间标识符（Address Space Identifier，ASID）等一起指定一个密码上下文，从而提供内存保护功能。

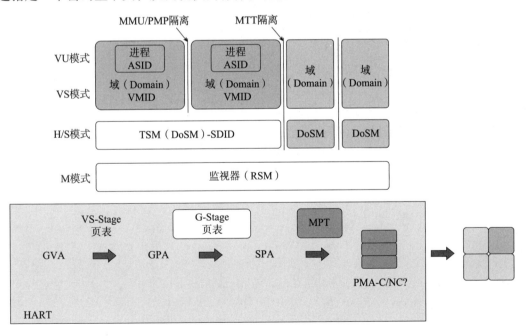

图 3-18　RISC-V CoVE 的内存安全管理

RISC-V微架构侧信道（uarch-side-channels）工作组起草了"实现者安全指南"（Transient Execution：Implementer's Security Guide），用于帮助 RISC-V开发者理解软件侧信道攻击和防护。

RISC-V CoVE系列还包含 CoVE-IO来支持可信机密设备。我们将在第三部分详细描述。

第4章

TEE 的生命周期

在第3章中，我们介绍了 TEE 的安全模型。一个 TEE 系统由 TEE-TCB、多个独立的 TEE 和不可信的系统资源管理器等组件构成。在本章中，我们首先介绍 TEE 的内存布局，然后介绍一个 TEE 的生命周期，包括 TEE 的启动和 TEE 的卸载；最后介绍几个实例。

4.1　TEE 的内存布局

图 4-1 展示了一个机密计算 TEE 系统的通用内存布局，图中深灰色部分表示 TEE-TCB 的内存，浅灰色表示 TEE 的私有内存，白色框部分表示系统特权内存。

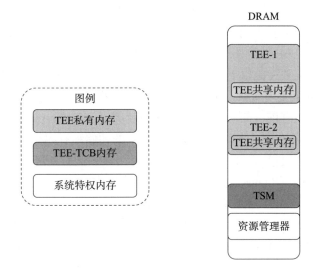

图 4-1　机密计算 TEE 系统的通用内存布局

从机密计算的角度看，这四种内存的访问控制如下：

- **TEE-TCB内存**：这是TEE-TCB所在的内存，其他模块都不能访问，只有TEE-TCB自己可以访问。如果系统有多个TEE-TCB，这部分内存还可以继续细分。例如，TCB中由信任根为其他TCB模块提供私钥签名服务或MAC消息认证码服务，那么安全起见，其他TCB模块不能篡改信任根中的代码，也不能直接访问信任根中的私钥或MAC密钥。

- **TEE私有内存**：这是每个TEE自己的内存，其他TEE或非TEE模块都不能访问它，包括资源管理器。TEE私有内存通常包括TEE的代码和私有数据。TEE私有内存的初始内容通常由资源管理器加载，同时由TEE-TCB进行度量，记录在TEE专门的度量寄存器中，用来提供TEE远程证明。

- **TEE共享内存**：这是TEE和其他模块共享的内存，如与其他TEE、非TEE模块或资源管理器等共享。共享内存通常用来和外界交换信息。需要注意的是，共享内存的内容都是不可信的，需要在使用前进行验证。TEE通常的做法是把TEE共享内存的数据复制到私有内存进行验证，然后使用。

- **系统特权内存**：这是资源管理器所在的内存。对于机密计算来说，这部分也属于不可信的内存。但对于整个系统来说，TEE和其他普通的非特权级应用都有可能破坏系统特权级的运行状态，因此资源管理器需要设定特权级别内存，并且使这部分内存不会遭到TEE的破环，从而维护系统的可用性。尽管TEE的使用者信任TEE，但从系统特权级软件的视角出发，系统特权级软件不信任TEE。

以上模型表示的只是一个通用的内存布局，不同TEE的硬件实现可能有更多的内存类型，用来支持更细粒度的访问控制。例如，ARM的监视器模式或RISC-V的机器模式的监视器模块属于平台系统级别的TCB，比TSM的权限更高。虽然监视器和TSM都属于TEE-TCB，但是监视器可以访问TSM，而TSM不能访问监视器。

TEE私有内存和TEE共享内存两种类型可以互相切换，由TEE内部代码设置TEE内存属性即可。在切换时需要考虑以下安全因素：1）在从TEE私有内存切换到TEE共享内存前，私有内存中的机密数据必须清除，防止非TEE模块读取而导致机密泄露；2）在从TEE共享内存切换到TEE私有内存前，共享内存需要被清零，防止TEE模块误读而引起的数据注入。

系统的资源管理器在创建TEE时需要设置TEE的初始私有内存，让TEE开始运行。之后，TEE的私有内存也可以由资源管理器动态添加。动态添加的TEE私有内存有两种状态：

- **TEE未接受的内存(Unaccepted Memory)**：不可用内存，这是资源管理器已经添加的TEE私有内存，并且通知了TEE模块，但是TEE还没有决定要使用，这时的内存称为未接受的内存。TEE不能直接访问这块区域，任何读、写或执行都会触发异常。

- **TEE接受的内存(Accepted Memory)**：可用内存。TEE需要显式地通知TSM准备使用这块新添加的内存，这个动作称为接受。TSM会被清零并且锁定这块内存分配给TEE，把它变为接受的内存。之后，TEE才能开始访问这块私有内存。

TEE内存的状态和转换如图 4-2 所示。

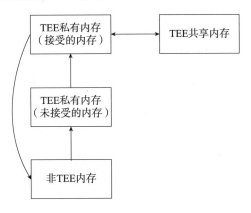

图 4-2　TEE 内存的状态和转换

4.2　TEE 的启动和卸载

图 4-3展示了一个基于 TEE的机密计算通用启动加载过程，图中用实线箭头表示数据的加载，用虚线箭头表示代码调用，用带点的虚线箭头表示使用可信计算中常见的密码学安全的扩展算法（Extend）把数据扩展到度量寄存器（Measurement Register，MR）。MR的扩展算法类似于 TPM2的 TPM2_PCR_Extend（）。伪代码如下：

```
extend_mr (mr_index, data)// 扩展到度量寄存器
{
        data_hash = hash (data) ; // hash（）是密码哈希函数
        mr_hash = read_mr (mr_index) ; // 从寄器读取 MR 数据
        new_mr_mash = hash (mr_hash || data_hash) ; // "||"表示数据连接
        write_mr (mr_index, new_mr_hash) ; // 将 MR 数据写到寄存器中
        // write_mr（）从不会暴露在外部
}
```

注意　MR可以自由读取（Read）。从安全角度考虑，禁止 MR的直接写入（Write）。MR的修改只能由扩展完成，这样才能保证之前所有的扩展动作都通过哈希算法反映在度量值中。因为没有直接的写操作，所以任何组件只能添加新的度量值，但不能修改已有的度量值。换句话说，攻击者可以添加新的度量值，把系统从可信变成不可信，这是典型的拒绝服务攻击，不在考虑范围内。但是，攻击者不能修改已有的度量值，把系统从不可信变成可信，而这是由哈希算法的特性决定的。

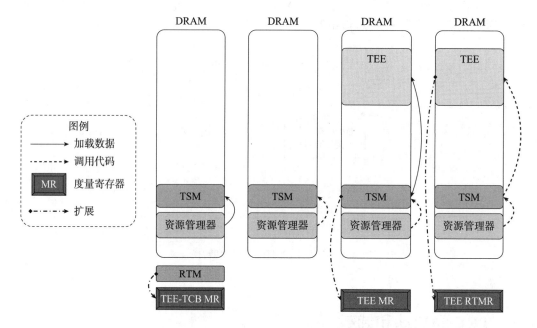

图 4-3　机密计算 TEE 系统的启动加载

通常，TEE系统启动加载步骤如下：

1）系统的资源管理器将 TSM加载到受保护的 TEE-TCB内存。为了保证完整性，CPU SoC的检测可信根需要对 TSM进行校验，例如检查数字签名，以保证 TSM的来源是可信的。同时，为了支持远程证明，CPU SoC的度量可信根把 TSM的信息扩展到存储可信根的 TEE-TCB度量寄存器中。这一步骤可以有多个变种，例如，TSM可能是一个固件模块，不需要软件加载。TSM软件也可以由诸如系统固件的其他模块加载。TSM需要提供两类接口：一类是给 VMM的 TEE管理接口（TEE Management Interface，TMI），用于管理 TEE；另一种是给 TEE的 TEE服务接口（TEE Service Interface，TSI）。TSM和它提供的接口如图 4-4 所示。

2）资源管理器调用 TSM TMI中的初始化函数帮助 TSM完成初始化。通常在调用之前，资源管理器需要为 TSM分配系统资源，并向 TSM报告分配信息。

3）资源管理器调用 TSM TMI中的加载函数，使 TSM将目标 TEE加载到 TEE私有内存中。除了 TEE的代码和数据，这一过程还需要在私有内存中建立 TEE的元数据，用于记录 TEE的各种必要信息，如物理地址空间、TEE安全一级页表、TEE寄存器状态等。如果 TEE支持认证的启动，那么 TSM需要检查 TEE的来源，通常使用数字签名来进行校验。同样，为了支持远程证明，TSM作为 TEE的 RTM需要把加载的 TEE的信息扩展到 TEE的度量寄存器中。我们严格区分 TEE-TCB MR和 TEE MR，因为 TEE-TCB是为整个系统服务的，而 TEE可以有许多个，每个 TEE都有自己的 TEE MR。

4）资源管理器调用 TSM中的 TEE函数，使得 TSM调用 TEE的入口函数，启动目标 TEE。TEE可以加载其他数据或代码。同样，TEE自身作为度量信任链（Chain of Trust for Measurement，CTM）还可以继续调用 TSM 的 TSI 运行时扩展函数，把新的 TEE 数据或代码扩展到 TEE 的运行时度量寄存器（TEE Runtime MR，RTMR）中。RTMR可以弥补初始阶段 MR 的局限性，记录 TEE 在运行时输入的数据。TEE 的 MR 和 RTMR 都用来表示一个 TEE 的身份信息。同时，TEE 可以调用 TSM 的 TSI 来产生 TEE 的证明报告。之后，资源管理器可以向 TEE 添加更多的内存，TEE 需要接受这些内存。TEE 也可以进行私有内存和共享内存的切换，使用共享内存和外界通信。

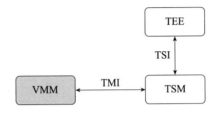

图 4-4　TSM 和它提供的接口

　　注意　这里的 MR 是一个通用抽象的概念。实际的 TEE-TCB 不一定有这么一个或一组寄存器，但是 TEE-TCB 需要有一种机制去存储 TEE-TCB 和 TEE 的各种信息。这种机制可以由每个 TEE 的硬件设计方自行设计。我们将在第 5 章进行更详细的描述。

　　可信启动（Trusted Boot）和安全启动（Secure Boot）是系统启动的两种基本模式。图 4-5 展示了可信启动和安全启动在 TEE 启动过程中的区别。

　　可信启动的步骤如下（参见图 4-5b）：

　　1）序号 ①~⑥：在奇数步，每一个模块需要把下一个模块度量到 MR 中建立可信链，然后在偶数步加载、执行下一个模块。

　　2）序号 ⑦：所有启动完成后，TEE 所有者可以得到 TEE 的认证报告，其中包括 TEE-TCB MR、TEE MR 和 TEE RTMR 的信息，TEE 所有者需要验证报告的完整性，例如数字签名或消息认证码。

　　3）序号 ⑧：TEE 所有者对报告中的 MR 和已知的参考完整性清单（Reference Integrity Manifest，RIM）进行比较。

　　4）序号 ⑨：如果条件满足，TEE 所有者就可以信任这个启动的 TEE，把机密信息通过安全通道传送给 TEE，如网络 TLS 协议或平台的安全协议和数据模型（Security Protocol and Data Model，SPDM）协议。

　　这里的 ⑦~⑨ 只是一个非常简单的示例，我们将在第 5 章的"证明过程的通用模型"部分第 ⑦~⑨ 步做更详细的讨论。

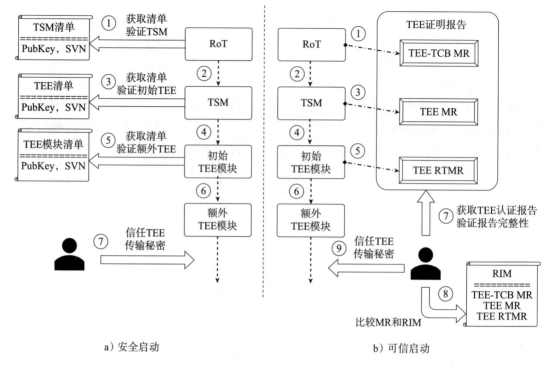

图 4-5　可信启动和安全启动比较

安全启动的步骤如下（参见图 4-5a）：

1）序号①~⑥：在奇数步，每一个模块需要验证下一个模块是否满足预先定义的要求，然后在偶数步加载执行下一个模块。相关要求可以写入一个启动清单（Manifest）文件中，部署到系统。例如，数字签名的公钥文件、模块 SVN 等。

2）序号⑦：因为启动清单是强制要求，所以不满足条件的 TEE 一定不会被启动，而启动了的 TEE 一定符合条件，这样用户可以把机密信息直接传给启动了的 TEE。

安全启动中的每一个模块都可以有独立的启动清单，它们之间不会相互影响。例如，系统 RoT 可以选择启用对 TSM 的安全启动验证，而 TSM 可以选择忽略 TEE 的安全启动验证，TEE 内部又可以对下一模块进行安全验证。但是，只要安全启动链断裂，即有一个模块不进行安全启动认证，那么最后的 TEE 必须要经过可信启动的证明，才能变得可信。

> **注意**　请读者思考一下，如果只使用安全启动会有什么局限性？那就是所有的安全取决于 TEE 所有者的事先部署，但是实际情况是，TEE 所有者很难部署一切，特别是 TEE-TCB 的各个模块。一般来说，TEE-TCB 需要由 TEE-TCB 所有者部署，并告诉 TEE 的所有者。例如，CPU SoC 的厂商会告诉 TEE 所有者最新的 SVN 是多少。那么问题又回来了，TEE 所有者如何确信当前环境的 TEE-TCB 有最新的 SVN 呢？可见，就算有安全启动，我们还是需要可信启动来提供系统信息。

　　根据第 2 章的讨论可知,在机密计算中,可信启动是必需的,它可以向 TEE 所有者提供远程证明,使 TEE 所有者相信这个启动后的 TEE 环境是未被修改的。而安全启动(也称为认证的启动)是可选的,取决于 TEE 提供的功能。很多时候,安全启动和可信启动要结合起来同时使用。图 4-6 就展示同时启用安全启动和可信启动的情况。

　　1)序号 ①~⑥:每一个模块需要验证下一个模块是否满足预先定义的要求,把下一个模块以及验证的公钥和 SVN 等信息度量到 MR 中建立可信链,然后加载执行下一个模块。这里,度量公钥和 SVN 的优点是验证者不需要依赖可能频繁变更的每一个模块的具体度量值,只需要根据公钥了解模块的来源,再根据 SVN 的值确定它是否足够安全,从而大大简化了验证流程。

　　2)序号 ⑦:所有启动完成后,TEE 所有者可以得到 TEE 的认证报告。报告中包括 TEE-TCB MR、TEE MR 和 TEE RTMR 的信息,安全启动清单以及实际运行模块的公钥和 SVN。TEE 所有者需要验证报告的完整性,例如数字签名或消息认证码。

　　3)序号 ⑧:TEE 所有者可以将报告中的 MR、公钥、SVN 等与已知的 RIM 进行比较。根据策略,MR 和公钥必须完全匹配,SVN 则可以使用大于或等于的策略,即报告中的 SVN 应大于或等于参考值中的 SVN。

　　4)序号 ⑨:如果条件满足,TEE 所有者就可以信任这个启动的 TEE,把机密信息通过安全通道传送给 TEE,如 TLS 协议或平台的 SPDM 协议。

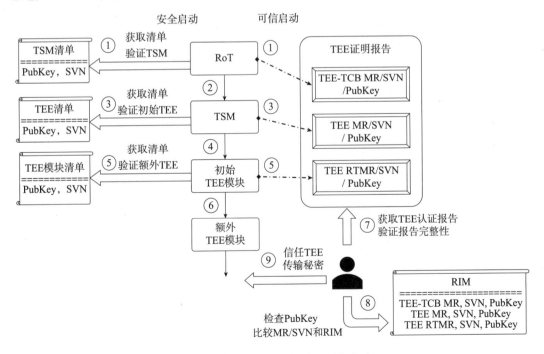

图 4-6　同时启用安全启动和可信启动

注意 我们在这里深入讨论一下 ①~⑥ 中的三个动作: 验证、度量和执行的顺序。首先, **验证一定在执行之前**, 安全启动就像门卫验证身份一样, 只有先验证了身份才能允许进入, 否则进入的是坏人就有安全隐患。其次, **度量一定在执行之前**, 可信启动就像门卫**登记身份**一样, 只有登记了身份的人才能进入, 不然进入的坏人就可以肆意伪造登记记录, 术语称为锻造度量值 (Forge Measurement)。根据之前关于度量寄存器特性的讨论, 攻击者只能伪造新的度量值, 无法修改已有的度量值。

最后, 关于**验证和度量**的顺序, 最保险的方法是分三步走: 先度量行为请求, 然后验证信息, 最后度量行为结果。还是用门卫的例子, 最严格的做法是先登记身份为 ×× 的人在 × 时 × 刻请求进入, 然后进行身份验证, 最后记录身份为 ×× 的人准备进入系统。这样做的好处在于: 只要先度量了行为请求, 这个行为就已经被记录在案, 无法消除, 方便后续审计。不然的话, 如果在验证信息阶段出现问题, 例如验证代码有缓冲区溢出导致系统最高权限被攻击者获取, 那么攻击者就可以伪造登记记录。但是, 从另一方面来看, 先验证信息也不是绝对不安全。因为从 TEE 所有者的角度来看, 它要相信的是一条不能中断的可信链。也就是说, 为了使 TEE 所有者相信最后的 TEE, 那么它必须要相信之前的**任何模块**。如果其中一个模块有已知的脆弱性, 那么从这个模块开始的可信链已经中断, 后面的结果就变得不可信了。度量和不度量行为请求之间的区别在于, 如果只是验证模块有漏洞, 而度量模块没有漏洞, 那么度量行为请求可以帮助审计者确定攻击者。但是, 验证模块和度量模块都有漏洞的话, 度不度量没有区别。用门卫的例子, 如果已经知道一个门卫被坏人收买, 那么他所做的记录都是不可信的了。如果有两个门卫, 一个负责记录, 一个负责验证, 那么就算负责验证的人被收买, 我们还可以通过记录查到是谁被放了进来。

有的隔离 TEE 不支持动态卸载, 一旦启动, 它就一直存在, 直到系统关闭或重启。安全飞地和机密虚拟机可以支持多个模块同时运行、动态启动和动态卸载。

TEE 的卸载比较简单, 当 TEE 完成任务后, TEE 可以主动退出。根据安全模型, 资源管理器也可以随时选择卸载 TEE, 特别是当资源管理器发现一个 TEE 出现异常, 或处于死机状态时。资源管理器在卸载 TEE 的同时, 需要通知 TSM 清理 TEE 的上下文, 释放资源。这样, TSM 才能更好地启动另一个 TEE。卸载 TEE 会造成 TEE MR 相关的内容丢失, 但是只要 TSM 存在, TEE-TCB MR 相关的内容依然存在。

4.3 机密计算 TEE 实例的生命周期

下面我们来看一看各类典型 TEE 实例的生命周期。

4.3.1　Intel SGX 的生命周期

Intel SGX是Intel最早的机密计算技术，目标是用一个非常小的运行环境来保护单个应用程序，不受到OS、VMM和其他模块的影响。这个运行环境就是安全飞地，简称Enclave。Enclave的创建和保护只依赖于CPU SoC和对应的微码，没有其他特殊的软件TCB，OS作为资源管理器负责加载和运行Enclave。 ⊖

Enclave的启动过程如图4-7所示。

1）需要Enclave的应用程序把代码、数据以及执行环境信息提供给OS的SGX驱动。然后，SGX驱动调用ECREATE指令创建Enclave实例的初始环境SGX Enclave控制结构（SECS）。

2）SGX驱动加载Enclave程序的代码页、数据页、线程控制结构（Thread Control Structure，TCS）等到Enclave内存。其中，EADD指令负责加载，并且把加载的地址度量并更新到MRENCLAVE中，EEXTEND指令负责把加载的内容度量并更新到MRENCLAVE。最后，EINIT指令结束加载，并且计算出最终的MRENCLAVE值作为Enclave的身份的一部分。

3）需要Enclave的应用程序使用EENTER指令进入Enclave模式，并进行一系列初始化操作。

4）SGX2支持用EAUG指令给Enclave添加额外的页面。

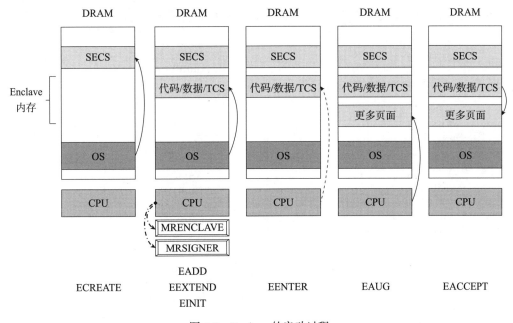

图 4-7　Enclave 的启动过程

<hr />

⊖　Quarkslab编写的关于SGX内部逻辑和外部调用的文献"Overview of Intel SGX part 1 SGX internals"和"Overview of Intel SGX part 2 SGX internals"值得参考。

5）Enclave内部需要使用EACCEPT指令来接受这个被添加的页面，然后Enclave可以正常使用这个页面了。

EINIT还有一个任务就是进行启动时的认证。图4-8展示了SGX认证启动相关的数据结构。

❑ Enclave签名结构SIGSTRUCT：每个Enclave必须有一个由开发者签名的SIGSTRUCT，包含Enclave签名者公钥（MODULUS）、安全版本号（SVN）、Enclave属性、期望的Enclave度量值（MRENCLAVE）和自身的数字签名等。在Enclave成功启动后，Enclave签名者公钥（MODULUS）会被加载到Enclave签名者公钥哈希值（MRSIGNER）寄存器，和其他信息一起成为Enclave身份的一部分，作为Enclave报告（REPORT）用于提供远程证明。

❑ IA32_SGXLEPUBKEYHASH模型特定寄存器（Model Specific Register, MSR），记录了允许启动的Enclave签名者的公钥。

❑ EINIT令牌：调用EINIT时的参数。如果一个启动Enclave（Launch Enclave, LE）拥有EINITTOKEN密钥，LE可以生成EINIT令牌，控制其他Enclave的启动。EINIT令牌包含有效位、期待的Enclave属性、期待的MRENCLAVE、期待的MRSIGNER和自身的消息认证码。

EINIT在启动时会依次做以下检查，只有所有检查都完成，EINIT才会成功返回。

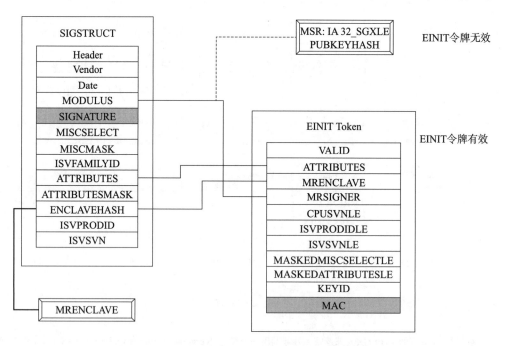

图 4-8   SGX 认证启动的数据结构

1）检查 Enclave 签名结构的数字签名是否正确。

2）检查 Enclave 签名结构中的 Enclave 度量值是否和计算出的实际 MRENCLAVE 一致。

3）如果 EINIT 令牌无效，则检查 Enclave 签名结构中的公钥是否和 IA32_SGXLEPUBKEYHASH MSR 一致。

4）如果 EINIT 令牌有效，检查 EINIT 令牌 MAC 值是否正确。

5）检查 Enclave 签名结构中 Enclave 属性、Enclave 度量值和 Enclave 签名者公钥是否和 EINIT 令牌中期待的 Enclave 属性、期待的 MRENCLAVE 和期待的 MRSIGNER 一致。

在第一代 SGX 中，IA32_SGXLEPUBKEYHASH MSR 是只读的，只有一个 Intel 签名的 LE 可以由硬件启动，其他 Enclave 必须由 LE 来启动。在之后的 SGX 中，这个 MSR 在灵活启动控制（Flexible Launch Control，FLC）模式下是可写的，这意味着 OS 中启动 Enclave 的模块可以把需要启动的 Enclave 签名者公钥的哈希值（MRSIGNER）写入 IA32_SGXLEPUBKEYHASH MSR 完成部署。理论上说，任何 Enclave 都可以是 LE，从而简化了启动流程。

4.3.2 Intel TDX 的生命周期

Intel TDX 的机密计算 TEE 启动过程和通用启动过程相似。TDX 启动的 TEE-TCB 为 SoC、认证代码模块（Authenticated Code Module，ACM）和 TDX-Module。其中，TDX-Module 是 TDX 的 TSM；TD 就是 TEE，它的加载由 TDX-Module 负责；TDX-Module 本身由一个叫作 SEAM Loader 的模块加载到 SEAM 内存中，SEAM Loader 则是一个由 Intel 可信执行技术（Trusted Execution Technology，TXT）定义的认证代码模块。

SEAM 的全名是安全仲裁模式（Security Arbitration Mode），它是 Intel 为 TDX 做出的 CPU 架构扩展。SEAM 模式中执行的代码必须位于由 SEAM 范围寄存器（SEAM Range Register，SEAMRR）指定的 SEAM 内存中。只有 ACM（这里是 SEAM Loader）和 SEAM 内部模块（也就是 TDX-Module）可以访问 SEAM 内存，其他模块 VMM、OS，甚至系统管理模式（SMM）和 SGX Enclave 都不能访问 SEAM 内存。需要注意的是，虽然只有 SEAM Loader 这一个 ACM 实际参与到 TDX 的启动过程中，但是所有的 ACM 都有极高的权限访问 SEAM 内存，因此，所有的 ACM 都列入了 TEE-TCB。

TDX 的 TEE 启动过程在 SEAM Loader 规范和 TDX-Module 规范中有详细描述。整个启动过程可以分成两部分，第一部分是 TSM 的启动，包括 SEAM Loader 和 TDX-Module 自身的启动，这部分只需启动一次，一直有效；第二部分是 TEE 启动，也就是 TD 的启动，系统可以创建多个 TD，每个 TD 的启动过程都是一样的。我们重点看一下安全相关的内容。

TSM的启动过程如图 4-9 所示。

1）VMM加载非持久 SEAM Loader（Non-Persistent SEAM Loader，NP-SEAMLDR）。这个 NP-SEAMLDR是一个标准的 ACM，附带 Intel的私钥签名。VMM需要把 NP-SEAMLDR复制到满足 Intel TXT需求的内存中。

2）VMM运行 NP-SEAMLDR。VMM调用 GETSEC[ENTERACCS]指令启动 NP-SEAMLDR。因为 ACM具有非常高的系统权限，所以 CPU的微码在执行过程中会对 NP-SEAMLDR ACM的数字签名进行校验，以确定它的来源是可信的。NP-SEAMLDR 的功能是把自己的持久 SEAM Loader（Persistent SEAM Loader，P-SEAMLDR）加载到 SEAM内存中，支持后续 TDX-Module的加载。NP-SEAMLDR ACM的 SVN信息会报告在 IA32_SGX_SVN_STATUS MSR的 63:56比特位。ACM可以被加载多次以用于更新，新启动 ACM模块的 SVN必须大于或等于现有的 SVN，从而防止回滚攻击。

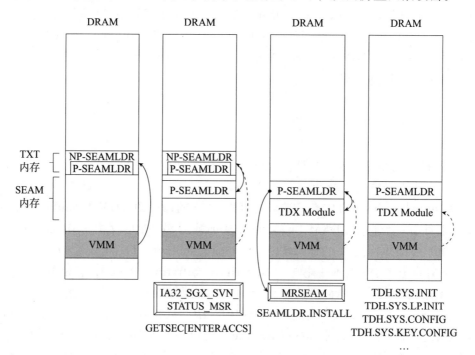

图 4-9   TSM 的启动过程

3）VMM调用 P-SEAMLDR加载 TDX-Module。VMM可以使用 P-SEAMLDR提供的接口 SEAMCALL[SEAMLDR.INFO]指令获取 P-SEAMLDR和 TDX-Module的信息，然后使用 SEAMCALL[SEAMLDR.INSTALL]指令来加载 TDX-Module。TDX-Module带有名为 SEAM_SIGSTRUCT的数字签名结构，由 CPU的微码进行校验以保证完整性。TDX-Module可以被多次加载以用于更新，这时 P-SEAMLDR需要检查 SEAM_SIGSTRUCT

中的 SEAM 安全版本号（SEAMSVN）字段，保证新模块的 SEAMSVN 必须大于或等于现有的 SEAMSVN。SEAM_SIGSTRUCT 还包括 TDX-Module 的度量值（MRSEAM），P-SEAMLDR 需要检查它的正确性，然后保存到 TEE_TCB_INFO 中，作为 TDX-Module 的身份信息。

4）VMM 运行 TDX-Module。当 TDX-Module 加载完毕后，会提供一系列 TD 宿主机（TD Host，TDH）接口给 VMM，并将一系列 TD 客户机（TD Guest，TDG）接口提供给 TD。VMM 可以调用一系列 TDH 初始化 TDX-Module，如 TDH.SYS.INIT、TDH.SYS.LP.INIT、TDH.SYS.CONFIG、TDH.SYS.KEY.CONFIG 等接口。因为机密计算需要使用内存加密，VMM 需要调用 TDH.SYS.KEY.CONFIG 来配置一个全局的临时性硬件 AES-XTS 调整密钥。TDX-Module 利用全局密钥管理它自身的数据。

TEE 的启动过程如图 4-10 所示。

1）VMM 调用 TDX-Module 创建 TD 元数据结构，如 TDH.MNG.CREAT、TDH.MNG.KEY.CONFIG、TDH.MNG.ADDCX、TDH.MNG.INIT 等接口。其中，TDH.MNG.KEY.CONFIG 用来配置一个 TD 独有的临时性硬件 AES-XTS 调整密钥，这个密钥用来加密此 TD 相关的内存数据。

2）VMM 调用 TDX-Module 加载初始化过的 TD 数据和 TD 可执行代码。例如：TDH.MEM.SEPT.ADD、TDH.MEM.PAGE.ADD、TDH.MR.EXTEND、TDH.MR.FINALIZE 等接口。TDH.MEM.SEPT.ADD 为 TD 创建安全扩展页表（S-EPT）。TDH.MEM.PAGE.ADD 把内存复制到 TD 的私有页面空间，而且把 TD 私有页面的 GPA 度量到 TD 度量寄存器（MRTD）中。TDH.MR.EXTEND 度量 TD 的私有页面到 MRTD 中。这里需要注意的是，除了 TD 私有页面的内容，TD 私有页面的 GPA 也被度量到 MRTD，从而保证页面加载的顺序。通常，初始化过的 TD 数据是一个 TD 中的起始固件，可以是 8MiB、16MiB 等。当所有初始模块度量结束后，VMM 调用 TDH.MR.FINALIZE 来生成最终的 MRTD。MRTD 是 TD 报告的一部分，可以作为 TD 启动时的身份。

3）VMM 可以调用 TDX-Module 添加未初始化过的 TD 页面，如 TDH.MEM.SEPT.ADD、TDH.MEM.PAGE.AUG 等接口。TDX-Module 不会度量这些页面，从而大大节省 TD 创建的时间。这些内存被称为未接受内存，TD 不能直接访问。例如，整个系统内存空间 4GiB、64GiB 等会使用这种方式建立。

4）VMM 调用 TDX-Module 来启动 TD。VMM 使用 TDH.VP.ENTER 让 TDX-module 调度 CPU 进入 TD 的起始地址，开始运行 TD 的程序。一个 TD 的起始地址一般是由 TDX 虚拟固件（TDX Virtual Firmware，TDVF）提供的。VMM 可以输入一些启动参数给 TD，告知 TD 内存的大小、位置等信息。

5）如果 TD 需要访问未接受内存，那么 TD 需要调用 TDG.MEM.PAGE.ACCEPT 来接受这些被 VMM 添加但是没有度量的内存。TDX-Module 会把内存清零，变为接受的内存（Accepted Memory），这样 TD 才能访问。为安全起见，TD 会把一些动态信息（如 VMM 输入的内存信息等）用 TDG.MR.RTMR.EXTEND 度量到 RTMR 中。RTMR 也是 TD 报告的一部分，作为 TD 运行时的身份。RTMR 和 MRTD 分开有助于验证者区分什么是 TD 的静态启动数据、什么是 TD 的动态输入数据。

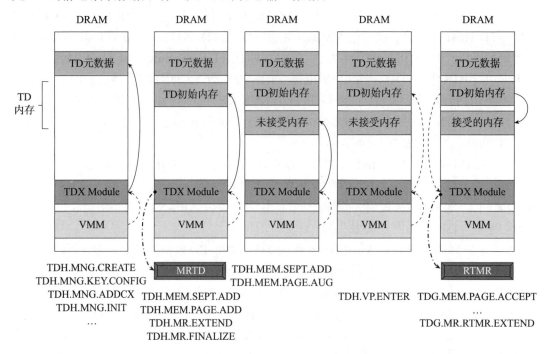

图 4-10　TEE 的启动过程

和 SGX 不同，TDX 不支持 TEE 认证的启动，只有 ACM 和 TDX-Module 具有 Intel 的数字签名，而用户 TD 是不需要数字签名的。任何人都可以创建一个自己的 TD。也正是因为 TDX 没有认证启动，所以 TD 没有 SVN 的概念，只有 ACM 和 TDX-Module 才有 SVN。

4.3.3　AMD SEV 的生命周期

AMD SNP SEV-SNP 的 TEE-TCB 包括 AMD SoC 和安全处理器 AMD-SP。SEV-SNP 与 TDX 最大的不同之处是 TSM。TDX 的 TSM 是一个软件模块 TDX-Module，而 SEV 的 TSM 是硬件 AMD-SP，它是独立于 AMD x86 SoC 的另一个处理器。它提供一系列软件接口，称为 SEV-SNP 固件接口。AMD-SP 协助 VMM 管理 TEE，这就是 SNP VM。

由于 AMD-SP 是主板自带的硬件模块，因此它的启动过程相对简单。在系统加电启动后，VMM 只需调用 SNP_INIT 或 SNP_INIT_EX 固件接口即可初始化 AMD-SP 中的

SNP相关模块，VMM需要通过 AMD-SP 的协助启动 SNP VM。这个启动过程如图 4-11 所示。

1）VMM分配内存并使用 RMPUPDATE 创建 SEV-SNP 定义的各种内存，包括固件内存（Firmware Memory）、前客户机内存（Pre-Guest Memory）、客户机无效内存（Guest Invalid Memory）等。RMP 是指反向映射表，它是 SEV-SNP 新引入的机制，用来追踪每个页面的所有者是 VMM、VM 还是 AMD-SP。在 RMP 的帮助下，CPU 访问每个页面之前都会检查所有权，保证只有页面所有者可以进行写操作。这里的固件内存专门给 AMD-SP 使用，客户机前内存和客户机无效内存都是给 SNP VM 使用的。

2）VMM调用 AMD SP 的接口创建 SNP VM 上下文。例如，SNP_GCTX_CREATE、SNP_LAUNCH_START、SNP_ACTIVATE 等。SNP_GCTX_CREATE 会把 AMD-SP 管理的固件内存转化成 VM 上下文内存，用来记录 VM 的运行信息。SNP_ACTIVATE 会绑定 VM 的 ASID，这个 ASID 用来告诉内存控制器使用哪个 VM 加密密钥来加密 VM 内存。

3）VMM调用 AMD-SP 的接口创建 SNP VM 启动虚拟固件内存，如 SNP_LAUNCH_UPDATE、SNP_LAUNCH_FINISH。SNP_LAUNCH_UPDATE 会把 VM 的前客户机内存转化成客户机有效内存，客户机有效内存中的内容会被度量到 SNP VM 的启动度量值中。SNP_LAUNCH_FINISH 会生成最终的启动度量值，这个启动度量值将反映到由 AMD-SP 固件签发的客户机证明报告，作为 SNP VM 启动时的身份。SNP VM 的启动度量值和 TDX 的 MRTD 类似。

4）VMM使用 VMRUN 来启动 SNP VM。代码跳转到 SNP VM 的起始地址开始运行。

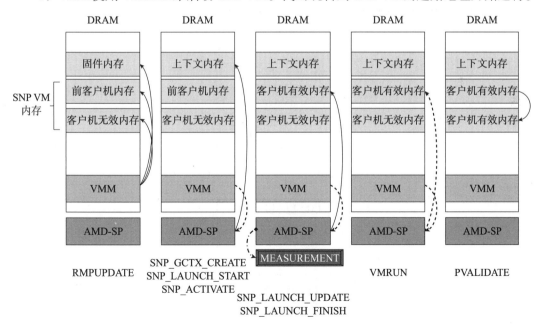

图 4-11 SEV-SNP 启动：SNP VM 加载

5）SNP VM在运行过程中会发现客户机无效内存。为了使用这些内存，SNP VM使用 PVALIDATE把客户机无效内存转化成客户机有效内存。这个步骤和TDX中的TDG.MEM.PAGE.ACCEPT类似。SEV-SNP没有提供类似TDX RTMR的运行时度量。

SEV-SNP支持可选的认证启动。图 4-12 展示了 SEV-SNP 认证启动相关的数据结构。

❏ ID块（ID Block）：作为 SNP_LAUNCH_FINISH的可选参数，ID块描述了 SNP-VM的信息，包括启动摘要（Launch Digest，LD）、客户机系列 ID（FAMILY_ID）、客户机镜像 ID（IMAGE_ID）、版本（VERSION）、客户机安全版本号（GUEST_SVN）和客户机策略结构（POLICY）。这些信息会成为客户机身份的一部分，作为证明报告提供远程证明用。

❏ ID认证信息：该信息也是 SNP_LAUNCH_FINISH的可选参数，可以提供 ID块相关的认证信息，用来检查 ID块的完整性。它包含 ID块的签名、ID块的签名密钥（ID_KEY）、ID签名密钥的签名（ID_KEY_SIG）和用来签名 ID签名密钥的权威签名密钥（AUTHOR_KEY）。ID_KEY和 AUTHOR_KEY这两个密钥的摘要也会成为客户机身份的一部分，作为证明报告提供远程证明。

SEV-SNP的认证启动需要进行以下检查，检查全部通过后才会启动。

1）存在权威签名密钥的情况下，检查 ID块签名密钥的数字签名是否正确。

2）存在 ID块的情况下，用 ID块签名密钥检查 ID块的数字签名是否正确。

3）存在 ID块的情况下，检查 ID块中的启动摘要（LD）和计算出的启动度量值是否一致。

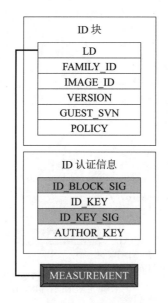

图 4-12　SEV-SNP 认证启动的数据结构

4.3.4 ARM RME 的生命周期

ARMv9引入了 RME来支持 ARM CCA。CCA中的 TEE-TCB包括 ARM SoC硬件，运行在 EL3 Root模式的监视器，以及运行在 Realm世界 EL2的 RMM。可以把 TSM视为 RMM，TEE则是 Realm世界中运行的 Realm VM，包括 EL1的 OS和 EL0的应用程序。

根据 ARM发布的 CCA架构信息 DEN0126、DEN0127和 DEN0128，一个 Realm VM的加载过程如图 4-13 所示。

1）宿主机分配内存加载 RMM。RMM会给宿主机 VMM提供 Realm管理接口（Realm Management Interface，RMI）并给 Realm提供 Realm服务接口（Realm Service Interface，RSI）。

2）宿主机创建 Realm实例。宿主机通过 RMI接口通知 RMM，包括 Realm数据、Realm地址转换表、Realm描述符、Realm执行上下文。Realm数据需要映射到 Realm地址空间，Realm地址转换表（Realm Translation Table，RTT）用于描述 Realm地址空间的特性，Realm描述符（Realm Descriptor，RD）用于存储 Realm的特征，Realm执行上下文（Realm Execution Context，REC）用于存储 Realm的 VCPU状态。RMM负责把初始化的内容复制到 Realm PAS内存，并映射到 Realm IPA中。这时的内存是 Realm可用内存(Populated Memory)。RMM把加载的 Realm的内存和寄存器状态作为初始内容，度量到 Realm初始度量值（Realm Initial Measurement，RIM）中，作为 Realm描述符的一部分。Realm描述符就是 Realm启动时身份的证明，其中的可信域初始度量值与 TDX的 MRTD或 SEV的启动度量值类似。

3）宿主机可以添加额外的 Realm不可用内存(Unpopulated Memory)，以备 Realm使用。

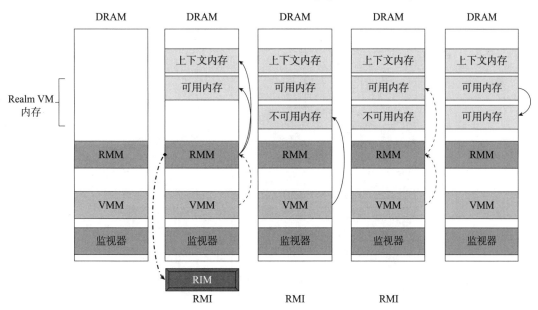

图 4-13　ARM CCA 启动：Realm VM 加载

4）宿主机使用 RMI 接口启动运行 Realm。

5）Realm 可以把不可用内存变为可用内存，然后开始使用。

4.3.5　RISC-V CoVE 的生命周期

RISC-V 组织起草了基于虚拟机的机密计算方案 CoVE。CoVE 把 TEE-TCB 分为三类：1）平台硬件 TCB，包括 CPU SoC 中的硬件 RoT、CPU、内存控制器子系统等；2）平台软件 TCB，包括 M-mode（M模式）固件和 TSM 驱动；3）TSM，CoVE 中的 TSM 直接命名为 TSM，由 TSM Driver 负责加载。TEE 则名为 TVM。

根据 CoVE 的规范，TSM 的加载过程如图 4-14 所示。

1）CoVE 架构定义了 TCB 模块的度量可信根、存储可信根和报告可信根。在平台初始化时，RTM 需要度量各个模块，如 RoT 固件、SoC 子系统固件以及所有 M-mode 固件。

2）平台加载 M-mode 固件的 TSM 驱动。TSM 驱动会为 VMM 和 TSM 提供 ECALL 服务，辅助 VMM 和 TSM 之间的切换。RTM 需要度量 M-mode 固件的 TSM 驱动。

3）TSM 驱动负责加载 TSM 模块。在加载过程中，TSM 驱动需要度量 TSM，这样 TSM 的身份可以反映在 RTR 提供的证明报告中。TSM 驱动可以选择性地对 TSM 进行认证，例如数字签名。如果 TSM 完成了认证，那么 RTM 还可以记录 TSM 的 SVN。TSM 会给 VMM 提供 TEE 宿主机接口（TEE-Host ABI，TH-ABI），给 TVM 提供 TEE 客户机接口（TEE-Guest ABI，TG-ABI）。

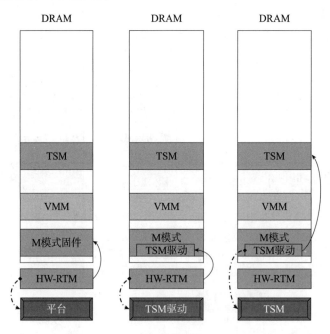

图 4-14　RISC-V CoVE 启动：TSM 加载

TVM的启动过程如图 4-15所示。

1）VMM调用 TSM的 TH-ABI创建 TVM实例，如 sbi_covh_create_tvm。这时，TSM为 TVM创建 TVM的上下文信息。

2）VMM调用 TSM的 TH-ABI添加 TVM的页面，如 sbi_covh_add_tvm_page_table_pages、sbi_covh_add_tvm_measured_pages、sbi_covh_add_finalize_tvm等。其中，sbi_covh_add_tvm_measured_pages会添加初始化过的数据，并且度量到 TVM的初始度量寄存器。sbi_covh_add_finalized_tvm会结束度量，产生 TVM的最终初始度量值。

3）VMM可以调用 TSM的 TH-ABI添加 TVM的不度量的页面，如 sbi_covh_add_tvm_zero_pages。它会让 TSM给 TVM添加初始化为 0的页面。

4）VMM调用 TSM的服务 sbi_covh_run_tvm_vcpu启动运行 TVM。

5）TVM启动后，可以调用 TSM的 TG-ABI sbi_covg_extend_measurement来度量运行时模块的信息。这和 TDX的 TDG.MR.RTMR.EXTEND接口类似。最后，TVM的认证报告会同时包含初始度量信息和运行时度量信息。

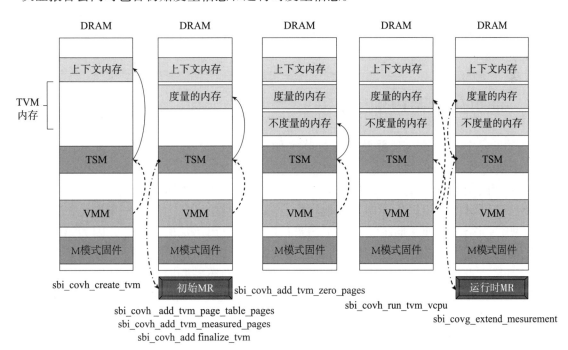

图 4-15 RISC-V CoVE 启动：TVM 加载示意图

第 5 章

TEE 的证明模型

在第 4 章中，我们介绍了 TEE 的生命周期，特别是在启动过程中，需要建立一个可信链，提供 TEE 的认证报告。只有通过了 TEE 认证报告的验证，TEE 所有者才会相信 TEE，把秘密信息传送到 TEE 做进一步处理。在本章中，我们会详细介绍 TEE 的证明模型。

5.1 证明在生活中的运用

对于一个人来说，证明就是通过确实的材料和信息来判明 "你" 就是你所说的 "你"，拥有你所说的 "特质"。

举个例子，一个婴儿在出生之后，所在医院会提供出生医学证明。当地公安局会依据医院开具的出生医学证明和其他材料，如父母身份证，为他签发身份证作为身份的证明。当第三方要求验证这个孩子的身份时，可以出示他的身份证，因为第三方相信公安局，所以会相信这个孩子的身份。这就是一个简单的证明过程。

但是，身份证只在国内有效，如果去国外，人们还需要通过身份证申请由出入境管理局签发的护照（Passport）。原因是，在国外入境时，国外的出入境管理机构并不信任公安局，只信任公民所在国家的出入境管理局。这时，公安局不再是信任根，信任根变成了国家出入境管理局。在证明过程中，公民必须出示护照来表示自己的身份。

除护照外，入境时还需提供签证。签证的获取过程是：申请人需要提供包括护照在内的相关材料给入境国家的领事馆签证中心，说明入境的目的，如求学、出差、旅游等。入境国家的签证中心在通过对申请人调查之后会签发签证，作为入境凭证。在入境时，入境管理人员相信签证中心签发的签证，所以允许入境。

IETF 的 RFC9334 远程证明过程架构（Remote Attestation Procedures Architecture）使用**护照模型**（Passport Model）来描述上述情况，如图 5-1 所示。

1）证明者出示证据给验证者。

2）验证者验证证据，返回证明结果给证明者。

3）证明者向依赖方出示证明结果。

这里有一个重要的概念——可信的权威机构（Trusted Authority），这是依赖方可以相信的机构，因此依赖方相信证明结果。需要注意的是，权威机构可能有很多，依赖方可以选择相信某些权威机构，而不一定相信所有权威机构。只有被依赖方相信的权威机构才能称为依赖方的可信权威机构。

在前面的身份证例子里，新生儿是证明者，出生医学证明是一个证据，公安局是验证者。在验证完证据，即出生医学证明后，公安局签发身份证作为证明结果，之后，这个新生儿就可以向第三方（也就是依赖方）出示证明结果——用身份证表明身份。在护照的例子里，公民是证明者，证据是身份证，出入境管理局是验证者，负责验证、签发护照作为证明结果，公民可以给依赖方——出入境管理局出示护照表示身份。最后，在签证的例子里，公民是证明者，证据变成了护照，入境国家的签证中心是验证者，负责验证并签发签证作为证明结果，公民可以给依赖方——入境管理人员提供签证作为检查凭证。公安局、公民所在国的出入境管理局，以及入境国的签证中心都是权威机构。公安局对于本国来说是可信的权威机构，但本国的出入境管理局和入境国的签证中心才是对入境管理人员来说可信的权威机构。所以，入境时，入境管理人员只检查护照和签证，而不检查身份证，因为要确认签发证明结果的是一个可信的权威机构。

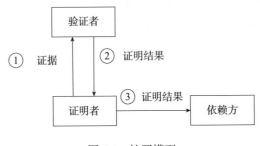

图 5-1　护照模型

证明的模型不仅有护照模型。再看另外一个例子。一个大学生被某公司录用，入职后提交了包括就读学校、成绩、奖励在内的各种材料给公司人力资源部。人力资源部拿到材料后要和学校联系，以确认该学生提供的材料是真实有效的，最后大学会给出是否属实的回应。

IETF的 RFC9334远程证明过程架构使用背景调查模型（Background-Check Model）来描述上述情况，如图 5-2 所示。

1）证明者出示证据给依赖方。

2）依赖方把证据发给验证者。

3）**验证者**验证**证据**，向**依赖方**返回**证明结果**。

在这个例子中，大学生是**证明者**，提交的材料作为**证据**提供给**依赖方**——人力资源部。人力资源部把证据提供给**验证者**——大学进行校验。最后，大学给出是否属实的回应作为**证明结果**。因为公司信任大学这个**权威机构**，所以如果大学回复情况属实，就可以相信这个证明者。

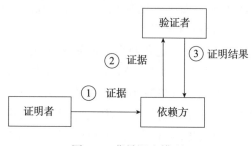

图 5-2　背景调查模型

5.2　证明过程的通用模型

上一节介绍的护照模型和背景调查模型是远程证明中的两个典型例子。IETF的RFC9334远程证明过程架构提供了一个通用数据流概念模型，如图 5-3所示。图中下半部分涉及**证明者**、**证据**、**验证者**、**证明结果**和**依赖方**。这些概念前面已经介绍过了。现在来看图中上半部分涉及的概念，这些概念都是与验证相关的。

在上面的例子中，人力资源部把证据提供给大学进行校验，那么大学会怎么进行验证呢？一种可能的情况是大学的工作人员会让学院提供学生名单、学生成绩、获奖记录等，看看，这个学生的情况是否属实，最后决定如何给出结论。在这里，大学是**背书者**，提供的**背书**可能是带有学校印章的文件（如毕业证书）；学院是**参考值提供者**，学生名单、学生成绩、获得奖励等记录称为**参考值**。需要注意的是，证据和参考值有时不一定一一对应。例如，学生可能只给公司提供在校生的获奖记录，而没有具体的成绩，这可以接受。但是，如果学生只提供姓名不提供学号，就无法确认是否为学生本人，这不能接受。这称为**证据评估策略**（Appraisal Policy for Evidence），需要由对应机关——**验证者所有人**（Verifier Owner）定义后提供给**验证者**。人力资源部拿到大学的**证明结果**之后，判断是否相信这个证明结果的依据就是**证明结果评估策略**（Appraisal Policy for Attestation Result）。例如，证明结果必须是人力资源部提交申请之后的验证结果，而不是以往早期的结果。这是因为学生可能由于学术不端而导致被撤销学位，所以早期的结果不能作为依据。这种策略需要由总公司作为**依赖方所有人**（Relying Party Owner）统一提供定义。

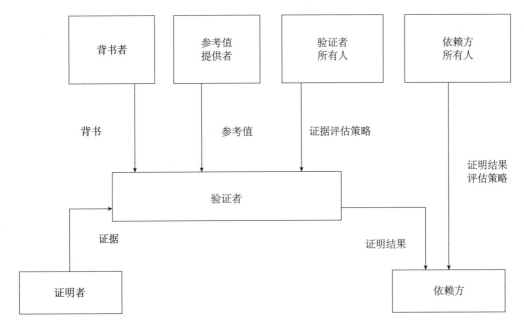

图 5-3　远程证明概念化数据流

TEE的证明思路和上述案例类似。TEE作为**证明者**，提交 TEE证明报告（TEE Attestation Report）作为**证据**，由**验证者**进行验证，提供结果给**依赖方**进行最终决策，结论为通过或者不通过。依赖方只有在通过验证后才会把一些秘密信息（例如密钥）提供给 TEE来解密数据，然后进行运算。

注意　需要指出的是，证明只能保证 TEE 的程序代码和初始数据的完整性。只要 TEE 和外部有不可预测的数据交换和中断，证明就很难保证 TEE 在每时每刻的状态都是按照期望流程运行的，特别是全局变量、程序栈和堆都在不停变化。Swami 在 2017年的黑帽大会上做了题为 "Intel SGX远程证明是不充分的"（Intel SGX Remote Attestation is not Sufficient）的报告，在报告中举了一个需要两位将军才能启动发射核弹的例子。在例子中，攻击者可以利用 SGX 的 AEX 中断，使得只有一位将军时也能启动发射核弹。只要计算机程序是人编写的，就可能有安全漏洞，TEE 无法防范，证明无法保证程序在任意时刻的状态。只能说，证明是必要的但不是充分的。

下面三小节会分别介绍证据传递、验证和证明结果传递。其中，和硬件 TEE设计最密切的是证据的生成和传递，验证和证明结果传递与软件生态系统相关。

5.2.1 证据的生成和传递

证据的生成和传递从本质上说就是可信链的建立和传递的过程，最经典的例子是 TCG定义的利用 TPM的可信启动。我们先介绍 TCG定义的可信启动，然后过渡到 TEE 的可信启动。

注意 我们先介绍 TCG可信启动，有两个原因：第一，这是工业界公认的经典定义，TEE的设计架构中会重用这里的概念；第二，TEE机密计算的软件方案的一个趋势是使用虚拟 TPM（Virtual TPM）进行远程证明，以便和已有的系统及软件兼容。因此，了解 TCG的可信启动和证明对于掌握 TEE的证明非常有帮助。关于 TPM2.0的基本原理可参考相关文献[⊖]。

1.TCG可信启动

TPM规范中介绍了可信启动中三个重要的可信根模块，它们缺一不可。

- **度量可信根**：负责把完整性相关的信息（如度量值）提供给 RTS。通常情况下，RTM是系统平台启动之后第一个运行指令的模块，例如 BIOS的启动模块或 Intel启动保护技术（Boot Guard，BG）技术的认证代码模块（ACM）。因为 TPM是一个被动的设备，所以通常我们不认为 TPM是 RTM。
- **存储可信根**：负责提供可信的存储。TPM自身提供隔离功能，使得其他模块无法直接访问 TPM的内存。所以，可以认为 TPM提供 RTS的能力。
- **报告可信根**：负责报告 RTS的内容。为了保证报告的完整性，通常 RTR的报告会附带数字签名。TPM也提供 RTR的能力。

基于 TPM的静态可信启动过程如图 5-4 所示。

1）序号 ①~⑧。从 RTM开始，经过系统固件、OS加载器、OS内核、应用程序等，每一个模块先在奇数步计算出下一个模块的哈希值，然后使用 TPM扩展算法把这个哈希值度量到 TPM的平台配置寄存器（Platform Configuration Register，PCR）中，之后在偶数步执行下一个模块。这些 PCR的值是平台启动模块的最终度量值，也可以认为是平台启动的证据。

2）序号 ⑨。用户可以使用 TPM2_Quote命令对平台进行远程证明。

3）序号 ⑩。TPM返回 TPM_Quote，也就是 PCR信息以及 PCR的签名，作为平台启动的报告。通过这种方式，证据就安全地传递到了用户手中。

⊖ 例如Arthur和Challener编写的《TPM2.0原理及应用指南》。

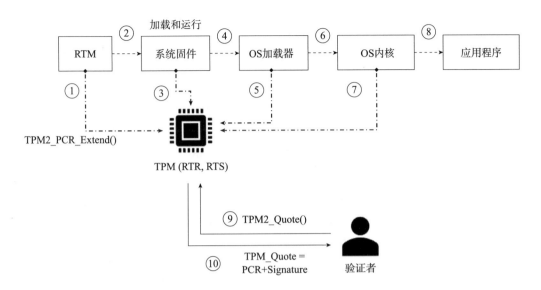

图 5-4 基于 TPM 的静态可信启动过程

在 TPM中，PCR Extend的算法为：

$$PCR[index]_{new} = Hash_{alg}(PCR[index]_{old} \| DataHash)$$

其中，"$\|$"表示数据连接。

TCG定义了一个 TPM可以有 24个 PCR，分别存放不同类型的数据，如表 5-1 所示。

表 5-1 PCR存储的数据类型

分类	PCR 索引	PCR 内数据
静态 PCR	0	静态度量可信根（SRTM）、BIOS、平台固件代码，包括内置 Option ROM
静态 PCR	1	平台固件配置
静态 PCR	2	UEFI 驱动代码，包括外接板卡的 Option ROM
静态 PCR	3	UEFI 驱动配置
静态 PCR	4	UEFI 启动管理代码，启动尝试，包括 UEFI 应用程序
静态 PCR	5	UEFI 启动管理代码配置，磁盘的 GUID 分区表（GPT）
静态 PCR	6	平台厂商特有
静态 PCR	7	安全启动策略（Policy），安全启动权威（Authority）
静态 PCR	8~15	操作系统自定义
静态 PCR	16	调试
动态 PCR	17	动态度量根（DRTM）配置环境（DRTM Configuration Environment, DCE）详细信息
动态 PCR	18	DCE 权威（PCR17 和 18 可以互换）
动态 PCR	19	动态启动度量环境（Dynamically Launched Measured Environment, DLME）权威
动态 PCR	20~22	DLME 自定义
静态 PCR	23	支持应用

在表 5-1中，PCR[0~7]的内容由 TCG定义，而 PCR[8~15]的内容由操作系统定义。Microsoft在论文"Protect key with TPM method of the win32_Encryptable volume class"中公布了 BitLocker使用的功能，而 Linux用户态 API（Userspace API，UAPI）工作组也在"Linux TPM PCR Registry"中定义了 Linux系统中的 PCR使用。

由上面的步骤可知，TPM的一个 PCR中可能存放着多个模块的度量值，由于扩展算法的使用，我们无法精确地知道每一个模块的度量值。如果想知道启动的是哪一个模块，该怎么办呢？ TCG的平台固件配置规范（Platform Firmware Profile，PFP）规定，平台还需提供一份事件日志（Event Log，EL），包含一系列事件（Event），一个事件记录了一次调用扩展算法时的模块度量值。通过事件日志，我们就可以知道任何一个模块的度量值。图 5-5 展示了 PCR的值和事件日志的关联。

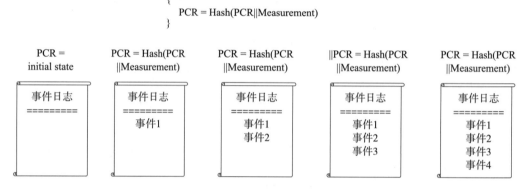

图 5-5　PCR 和事件日志

事件日志不需要进行特别的保护，理由是事件日志中度量值的完整性可以通过重新生成 PCR来验证。伪代码如下所示，其中，replay_event_log（）函数的功能是根据输入的事件日志（event_log），用软件的方法重新生成期待 PCR值（pcr_value）。verify_event_log（）函数的功能是判定输入的事件日志（event_log）是否与 TPM的实际 PCR一致。

```
replay_event_log (event_log)
{
    pcr_value = 0;
    event_entry = first event_log entry;
    while (event_entry is valid) {
        // 下面的步骤模拟了 PCR 计算
        pcr_value = hash (pcr_value || event_entry.digest);
        event_entry = next event_log entry;
    }
```

```
    return pcr_value;
}

verify_event_log (event_log)
{
    pcr_value = replay_event_log (event_log);
    if (pcr_value == read_tpm2_pcr ( )) {
        return true;
    } else {
        return false;
    }
}
```

除了度量哈希之外，事件日志中还可以存放明文数据，提供额外的信息，例如直接存放被度量的配置信息或模块版本信息。

2. DICE可信启动

我们将在第11章详细介绍基于设备标识组合引擎（Device Identifier Composition Engine，DICE）的可信启动。

3. TEE证据的生成和传递

TEE证据的生成在第4章介绍 TEE的启动过程时介绍过，其中 TEE可信启动部分和TPM静态可信启动类似。图 5-6 展示了机密虚拟机 TEE的可信启动过程。但是 TEE 方案中不要求系统有一个 TPM，所以 RTR和RTS的功能由其他 TEE-TCB模块，（例如 CPU SoC）实现。与TPM的PCR类似，TEE-TCB的RTS一般会提供度量寄存器，使得一个模块可以把下一个模块的内容度量进去；而 RTR会提供证明功能的接口，生成密码学保护的 TEE的报告。

1）序号 ①~⑧。从 RTM开始，经过虚拟固件、OS加载器、OS内核、应用程序等，每一个模块先在奇数步计算出下一个模块的哈希值，然后使用 MR扩展算法把这个哈希值度量到 TEE-TCB的 MR中，之后在偶数步执行下一个模块。这些 MR的值是 TEE-TCB和 TEE启动模块的最终度量值，也可以认为是 TEE启动的证据。

2）序号 ⑨。用户可以使用 Get_TEE_Quote命令对 TEE进行远程证明。

3）序号 ⑩。TEE-TCB返回 TEE_Quote，就是 TEE_Report及其签名，作为 TEE启动的引用（Quote）证据。通过这种方式，证据就安全地传递到了用户手中。

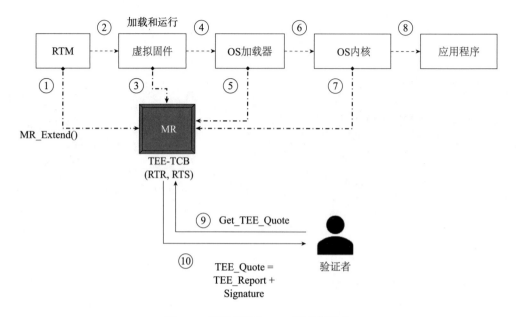

图 5-6　机密虚拟机 TEE 的可信启动

TEE环境的 MR根据不同的度量要求可以为三类，分别存放不同类型的数据，如表 5-2 所示。

表 5-2　MR存储的数据类型

分类	度量的行为主体	MR 内数据
TEE-TCB MR	系统 RTM，上级TEE-TCB模块	TEE-TCB的代码和数据，如图 5-6 中的RTM
TEE启动MR	TEE-TCB的TSM	TEE 启动时的代码和数据，如图 5-6 中的虚拟固件
TEE 运行时MR	TEE	TEE 运行时的代码和数据，如图 5-6 中的OS加载器、OS内核

需要注意，不是每个 TEE硬件都提供这三类数据。例如，有些系统没有 TEE运行时MR，这时运行时模块需要通过其他方式，（例如数字签名或数据加密）验证，来保证其完整性，维持这条信任链。需要注意的是，根据可信启动的规则，非 RTM的模块不能度量自身，所以即使在 TEE-TCB内部，也必须由上级 TEE-TCB模块度量下一级 TEE-TCB模块。

通过这一系列操作，我们把信任根扩展到了一条链，称为信任链（CoT）。相应地，可以有度量信任链（CTM）、存储信任链（CTS）和报告信任链（CTR）。

（1）TEE证据的类型

TEE证据可以有不同的存储方式。

❑ 度量寄存器：提供扩展算法以便 TEE 追加证据。它的优点是寄存器体积小，计算简单；缺点是 MR 个数有限，记录的信息少，无法单独记录特定内容。MR 和 TPM 的 PCR 类似。

❑ 事件日志：记录每一次扩展算法调用的内容，它和 MR 对应，完美地弥补了 MR 的缺点，例如事件日志个数不受限、可以记录任何信息。TEE 的事件日志由 MR 保证其完整性，和 TCG 的事件日志类似；缺点是，它由 TEE 自己提供，而 TEE-TCB 一般不会提供。

❑ 独立的 TEE 只读寄存器：TEE-TCB 可以有一些 TEE 只读寄存器。这些寄存器只对 TEE TCB 是可写的，对 TEE 是只读的。这些寄存器可以用来存放一些简单的额外信息，例如 SVN、安全启动公钥哈希等。

TEE 可以存储的证据类型如下：

❑ 模块代码信息：一般会以哈希形式存放在 MR 中。这里的代码包括启动时的代码和后面载入的运行时代码。不同的代码需要放在不同的 MR 里，以免混淆。

❑ 模块配置信息：可以存放在 MR 和事件日志中，简单的配置也可以直接存放在报告中。同理，配置包括启动时的配置和运行时传入的配置。不同的配置也需要放在不同的 MR 里，以免混淆。

❑ 模块版本号：可以存放在 MR 和事件日志中。

❑ 模块 SVN：可以存放在 MR 和事件日志中，或者可以直接存放在报告中。

❑ 安全启动策略（Policy）/清单（Manifest）：这是指预先部署的安全启动清单。一般可以存放在 MR 和事件日志中。如果清单只有一项，那么它也可以直接存放在报告中。这里的启动策略可以是签名公钥、公钥哈希、模块哈希，或模块 SVN 等。

❑ 安全启动权威（Authority）：这是指实际启动过程中，安全启动清单中用来验证下级模块的那条策略。如果有多个下级模块，那么每个下级模块都有自己的安全启动权威。一般可以存放在 MR 和事件日志中。如果安全启动清单只有一项，那么它就是唯一的权威，可以省略。

❑ 调试功能：TEE-TCB 需要报告 TEE 是否支持调试，因为在调试过程中，TEE 的机密性和完整性可能得不到保护。TEE 所有者必须慎重对待。

除此之外，还有一些不常见的证据类型：

❑ 安全启动的撤销（Revocation）/禁止（Forbidden）策略：一般来说，如果可以修改安全启动策略，那么就不需要独立的禁止策略，只需要把禁止的部分从安全启动策略中去除即可。特殊的情况是，部署过的策略只能添加不能删除，这时就需要独立的禁止策略来显式地禁止某些已知不安全的模块。如果存在禁止策略，它一般和安全启动策略放在一起。

❑ 实例特定（Instance Specific）的信息：最终的验证者需要把获得的证据和参考

值清单进行比较。一般来说，参考值清单是一份通用的清单，对一类设备都有效，因此证据一般是类别特定（Class Specific）的信息。在有些情况下，设备可以报告一些独一无二的信息，这些信息可以用来定位设备，我们称为实例特定的信息，例如，序列号、资产标签和设备证书等。这类信息一般会单独存放，不和其他证据放在同一个MR中。

❑ 动态生成（Dynamic Generated）的信息：有些信息在每次启动过程中都会变化，甚至在每次请求证据时也会变化。这些信息有测量信息，如电压、温度、风扇转速等；或者随机信息，如密码学中的Nonce。这类信息一般也会单独存放，不和其他证据放在同一个MR中。

注意 这里专门讨论一下类别特定信息、实例特定的信息和动态生成的信息。在TCG开始定义可信启动和TPM PCR用法的时候，需要度量的内容只有类别特定信息，这个结果直到现在都没有变化，实例特定信息和动态生成信息不能放入PCR中。但是，业界有传递实例特定信息和动态生成信息的需求。为了解决这个问题，TCG在平台固件配置规范（PFP）1.06中定义了两个新的独立的TPM非易失索引（NV Index）来分别存储实例特定信息和动态生成信息。和PCR的TPM2_Quote命令类似，NV Index可以使用TPM2_NV_Certify来获得NV Index的数据和数字签名。

因此，TEE的证据可以包括实例特定信息和动态生成信息，但设计时，这三类不同的信息要分开，不能混为一谈。如果要选择度量到特定的MR，那么最好是不同的MR。

因为TEE是由TEE-TCB启动的，所以TEE的报告中，还必须包括可信根之外的TEE-TCB的信息，以提供一条完整的可信链。TEE-TCB的证据类型和上面描述的类似。RoT必须为TEE-TCB提供单独的MR，不能和TEE的MR混为一谈。

TEE的证据格式没有统一的规范，各个TEE硬件厂商都定义了自己的格式。

（2）TEE证据传递的安全要素

在TEE拥有了所有证据之后，TEE需要将它们传递给验证者。传递过程中可能要经过不安全的信道，因此在TEE传递过程中要考虑各种因素。

❑ **完整性**：TEE的报告不能被任何人篡改，这一般可以通过密码学获得保证，数字签名是最常用的方法。利用公钥密码学的方式，TEE报告的报告可信根利用私钥对TEE报告进行签名，验证者使用公钥对TEE报告进行验证。消息认证码是另一种利用对称密码学的方式，TEE报告的RTR利用MAC密钥产生TEE报告的MAC，验证者利用同样的MAC密钥对TEE报告进行验证。一般来说，MAC密钥属于秘密信息，不应该泄露给第三方。这里的处理方法是，TEE报告的RTR暴露一个接口来验证TEE报告的MAC，这样验证者只需要把获得的TEE

报告和 MAC 发送给 RTR 来验证其完整性。

- ❑ **时新性**：TEE 的报告需要有一定的时新性，就像一份数字证书应该有有效日期。如果系统的报告可信根有一个可信的时间，那么它可以为 TEE 报告打上时间戳。实际的情况是，大部分系统都没有这个功能。目前的解决方法是：由验证者提供一个一次性临时值（Nonce）作为 TEE 证明的挑战（Challenge），RTR 在生成 TEE 的报告时必须附带这个 Nonce 一起生成数字签名或消息认证码。最后，验证者在检查数字签名或 MAC 的同时，也要检查 TEE 报告附带的 Nonce 是否和挑战中的一致，以此来证明这份报告是当时生成的。这种基于 Nonce 的挑战 – 回应（Challenge-Response）模式是远程证明中最常见的模式。

- ❑ **原子性**：TEE 报告的原子性是指，报告不能分成一个个小部分分别传送，而是要把所有模块的信息一起传送，从而表示某一时间点的系统状态。这对于支持运行时更新（Runtime Update）的系统来说非常重要。不能满足原子性就意味着，验证者最后只知道时间节点 T1 时模块 A 的状态、时间节点 T2 时模块 B 的状态、时间节点 T3 时模块 C 的状态，但是验证者无法知道整个系统在某一时刻是否安全，因为在 T3 时模块 A 和模块 B 的信息可能已经更新了。如果整个 TEE 报告太大了，无法一次性传送，那么 RTR 可以利用传输层分片，由验证者合并分片后进行验证。

- ❑ **完备性**：TEE 报告的完备性是指，报告必须包含可信链内所有的模块信息，以及模块安全相关配置信息等，所有信息必须全部传递给验证者，缺少任何一个部分都不行。在实践中，满足 TEE 报告的完备性非常困难，因为系统的设计者需要决定哪些东西需要度量、哪些东西不需要度量。例如，系统可能在启动时遗漏度量一些调试信息，导致系统在不可信的时候没有提供报告，从而破坏了完备性。相反，如果系统不加判断地对所有内容都进行度量，又会导致报告太多太杂，验证报告或者使用报告进行引用非常困难。

一般来说，TEE 的报告不需要考虑**机密性**。涉及机密的数据一般不需要报告，如用户密码、加密密钥等。如果 TEE 的代码涉及知识产权，则需要加以保护，这时可以使用哈希值度量。在特殊情况下，如果要考虑机密性，那么可以在 RTR 和验证者之间建立可信的安全通道，例如通过网络 TLS 协议或平台的 SPDM 协议来进行加密的安全通信。RTR 需要检查验证者的身份之后，才会把 TEE 报告在安全通道内以加密的方式发送过去。

（3）TEE 本地证明和远程证明示例

图 5-7 展示了 TEE 基于数字签名的远程证明流程（模式 A）。硬件 TEE 的实现细节可能会有所不同，但概念是类似的。我们采用"远程"这个说法的原因是验证者和 RTR 可以不在同一台机器上，中间可以有不受信任的实体传递消息。

①验证者随机生成 Nonce。

②验证者向 TEE发出 Get_TEE_Quote请求。

③TEE把请求转发给 RTR。

④RTR把 TEE_Report和 Nonce拼接起来，然后用私钥（privkey）进行签名。最后的 TEE_Quote包括 TEE_Report，Nonce和 Sig（数字签名）。

⑤RTR把签过名的 TEE_Quote返回给 TEE。

⑥TEE把签过名的 TEE_Quote返回给验证者。

⑦验证者首先用公钥（pubkey）验证数字签名，保证 TEE_Quote的完整性。

⑧验证者验证 Nonce，保证 TEE_Quote的时新性。

⑨验证者验证 TEE_Report的内容，包括度量值、SVN、安全启动策略等。

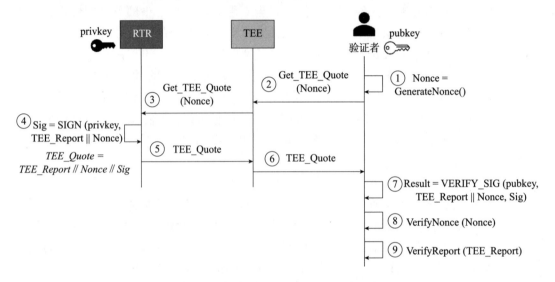

图 5-7　TEE 证明流程：基于数字签名的远程证明（模式 A）

图 5-8展示了 TEE基于消息认证码的本地证明流程（模式 B.1），但硬件 TEE的实现细节可能会有所不同，但概念是类似的。这里称为"本地"，是因为它依赖于验证者也是一个 TEE，使得它和 RTR之间存在一个可信的安全通道，一般只有同一台机器才能满足这个条件。

①验证者随机生成 Nonce。

②验证者生成自己的 MR信息。

③验证者向 TEE发出 Get_TEE_ReportMac请求，包含 Nonce和自己的 MR。

④TEE把请求转发给 RTR。

⑤RTR根据自己的根密钥（Root Key）和验证者的 MR衍生出针对这个验证者的 MAC密钥（mackey）。

⑥RTR把 TEE_Report和 Nonce拼接起来，然后用 MAC密钥生成消息认证码。

TEE_ReportMac包括 TEE_Report、Nonce和 MAC。

⑦RTR把带有 MAC的 TEE_ReportMac返回给 TEE。

⑧TEE把带有 MAC的 TEE_ReportMac返回给验证者。

⑨验证者为了验证 MAC，首先要生成 MAC密钥。验证者向 RTR发出获取 MAC密钥的请求。

⑩RTR收到请求后查找本地请求者的 MR，然后生成 MAC密钥。

⑪RTR返回 MAC密钥给验证者。这一步需要 RTR和 TEE验证者之间有安全的通道。

⑫验证者验证 MAC，保证 TEE_ReportMac的完整性。

⑬验证者验证 Nonce，保证 TEE_ReportMac的时新性。

⑭验证者验证 TEE_Report的内容，包括度量值、SVN、安全启动策略等。

注意　这里的关键是 MAC密钥要和验证者的 MR绑定，从而保证验证者拿到 MAC密钥也只能验证 MAC，而不能任意生成 MAC。另外，请求 MAC密钥时不需要输入 MR信息，RTR会从自己的缓存中查找，使得请求者只能获取自己的 MAC密钥，而不是任意 MAC密钥。

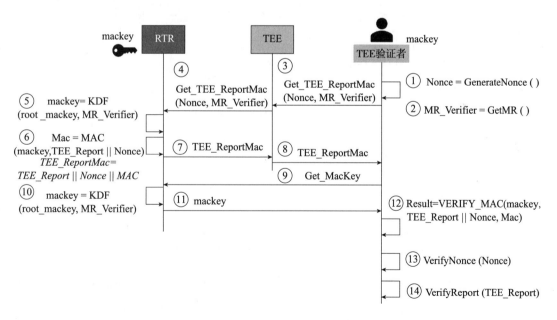

图 5-8　TEE 证明流程：基于消息认证码的本地证明（模式 B.1）

图 5-9展示了 TEE基于消息认证码的本地证明流程（模式 B.2）。这个模式是模式 B.1的变种，简化了 TEE验证者的流程，不要求 TEE验证者获得 MAC密钥。

①验证者随机生成 Nonce。

②验证者向 TEE发出 Get_TEE_ReportMac请求。

③TEE把请求转发给 RTR。

④RTR把 TEE_Report和 Nonce拼接起来，然后用 MAC密钥（mackey）生成消息认证码。TEE_ReportMac包括 TEE_Report、Nonce和 MAC。

⑤RTR把带有 MAC的 TEE_ReportMac返回给 TEE。

⑥TEE把带有 MAC的 TEE_ReportMac返回给验证者。

⑦验证者向 RTR发出验证 MAC请求，保证 TEE_ReportMac的完整性。

⑧RTR用 MAC密钥验证 TEE_ReportMac。

⑨RTR向验证者返回结果。这一步要求 RTR和 TEE验证者之间有安全的通道。

⑩验证者验证 Nonce，保证 TEE_ReportMac的时新性。

⑪验证者验证 TEE_Report的内容，包括度量值、SVN、安全启动策略等。

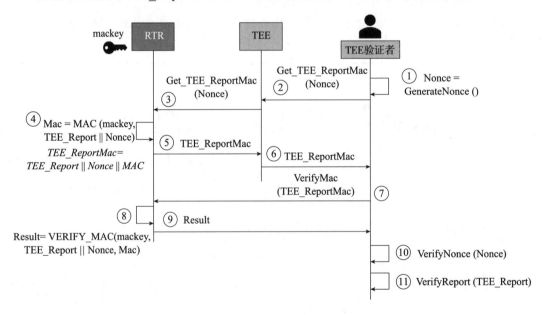

图 5-9   TEE 证明流程：基于消息认证码的本地证明（模式 B.2）

如果一个 TEE硬件只有 MAC功能而没有数字签名功能，那它如何实现远程证明呢？图 5-10 展示了一种方法，它利用一个特殊的 TEE引用服务（TEE Quoting Service）把本地证明使用的消息认证码转化为可以做远程证明的数字签名（模式 C）。下面给出了图 5-10中相关的步骤，其中省略了本地证明的细节，这里采用模式 B.1和模式 B.2都是可以的。

①验证者随机生成 Nonce。

②验证者向 TEE 发出 Get_TEE_Quote 请求。

③TEE 向 RTR 发出 Get_TEE_ReportMac 请求。

④RTR 把 TEE_Report 和 Nonce 拼接起来，然后用 MAC 密钥（MK）生成消息认证码。TEE_ReportMac 包括 TEE_Report、Nonce 和 MAC。

⑤RTR 把带有 MAC 的 TEE_ReportMac 返回给 TEE。

⑥TEE 把带有 MAC 的 TEE_ReportMac 返回给 TEE 引用服务。

⑦TEE 引用服务验证 TEE_ReportMac 的完整性。根据 RTR 的功能，TEE 引用服务可以获得 MAC 密钥（模式 B.1），或者直接获得验证结果（模式 B.2）。

⑧如果 MAC 结果成功，TEE 引用服务把 TEE_Report 和 Nonce 拼接起来，然后用私钥进行签名。TEE_Quote 包括 TEE_Report、Nonce 和 Sig（数字签名）。

⑨TEE 引用服务把签过名的 TEE_Quote 通过 TEE 返回给验证者。

⑩验证者用公钥验证数字签名，保证 TEE_Quote 的完整性。

⑪验证者验证 Nonce，保证 TEE_Quote 的时新性。

⑫验证者验证 TEE_Report 的内容，包括度量值、SVN、安全启动策略等。

注意　这里的 TEE 引用服务参与了远程证明流程，所以变成了 TEE-TCB 的一部分。在实际过程中，验证者在验证 TEE-TCB 的时候，需要额外验证 TEE 引用服务是否符合要求。

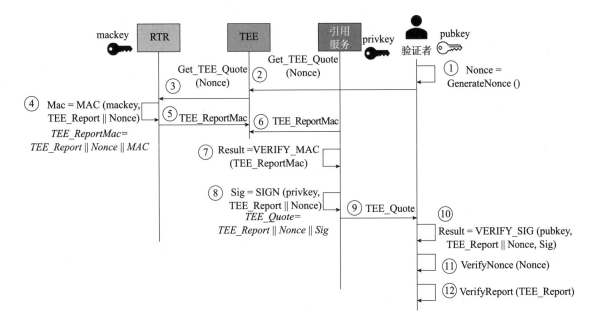

图 5-10　TEE 证明流程：基于 TEE 引用服务的远程证明（模式 C）

这 4 种典型方法的总结如表 5-3 所示。

表 5-3   TEE证明的 4种方法总结

模式	应用	密码学保障	TEE-TCB	举例
A	远程证明	数字签名	RTR	TPM 和 AMD SEV-SNP 证明
B.1	本地证明	消息认证码	RTR	SGX 本地证明
B.2	本地证明	消息认证码	RTR	TDX 本地证明
C	远程证明	消息认证码和数字签名	RTR 和 TEE 引用服务	SGX 和 TDX 远程证明

5.2.2 验证

验证是指验证者在获得证明者的一系列证据之后，通过参考其他资源给出证明结果的过程。验证过程的输入是证据，输出是证明结果。至于具体怎么做，没有明确的定义，可以由每一个验证者自行决定。IETF的 RFC9334远程证明过程架构给出了一个参考架构，在概念化数据流模型中（如图 5-3所示），它提出验证者要参考的资源有背书、参考值和评估策略三类，但三类资源的侧重点有所不同。

❑ **背书**：验证者拿到证据之后，首先要确认证据的完整性没有被破坏。背书就是我们之前提到的数字签名、消息认证码等，它提供安全保障机制。需要注意的是，验证者不仅需要验证这些证据的完整性，也要验证这些 RTR（例如 RTR的公钥）来保障证据确实来源于可信的 RTR。

❑ **参考值**：验证者拿到证据后，需要和已知的正确值进行比较。这些已知的正确值称为参考值。

❑ **评估策略**：在早期，我们往往默认验证者比较的策略就是看是否相同，这对于度量值来说是可以的。随着证据的内容越来越多，"相同"这个策略不是唯一的选择。例如，对于 SVN来说，策略可以是大于等于某个值，对于电压的测量来说策略可以是在某个固定范围。所以，策略的所有人需要给出清晰明确的定义。

1. TCG可信启动的验证

从大体上说，TCG的可信启动就是 RTM把启动过程中涉及的模块度量到 TPM的 PCR中，作为平台启动的证据。传递的过程就是验证者从 TPM硬件获得包含 PCR的 TPM Quote，而验证的过程总体上分为两部分：

❑ **验证背书**：这意味着验证者需要验证 TPM本身是不是一个可信的 TPM。通常来说，每个 TPM 在出厂的时候会附带 TPM 独特的背书密钥（Endorsement Key，EK）和 EK 证书（EK Certificate），TPM 的 EK 证书由厂商的证书权威（Certificate Authority，CA）签发。图 5-11 展示了 TPM 的证书链。如果验证者选择相信 TPM 厂商，就意味着相信厂商的根证书权威证书（Root CA Cert）这个背书者，那么会相信 TPM 的 EK 证书，进而相信这个 TPM 硬件。

❑ **验证参考值**：这意味着验证者需要验证 TPM 中的 PCR 是否和期待的值一样。通常，主板生产商会提供一份主板启动后的 PCR 参考值作为参考。如果验证者相信主板生产商，那么就可以把主板生产商提供的 PCR 参考值与实际得到的 PCR 值加以比较。

注意　这里省略了验证 TPM Quote 的数字签名，不是说这是不需要的，而是因为完整性是安全传输过程中必须满足的密码学要求。另外，这里也省略了验证时新性，因为这也是传输中必要的安全要求，和信任无关。

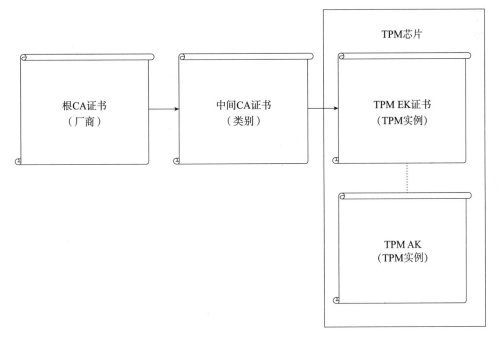

图 5-11　TPM 的证书链

验证 TPM 背书和 TPM_Quote 的签名是一个复杂的过程。根本原因在于 TPM 的背书密钥（EK）一般只能用来表明身份，而不能用来签名。用来给 TPM_Quote 签名的是TPM的证明密钥（Attestation Key，AK）。所以验证者不仅需要拥有EK和AK，而且需要确认自己拥有的EK和AK确实是属于同一个TPM硬件。tpm2软件社区（tpm2-software.github.io）提供了TPM远程证明的已知最佳方法（TPM Remote Attestation Best Known Method）。图5-12是一个简化的流程，用于说明获取TPM Quote的流程。

①验证者申请获取TPM EK证书。

②TPM读取存放EK证书的NV Index。

③TPM返回EK证书。

④验证者申请生成新的TPM AK。

⑤TPM调用本地命令生成新的AK公私钥对。

⑥TPM返回AK公钥部分。

⑦验证者开始验证AK和EK属于同一个TPM硬件。验证者首先生成一个随机数作为挑战值Credential凭证。

⑧验证者使用TPM2定义的MakeCredential的逻辑，利用EK公钥、AK命名和Credential值生成CredentialBlob和Secret。主要原理是利用EK公钥加密，并且绑定AK。伪代码如下：

```
MakeCredential (EKpub, Credential, AK)
{
    Seed = GenRandom ( );
    Secret = AsymEncrypt (Seed, EKpub);
    HmacKey = KDF (Seed);
    SymKey = KDF (Seed || AK.name);
    CredentialBlob.Data = SymEncrypt (Credential, SymKey);
    CredentialBlob.Mac = HMAC (CredentialBlob.Data, HmacKey);
    return (CredentialBlob, Secret);
}
```

⑨验证者将CredentialBlob和Secret发送给TPM，申请ActivateCredential操作。

⑩TPM调用本地命令ActivateCredential，利用EK私钥和绑定的AK解密出CertInfo。伪代码如下：

```
ActivateCredential (AK, EKpriv, CredentialBlob, Secret)
{
    Seed = AsymDecrypt (Secret, EKpriv);
    HmacKey = KDF (Seed);
    SymKey = KDF (Seed || AK.name);
    Mac = HMAC (CredentialBlob.Data, HmacKey);
    if (CredentialBlob.Mac != Mac) {
            return ERROR;
```

```
    }
    CertInfo = SymDecrypt (CredentialBlob.Data, SymKey);
    return CertInfo;
}
```

⑪TPM把 CertInfo返回给验证者。

⑫验证者将 CertInfo和之前的挑战值 Credential进行比较，如果二者一致，则说明TPM确实同时拥有表明身份的 EK和绑定的 AK。步骤 7~12是 TPM中的特别设计，TEE的证明流程可以选用其他设计，但是分离身份密钥和签名密钥的理念值得我们学习。

⑬验证者申请 TPM Quote。

⑭TPM用 AK签名 PCR的值生成 Quote。

⑮TPM返回 TPM Quote。

⑯验证者用 AK公钥验证 TPM Quote的签名，确认完整性。

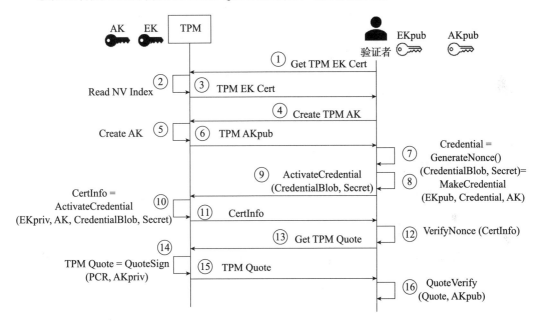

图 5-12　获取 TPM Quote 的流程

关于验证平台参考值，TCG的平台固件完整性度量规范（Platform Firmware Integrity Measurement）给出了基于事件日志的比较方法，如图 5-13 所示。

①验证者获得 TPM Quote，验证其完整性后取出 PCR。

②验证者获得一系列表示平台状态的事件日志。

③验证者通过事件日志重新生成（replay）PCR的值，和读取的 PCR进行比较，二

者一致的话，说明事件日志中的事件摘要未被修改。

④验证者获得参考完整性清单（Reference Integrity Manifest，RIM），其中包含期待的事件日志信息。

⑤验证者比较表示平台状态的事件日志和RIM中的事件日志。若二者一致，则表示本次启动可信，不然的话就不可信。

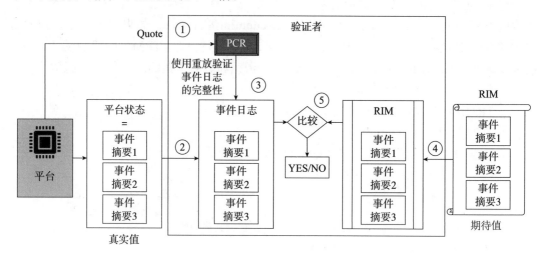

图 5-13　TCG 基于事件日志的验证

2. DICE证据的验证

我们将在第11章介绍基于 DICE启动证据的验证。

3. TEE证据的验证

TEE证据的验证也需要考虑验证背书和验证参考值两部分，并且采取一定的评估策略。

（1）TEE背书的验证

一般来说，给 TEE 做背书的应该是硬件厂商，因为信任根在于硬件，但是具体的做法可能有所不同。对于支持公钥加密体系的硬件，厂商可以在出厂的时候可以用自己的 CA 签发硬件的证书，如果这个证书的密钥支持签名，那么可以直接进行认证，如图 5-7 所示。对于只支持对称加密体系的硬件，则只能支持基于消息认证码的本地验证（如图 5-8 和图 5-9 所示）以及转化的远程证明（如图 5-10 所示）。

（2）TEE证据验证的安全要素

TEE的提供者会提供度量寄存器参考值作为参考。如果验证者相信 TEE 的提供者，那么就可以把 MR 参考值与实际得到的 MR 值进行比较。需要注意的是，单纯地比较

TEE的 MR是不够的，验证者还必须比较 TEE-TCB的参考值，从而确认加载 TEE的环境也是可信的。我们可以从下面两方面考虑：

- **TEE-TCB集合验证的完备性**：一个系统可能有多个不同模块的 TEE-TCB，如 CPU SoC硬件、CPU微码、TEE安全管理器，以及上述例子中的 TEE引用服务等。除了特殊情况下的可信根之外，这些 TEE-TCB模块都必须进行验证，缺一不可。

- **TEE启动链验证的完备性**：一个 TEE内部也可能会有不同的加载模块，一个模块可信的前提是，在它被加载之前的所有模块也都是可信的。从图 5-6 的例子来看，为了验证 OS内核是可信的，不能只看 OS内核的 MR值，还必须看在这之前加载的虚拟固件和 OS加载器是否符合预期。这一点非常重要，因为一个恶意的虚拟固件可以为其后加载的 OS模块恶意锻造虚假的度量值，从而欺骗验证者。

（3）TEE参考值提供方法示例

TEE的参考值一般由 TEE的提供者提供，主要有以下两种方法：

- **签名的参考值**：这是最常见的方式，由 TEE的提供者给参考值背书。如果验证者相信 TEE的提供者，那么验证者就相信签过名的参考值。这是一种简单的方法，给 TEE的提供者带来的挑战是，这个参考值列表需要及时更新和维护。对于闭源软件来说，签名的参考值似乎是唯一的选择。

- **可重新构建的开源代码**：如果 TEE是一个开源项目，可以直接让验证者重新构建这个 TEE，并运行工具计算参考值。如果这个开源项目和工具有严格的代码评审（Code Review）以保证其正确性，那么计算出的参考值就是可信的。

工业界已经定义了一些参考值规范。目前，TCG采用的是 ISO/IEC 19770-2:2015 Part 2定义的软件识别标签（Software Identification Tag，SWID）、NIST发布的 NISTID 8060创建可交互 SWID Tag指南（Guide lines for the Creation of Interoperable SWID Tags）、IETF RFC-9393定义的精简软件识别标签（Concise Software Identification Tags，CoSWID）以及 IETF起草的精简参考完整性清单（Concise Reference Integrity Manifest，CoRIM）。其中，SWID是基于可扩展标记语言（Extensible Markup Language，XML）格式的文件；CoSWID是 SWID的精简版，它基于简明二进制对象展现（Concise Binary Object Representation，CBOR）格式，能够更好地用于嵌入式环境。SWID和 CoSWID只关注软件的清单，为了描述硬件清单，IETF开始定义精简模块识别符（Concise Module Identifier，CoMID），其中引入了 CoRIM。

TCG的参考值完整性清单信息模型（Reference Integrity Manifest Information Model，RIM IM）和 PC客户端 RIM（PC Client RIM）使用了 SWID或 CoSWID 规范。

（4）TEE评估策略示例

前面列举了各种TEE的证据存储和证据类型，评估策略也是五花八门，只要遵守之前定义的安全要素即可。下面列举一些常见的策略。

- ❑ **完全匹配所有MR**：这里要求所有度量值都一样，包括代码度量值、配置度量值、安全启动度量值等，这应该是最强的安全策略了。
- ❑ **部分匹配所有代码相关的MR**：这里要求代码度量值必须一致，而配置可以不一样。例如，TEE的代码必须一模一样，但是VMM启动时可以给TEE分配4GiB，或8GiB的内存，二者都是符合要求的。
- ❑ **部分匹配所有安全启动相关的MR**：这里要求模块的SVN和安全启动公钥必须与参考值中的一致。例如，TEE的某些代码可以不一样，但这些代码的SVN必须一致，表示它们的安全等级是一样的。

注意 SVN必须和安全启动一起使用，单独使用SVN是没有意义的，因为攻击者可以随意伪造SVN，没有安全启动也不看度量值的话是没有办法发现这种伪造的。在实际运用中，代码MR和安全启动MR+SVN是最常见的两种策略。

- ❑ **部分匹配事件日志中的某些模块**：验证者可能只对某些模块感兴趣，而忽略了其他模块。我们要保证TEE-TCB启动链的完备性和TEE启动链的完备性，即必须验证TEE-TCB的所有模块和TEE中之前的加载模块。任意一个模块的验证可以选择之前提到的代码度量方法，或是SVN加上安全启动公钥方法。

目前，业界采用开放策略代理（Open Policy Agent，OPA）定义的Rego语言来描述这些策略。

5.2.3 证明结果的传递

证明结果的传递涉及评估者和依赖方，这部分工作和TEE关系不太密切，但是对于远程证明架构非常重要。证明结果传递过程需要考虑以下因素：

- ❑ **完整性**：证明结果不能被攻击者篡改。最常用的方法是使用评估者的数字签名，依赖方如果可以相信评估者的公钥，那么就可以相信评估者签发的证明结果。
- ❑ **时新性**：证明结果也需要具备时新性，否则攻击者可以将之前的证明结果重放给依赖方。时新性可以由随机数Nonce来保证，依赖方提交验证请求时带有Nonce，评估者返回数字签名时也会包含对于Nonce的签名。
- ❑ **关联性**：证明结果需要与证据有相关性，否则攻击者可以篡改依赖方提供给评估者的证据。证明结果中需要包含和证据相关的数据，例如证据本身或证据的哈希，以供依赖方验证。

实现方面可以参考 IETF 起草的基于 RFC 7951 JavaScript 对象标记（JavaScript Object Notation，JSON）网络令牌（JSON Web Token，JWT）格式的实体证明令牌（Entity Attestation Token，EAT）和 EAT 证明结果（EAT Attestation Result，EAR）。

5.3　其他议题

最后再介绍一些和证明相关的其他议题。

5.3.1　运行时环境的非度量方案

在 TCG 创建的 TPM 可信启动规范中，重点是规定如何度量系统固件，以及如何建立从启动模块到 OS 的可信链，但并没有规定如何在 OS 中度量各种应用程序，也没有提到如何度量内核驱动，可能是因为度量 OS 的复杂性太高。用户可以自由地打开和关闭任何应用，没有固定的顺序；用户也可以给机器插上新的板卡，装载新的驱动。就算把用户的行为度量下来，又如何去验证呢？只有在高可信系统中才会限制用户行为，把 OS 装载的程序都固定下来，才能使用运行时度量。对于普通的商用机器，更简单的做法是结合安全启动的方法，进行签名校验。

TEE 也是如此，如果 TEE 的运行时是一个封闭的环境，那么度量所有模块是可行的。如果 TEE 的运行时环境开放给用户，那么度量所有运行时程序是不现实的。对于 OS 内部程序启用安全启动和度量安全启动策略，是简单有效的方法。图 5-14 给出了 TEE 运行时数字签名验证的过程。

1）序号 ①~⑥：从 RTM 开始，经过虚拟固件、OS 加载器、OS 内核到应用程序，每一个模块先在奇数步把下一个模块的值使用 MR 扩展算法度量到 TEE-TCB 的 MR 中，然后在偶数步执行下一个模块。这些 MR 的值是 TEE-TCB 和 TEE 启动模块的最终度量值，也可以认为是 TEE 启动的证据。

2）序号 ⑦：这个步骤从度量变成了验证。OS 内核通过自己的安全启动策略来验证是否可以启动这个应用。为了进行最终验证，这个安全启动策略必须在验证之前被度量到 MR 里。

3）序号 ⑧：如果验证通过，则加载这个应用。

4）序号 ⑨：这部分保持不变。验证者可以使用 Get_TEE_Quote 命令来对 TEE 进行远程证明。

5）序号 ⑩：验证者得到 TEE_Quote 之后可以验证结果，这时验证者需要查看的是安全启动策略，而不是应用的度量值。

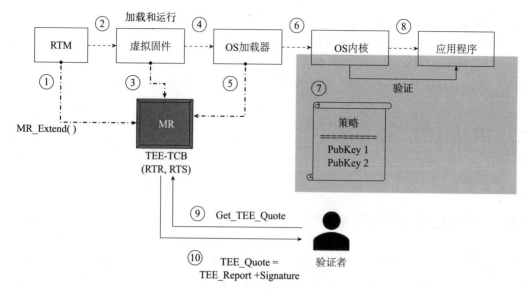

图 5-14　TEE 运行时数字签名验证

　　安全启动需要启动策略，如果 TEE 提供者不想维护启动策略，或当前的环境不支持安全启动，该怎么办呢？这时还可以采用一个古老的密码学方案，那就是加密解密。图 5-15 给出了 TEE 运行时加密解密验证的步骤。

　　1）序号①~⑥：这个步骤和前面的叙述一样，保持不变。

　　2）序号⑦：这个步骤从度量变成解密应用。OS内核需要向一个密钥管理服务（Key Management Service，KMS）申请解密密钥。因为密钥属于机密信息，OS内核需要和 KMS建立一个认证的安全通道，例如网络 TLS。OS内核必须部署 KMS的证书，以便确认和自己通信的确实是可信的 KMS。而且，为了最终验证，这个 KMS的证书必须在验证之前被度量到 MR里。

　　3）序号⑧：KMS同时需要认证和它通信的 TEE，一般的做法是采用远程证明的方法来识别 TEE，所以这里 KMS发出证明请求。

　　4）序号⑨：KMS收到 TEE的 Quote，并且对它进行验证，从而确认这个 TEE 是期望的 TEE。

　　5）序号⑩：如果验证通过，则 KMS把密钥交给 TEE。

　　6）序号⑪：OS内核解密应用，这里的 OS内核同时要验证应用的完整性。

　　7）序号⑫：如果解密通过，则加载这个应用。

　　8）序号⑬：这部分保持不变。验证者可以使用 Get_TEE_Quote命令来对 TEE进行远程证明。

　　9）序号⑭：验证者得到 TEE_Quote之后可以验证结果，这时验证者需要查看 OS内核部署的 KMS证书，而不是查看应用的度量值。

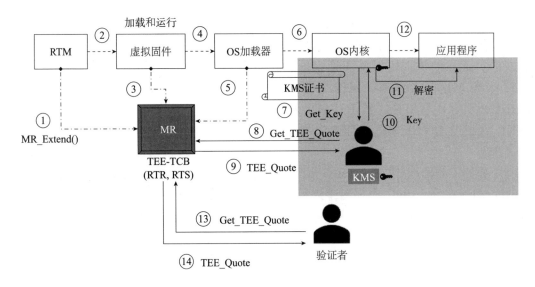

图 5-15　TEE 运行时加密解密验证

注意　这里需要强调几点:

1)因为 KMS 管理密钥,所以 KMS 变成了 TEE-TCB 的一部分,验证者必须要验证 KMS 证书并且信任 KMS。

2)OS 内核与 KMS 之间必须要进行双向认证(Mutual Authentication),OS 内核需要从可信的 KMS 获得密钥,KMS 也需要保证只把密钥交给已知的 TEE。这里 KMS 所做的不是传统意义上的基于公私钥的认证,而是基于远程证明的认证。我们在后面会详细描述。

3)对称密钥体系有同时保证机密性和完整性的算法,应尽量使用这类算法,而不要自己组合一个加密算法和一个完整性算法,以免造成错误。

同时,我们要意识到,这种方法因为没有度量,所以无法安全追溯一个 TEE 运行所有程序的历史。即使 OS 内核可以使用软件的方法维护一个启动应用的列表,但是这个软件列表没有硬件 MR 的只能追加不能写入的功能,一旦 OS 内核出现漏洞,攻击就可以覆盖这个列表。

5.3.2　基于远程证明的安全通信协议

在基于 TEE 的机密计算架构中,常常需要两个 TEE 之间互相通信。由于通信需要经过不可信的 VMM,因此 TEE 之间需要建立一个安全的连接,例如使用一个已知的认证密钥交换协议（Authenticated Key Exchange Protocol）。

TLS是网络安全方面的经典协议，因此是TEE之间安全通信的一个选择方案。正常TLS的认证可以基于证书的，也可以基于预共享密钥（Pre-Shared Key，PSK），但是这两者都难以用于TEE的认证。如果使用普通X509证书，就意味着TEE中必须有证书相关的私钥；如果使用普通的PSK，就意味着TEE中必须要部署PSK。这在通用TEE方案就是"鸡和蛋"的问题，因为TEE需要先认证，再部署私钥或PSK。

针对TEE的特殊需求，Knauth等在"Integrating Intel SGX remote attestation with transport layer security"中提出了远程证明TLS（Remote Attestation TLS，RA-TLS）的概念。图5-16的左侧展示了RA-TLS的流程，它和基于证书TLS的步骤相同，唯一的区别在于证书的生成和验证。图5-16的右侧展示了RA-TLS证书的动态生成流程，步骤如下：

①TEE内部动态生成临时公私钥对。

②TEE计算公钥哈希，作为REPORTDATA的参数发给TSM计算TEE Report。

③TEE把TEE Report发给引用服务，生成TEE Quote。

④TEE把TEE Quote作为OID的一部分，生成X.509证书。

⑤TEE把生成的含有TEE Quote的证书注册到TLS软件协议栈。

同理，RA-TLS的证书验证部分也就是验证TEE Quote。

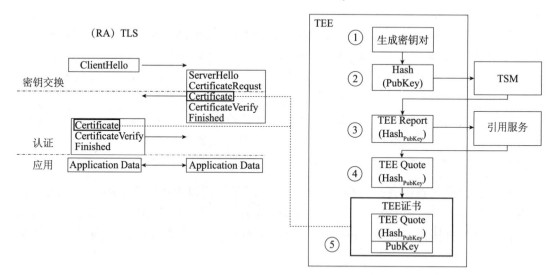

图5-16   RA-TLS证书的动态生成流程

RA-TLS最大程度地重用了TLS协议的设计，仅仅替换了证书验证部分，因此是TEE间通信的一个不错选择。CCC的interoperable-ra-tls致力于定义基于TCG DICE的

X.509证书扩展。同时，IETF也提出了基于证明的TLS和D-TLS扩展，详见"Using attestation in transport layer security（TLS）and datagram transport layer security"。

5.4　机密计算 TEE 证明实例

下面通过实例来介绍现有的 TEE硬件方案如何支持 TEE证明。

5.4.1　Intel SGX 的 TEE 证明

Intel最早在 SGX中提出了基于 CPU的证明和封装（Sealing）。它不需要一个独立于平台的 TPM帮助，直接通过 CPU硬件提供 RTR和 RTS的功能。我们先介绍一下 SGX 的本地证明和远程证明，在后面的章节中会介绍 SGX 的封装。

1.SGX的本地证明

SGX的本地证明类似于模式 B.1，只允许一个 Enclave作为验证者来验证另外一个 Enclave。SGX的 Enclave报告是一个 Enclave向本地验证者表明身份的数据结构，其中重要的成员列举如下：

- ❏ CPUSVN：CPU硬件的 SVN。
- ❏ MISCSELECT：比特域，表明哪些功能要在 AEX发生时保存在状态存储区（SSA）中。
- ❏ ATTRIBUTES：比特域，表示 Enclave的属性。
- ❏ MRENCLAVE：Enclave的度量值。
- ❏ MRSIGNER：Enclave的签名者。
- ❏ CONFIGID：由软件提供，表示 Enclave的配置。
- ❏ ISVPRODID：表示 Enclave的产品 ID。
- ❏ ISVSVN：表示 Enclave的 SVN。
- ❏ CONFIGSVN：由软件提供，表示 Enclave的配置 SVN。
- ❏ ISVFAMILYID：表示 Enclave的软件系列 ID。
- ❏ REPORTDATA：由验证者提供的任意 64字节数据，一般包含随机数，用来确保报告的时新性。
- ❏ KEYID：Enclave报告密钥 ID。
- ❏ MAC：整个结构体的消息认证码，用来确保报告的完整性。

SGX的本地证明流程如图 5-17 所示。

①Enclave验证者随机生成 REPORTDATA。

②Enclave验证者获得自己的 MRENCLAVE、ATTRIBUTES、CONFIGSVN、

MISCSELECT和CONFIGID作为目标 Enclave的信息（Target Info），发送给证明者。同时发送的还有随机值 REPORTDATA。

③Enclave证明者收到目标 Enclave信息和随机值 REPORTDATA后，调用 EREPORT 指令来请求生成 Enclave报告。

④CPU会使用根封装密钥（Root Seal Key）、报告 KEYID 和目标 Enclave的信息（Target Info）来衍生出报告密钥（Report Key），并且生成 Enclave证明者的 Enclave报告（REPORT）。

⑤CPU返回 Enclave报告给 Enclave证明者。其中包括报告 KEYID，用来告诉 Enclave验证者使用哪个报告 KEYID来请求报告密钥。

⑥Enclave证明者返回 Enclave报告给 Enclave验证者。

⑦Enclave验证者提取 Enclave报告中的报告 KEYID，创建密钥请求（Key Request）结构，然后调用 EGET KEY指令来提取报告密钥。

⑧CPU使用根封装密钥，报告 KEYID 和 Enclave验证者的信息来衍生出报告密钥。因为 Enclave证明者和 Enclave验证者在同一台机器上，它们的根封装密钥是相同的，所以衍生出报告密钥是一样的。

⑨CPU返回报告密钥给 Enclave验证者。

⑩Enclave验证者使用得到的报告密钥验证 Enclave证明者 Enclave报告的完整性。

⑪Enclave验证者验证报告中的 REPORTDATA，确保时新性。

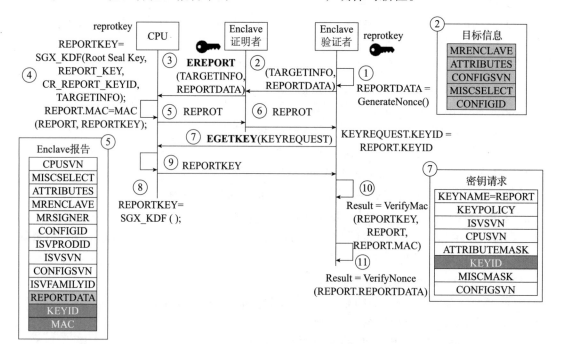

图 5-17　SGX 的本地证明流程

2. SGX的远程证明

SGX支持两种远程证明方式：基于 Intel增强隐私标记（Enhanced Privacy Identifier，EPID）和基于ECDSA。下面介绍基于ECDSA的远程证明，它类似于模式C。图 5-18 展示了SGX远程证明相关的模块和密钥。

❑ Enclave引用（Quote）：一个 Enclave向第三方验证者表明身份的数据结构。它由证明密钥（Attestation Key，AK）签名。

❑ 引用 Enclave（Quoting Enclave，QE）：一个特别的 Enclave，默认由 Intel提供，第三方也可以提供。它拥有证明密钥（AK），负责验证 Enclave报告，然后给 Enclave Quote签名。

❑ 证明密钥（AK）证书：表明 AK的身份，由证书部署密钥（Provisioning Certificate Key，PCK）签发。

❑ 证书部署 Enclave（Provisioning Certificate Enclave，PCE）：一个特别的 Enclave，由 Intel提供。它拥有证书部署密钥（PCK），签发证明密钥（AK）证书。

❑ 证书部署密钥（PCK）证书：表明 PCK的身份，由 Intel的根密钥（Root Key）签发。

根密钥的公钥部分是公开的，所以验证者可以通过根密钥验证 PCK，然后验证 AK，最后验证 Quote的签名。

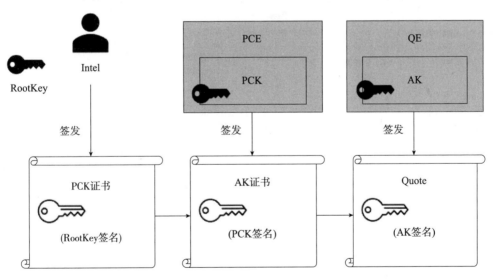

图 5-18　SGX 的远程证明流程

SGX的 Enclave引用是一个 Enclave向远程验证者表明身份的数据结构，其中重要的成员如下：

- ❏ Quote头部信息：包括 QE和 PCE的安全版本号，标识 QE提供者的 Vendor ID。
- ❏ Enclave报告：包含原始 Enclave报告的内容。
- ❏ 签名：包含了对 Enclave报告的签名、AK的公钥、QE本身的 Enclave报告和签名，还有 PCE证书。其中，AK公钥的哈希包含在 Enclave报告中。这些信息可以使验证者验证从根密钥开始到 Enclave报告的一条完整的可信链，包括验证 QE和 PCE这两个额外的 TEE-TCB。

SGX的远程证明流程如图 5-19 所示。

①验证者随机生成 ReportData。

②验证者发出获取 Enclave Quote的请求。

③Enclave调用 EREPORT指令生成 Enclave报告。

④Enclave把 Enclave报告交给 QE。

⑤QE验证 Enclave报告的完整性。

⑥验证成功后，QE使用 AK签发对应 Enclave报告的 Enclave Quote。

⑦QE返回 Enclave Quote 给验证者。

⑧验证者验证 Enclave Quote中的 PCE、QE等以确保 TEE-TCB是可信的。

⑨验证者验证 Enclave Quote的中报告的签名，确保 Enclave报告的完整性。

⑩验证者验证 Enclave Quote的中报告的 ReportData，确保时新性。

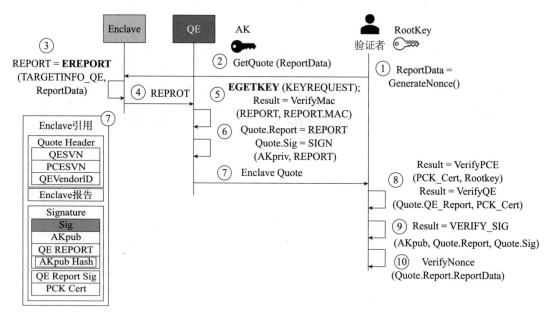

图 5-19　SGX 的远程证明流程

完整的 Intel SGX和 TDX远程证明的文档可参考网站 https://api.portal.trustedservices. intel.com。

5.4.2　Intel TDX 的 TEE 证明

Intel TDX的证明方案和SGX类似。它不需要一个独立于平台的 TPM帮助，直接通过 CPU硬件提供 RTR和RTS的功能。

1.TDX的本地证明

TDX的本地证明类似于模式 B.2，它只允许一个 SGX Enclave或一个 TD作为验证者来验证另外一个 TD。和SGX不同的是，TDX技术里有一个单独的软件 TEE-TCB模块 TDX Module作为 TSM管理全部 TD。根据可信启动的规则，非 RTM的模块不能度量自身，所以当建立可信链时，TD的 MR由 TDX Module度量管理，而 TDX Module自身的 MR由 CPU度量管理。TDX中的度量寄存器如图 5-20 所示。

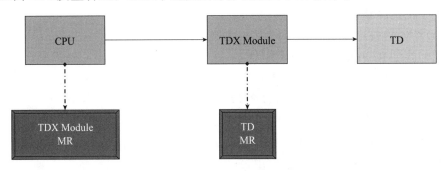

图 5-20　TDX 中的度量寄存器

TD的报告是一个 TD向本地验证者表明身份的数据结构，其中重要的成员如下：

❑ REPORTMAC：这是由 CPU生成的带有 MAC的 REPORT，包含硬件 CPUSVN、TCB信息的哈希（TCB_INFO_HASH）、TD信息的哈希（TD_INFO_HASH）、验证者提供的随机值 REPORTDATA，以及提供完整性校验的 MAC。

❑ TCB信息（TCB_INFO）：这是由 CPU生成和维护的关于 TDX Module的信息，包含 TDX Module的安全版本号（TCB_SVN）、TDX Module的度量值（MRSEAM）、TDX Module的签名者公钥哈希（MRSIGNERSEAM）和 TDX Module的属性（ATTRIBUTES）。

❑ TD信息（TD_INFO_HASH）：这是由 TDX Module生成和维护的关于 TD的信息，包含 TD的属性（ATTRIBUTES）、TD的启动度量值（MRTD）、TD的运行时度量值（RTMR）、TD的配置 ID(MRCONFIGID)、TD的所有者（MROWNER）和 TD的所有者配置信息（MROWNERCONFIG）。

TDX的本地证明流程如图 5-21 所示。

①TD验证者随机生成 REPORTDATA。

②TD验证者向证明者发送 REPORTDATA，提交证明请求。

③TD证明者向 TDX Module调用 TDG.MR.REPORT命令，请求生成 TD报告。

④TDX Module根据自己的 TD_INFO算出 TD_INFO_HASH，和 REPORTDATA一起调用 CPU的 SEAMREPORT指令。

⑤CPU根据自己的 TCB_INFO算出 TCB_INFO_HASH，然后用自己的 MAC密钥生成 REPORTMAC。

⑥CPU给 TDX Module返回 REPORTMAC和 TCB_INFO。

⑦TDX Module为 REPORTMAC和 TCB_INFO加上自己维护的 TD_INFO，拼成 TD报告，返回给 TD证明者。

⑧TD证明者把报告返回给 TD验证者。

⑨TD验证者向 TDX Module调用 TDG.MR.VERIFYREPORT命令，请求验证 REPORTMAC的完整性。

⑩TDX Module调用 CPU的 VERIFYREPORT指令。

⑪CPU验证 REPORTMAC的完整性。

⑫CPU将结果返回给 TDX Module。

⑬TDX Module将结果返回给 TD验证者。

⑭TD验证者继续验证报告中的 TCB_INFO和 TD_INFO是否与 REPORTMAC中的 TCB_INFO_HASH和 TD_INFO_HASH一致，以确保其完整性。

⑮TD验证者验证报告中的 REPORTDATA，确保时新性。

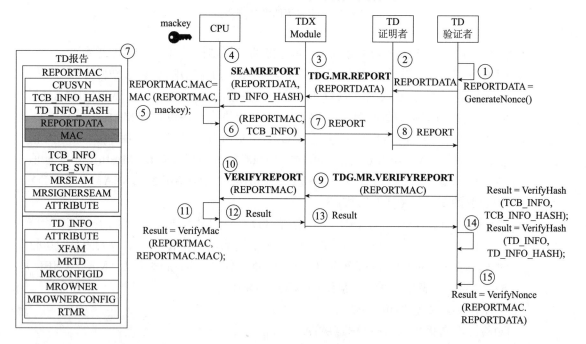

图 5-21　TDX 的本地证明流程

2.TDX的远程证明

TDX的远程证明重用了 SGX 的远程证明方式，类似于模式 C。Intel 的 QE 不仅可以用来签发 Enclave Quote，也可以签发 TD 的引用。TD Quote 的格式与 Enclave Quote类似，其中用 TD 报告替代了 Enclave报告。TDX的远程证明流程如图 5-22 所示。

①验证者随机生成 ReportData。

②验证者发出获取 TD Quote的请求。

③TD调用 TDG.MR.REPORT指令生成 TD报告。

④TD把 TD报告交给 QE。

⑤QE使用 EVERIFYREPORT2指令来验证 TD报告的完整性。

⑥成功后，QE使用 AK签发对应 TD报告的 TD Quote。

⑦QE给验证者返回 TD Quote。

⑧验证者验证 TD Quote中的 PCE、QE等以确保 TEE-TCB是可信的。

⑨验证者验证 TD Quote中报告的签名，确保 TD报告的完整性。

⑩验证者验证 TD Quote中报告的 ReportData，确保时新性。

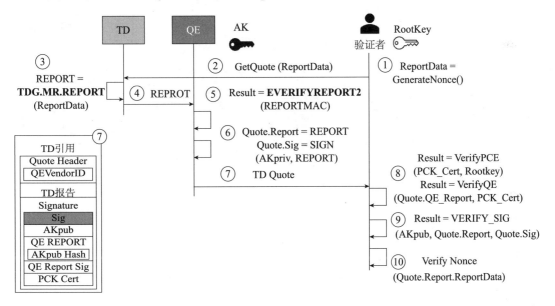

图 5-22　TDX 的远程证明流程

5.4.3　AMD SEV 的 TEE 证明

AMD SEV-SNP使用安全处理器 AMD-SP作为 RTR。

AMD-SP使用版本化芯片背书密钥（Versioned Chip Endorsement Key，VCEK）或

版本化载入背书密钥（Versioned Loaded Endorsement Key，VLEK）来签发证明报告。VCEK和VLEK的区别在于，VCEK是衍生自AMD-SP芯片特有的种子，而VLEK是衍生自AMD密钥衍生服务（Key Derivation Service，KDS）所维护的种子。下面以VCEK为例，展示SEV-SNP的远程证明相关的模块和密钥（如图5-23所示）。

- ❏ SEV-SNP证明报告（REPORT）：是一个SNP-VM向第三方验证者表明身份的数据结构。它可以由VCEK或VLEK签名生成。
- ❏ VCEK：一个AMD-SP芯片特有的签名密钥。
- ❏ VLEK：一个AMD ADS维护的密钥。如果用例场景是希望使用通用密钥，而不是芯片特有的密钥进行签名，则可以使用VLEK。
- ❏ AMD KDS：AMD维护的VLEK密钥的服务。VMM可以把芯片ID和TCB版本发送给AMD KDS，获取包装的VLEK，然后使用SNP_VLEK_LOAD命令加载VLEK。
- ❏ VCEK证书：表明VCEK的身份，由AMD SEV签名密钥（AMD SEV Signing Key，ASK）签发。
- ❏ ASK证书：表明ASK的身份，由AMD根密钥（AMD Root Key，ARK）签发。

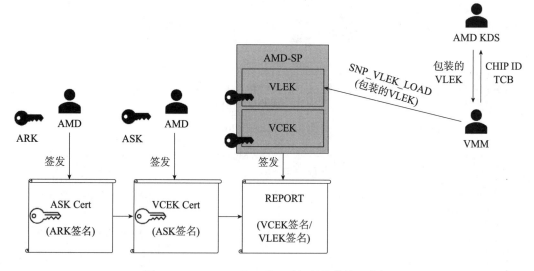

图5-23　SEV-SNP的远程证明相关的模块和密钥

SEV-SNP的远程证明类似于模式A。SNP-VM的证明报告是一个SNP-VM向验证者表明身份的数据结构，其中重要的成员有：

- ❏ GUEST_SVN：客户机的SVN。
- ❏ POLICY：客户机的策略结构。
- ❏ FAMILY_ID：客户机的系列ID。
- ❏ IMAGE_ID：客户机的镜像ID。

❑ REPORT_DATA：由验证者提供的任意数据，一般包含随机数，用来确保报告的时新性。

❑ MEASUREMENT：启动时的度量值。

❑ HOST_DATA：VMM在启动时提供的数据。

❑ ID_KEY_DIGEST：用来签名 ID块（ID Block）的 ID密钥（ID Key）的摘要。

❑ AUTHOR_KEY_DIGEST：用来签名 ID密钥的权威密钥（Author Key）的摘要。

❑ REPORT_ID：客户机的报告 ID。

❑ REPORTED_TCB：用来衍生出 VCEK签名密钥的 TCB。

❑ CHIP_ID：AMD-SP的芯片 ID。

❑ SIGNATURE：整个结构体的数字签名，用来确保报告的完整性。

SEV-SNP的远程证明流程如图 5-24 所示。

①验证者随机生成 REPORT_DATA。

②验证者向证明者请求证明报告。

③证明者调用 MSG_REPORT_REQ命令请求生成证明报告。

④AMD-SP根据要求使用 VCEK或 VLEK签发证明报告。

⑤AMD-SP给证明者返回证明报告。

⑥证明者给验证者返回证明报告。

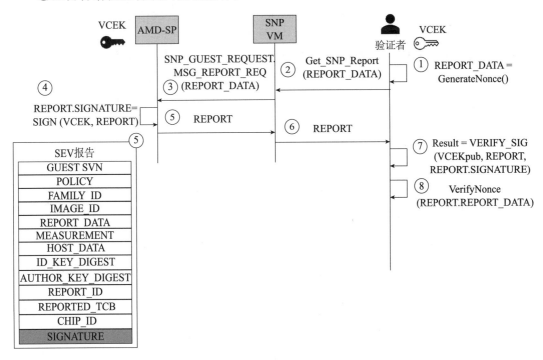

图 5-24　SEV-SNP 的远程证明流程

⑦验证者验证报告的数字签名，确保完整性。

⑧验证者验证报告中的REPORT_DATA，确保时新性。

5.4.4   ARM RME 的 TEE 证明

ARM CCA DEN0127软件栈简单介绍了Realm的证明报告，报告中包括以下信息：

❏ Realm的度量，包括初始状态度量（RIM）和运行时的扩展度量（Extensible Measurement）。

❏ TSM：机密领域管理安全域（RMSD）的机密领域管理监视器（RMM）。

❏ 平台固件信息：监视器安全域（MSD）的监视器。

❏ 平台硬件身份信息：CCA系统安全域（CCA SSD）的硬件。

Realm的证明报告需要和硬件物理平台进行密码学绑定，由作为TSM的RMM生成并返回。这样，Realm的所有者可以验证并且决定是否相信这个Realm。

ARM CCA DEN0096安全模型介绍了通用CCA证明模型，该模型的核心思想是把一份证明报告分为Realm证明和CCA平台证明两部分。ARM DEN0137 RMM规范详细定义了证明相关的数据结构，证明报告（即CCA证明令牌）分为两部分：

❏ Realm令牌：包含Realm的初始度量和扩展度量、挑战Nonce值、Realm 证明密钥（Realm Attestation Key，RAK）的公钥等，这些信息由RMM使用RAK签名。

❏ CCA平台令牌：包含平台的硬件身份、平台的生命周期状态、平台的固件软件模块度量、RAK公钥哈希等，这些信息由作为RoT的运行时安全子系统（Runtime Security Subsystem，RSS）使用初始证明密钥（Initial Attestation Key，IAK）签名。

图5-25展示了ARM RME证明的过程。

①验证者随机生成Nonce，向Realm请求证明。

②Realm向RMM请求CCA证明令牌，并且把Nonce作为参数传入。

③RMM向RSS请求CCA平台令牌，并且把Realm 证明密钥（RAK）的公钥哈希作为参数传入。

④RSS生成包含RAK公钥哈希的CCA平台令牌，返回给RMM。

⑤RMM生成包含Nonce的Realm令牌，将它和CCA平台令牌拼接在一起作为完整的CCA证明令牌，返回给Relam。

⑥Realm给验证者返回完整的CCA证明令牌。

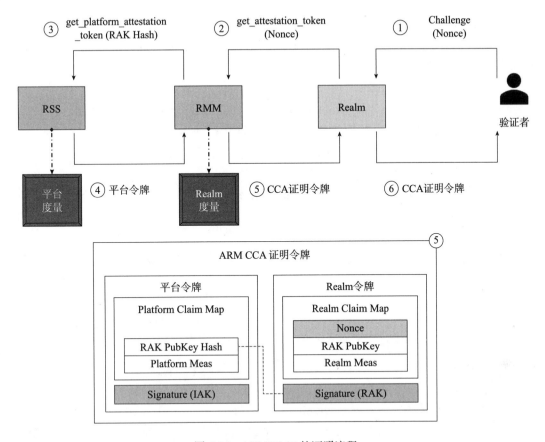

图 5-25　ARM RME 的证明流程

5.4.5　RISC-V CoVE 的 TEE 证明

RISC-V CoVE采用了类似于 DICE的可信启动和证明方式。证明报告包括以下信息：

- ❏ TVM的度量：包括初始度量和运行时度量。
- ❏ TSM：域安全管理器（DoSM）及其相关模块。
- ❏ 平台固件信息：作为根安全管理器（RSM）的 M-模式固件，包括 TSM驱动。
- ❏ 平台硬件身份信息：硬件 RoT。

由于 DICE适合一些小型设备，我们将在第 11章做详细说明。这里只简单介绍一些基础概念。

图 5-26展示了 CoVE的启动和证明过程。左侧是启动过程，RISC-V的硬件 RoT负责把 M-Mode固件、TSM驱动和 TSM扩展到平台 TCB度量寄存器，把 DICE证明证书

和复合设备标识符（Compound Device Identifier，CDI）传给下一级模块，一直传送到TSM。最后，TSM只把CDI传给TVM，但不用生成DICE证明证书。右侧展示了验证者发起证明的过程：

①验证者随机生成 Nonce，向 TVM 请求证明。

②TVM调用 sbi_covg_get_evidence（）命令向 TSM请求 CoVE证明证据。

③TSM生成包含 Nonce的完整的 CoVE证明证据，并返回给 TVM。

④TVM给验证者返回 CoVE证明证据。

一个完整的 CoVE证明证据包含以下内容：

❑ **平台 CBOR网络令牌（CBOR Web Token，CWT）**：包含平台的公钥、平台制造商 ID、平台状态、平台模块信息，如 SVN、度量值等。这些信息由 RoT的AK签名。

❑ **TSM CWT**：包含 TSM公钥、TSM软件模块信息，这些信息由平台的 AK签名。

❑ **TVM CWT**：包含挑战 Nonce值、TVM公钥、TVM的各类度量值，这些信息由TSM的 AK签名。

验证者可以先后验证平台 CWT、TSM CWT和 TVM CWT的完整性和时新性，再验证 TVM中的各类度量值是否符合预期。

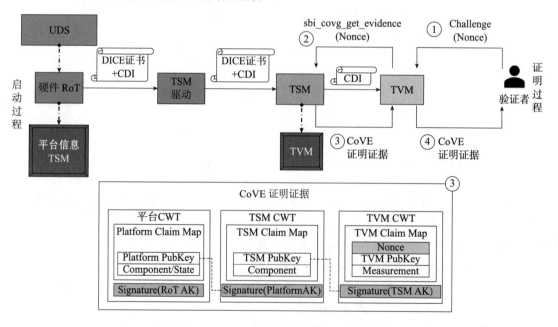

图 5-26　RISC-V CoVE 的证明流程和数据结构

第 6 章

TEE 的可选功能

在第 5 章中，我们介绍了 TEE 的证明功能。在本章中，将介绍 TEE 的其他可选功能。

6.1 封装

封装（Sealing）是指将数据用一个存储可信根保护起来，只有满足一定条件之后才能把数据提取 /解封出来。封装模型如图 6-1 所示。

其中，封装数据和解封数据的过程如下：

❑ 封装数据：数据的所有者输入数据和外部配置信息到 RTS中，并且指定 RTS的内部状态作为封装条件。RTS结合自己的封装种子和内部状态，以及输入数据和外部配置信息生成封装的数据。

❑ 解封数据：数据的提取者输入封装的数据和同样的外部配置信息到 RTS中，RTS检查内部状态并用自己的封装种子解封。只有外部配置、RTS内部状态和 RTS封装种子一致的情况下，封装过数据才能正确解封。

封装意味着 RTS必须有非易失存储（NVS）来存放种子，保证系统在重启之后还可以把数据提取出来。

一般来说，硬件 RTS较小，不适合直接封装大量数据，合适的方法有以下两种：

❑ 封装一个密钥，这时数据是一个密钥。

❑ 生成封装密钥，这时封装过的数据是一个密钥。然后，使用这个密钥对需要保密的数据进行加解密。

但是，还要考虑到密钥丢失的可能性，例如 RTS被破坏或者系统在更新后内部状态得不到满足，所以直接封装或生成一个**数据加密密钥**是有风险的。通常的做法是封装**密钥加密密钥**（Key Encryption Key，KEK），然后用 KEK来加密一个数据加密密钥，同时提供其他备份机制来恢复这个数据加密密钥（如用户口令、U盘令牌等）。这个过程如图 6-2 所示。

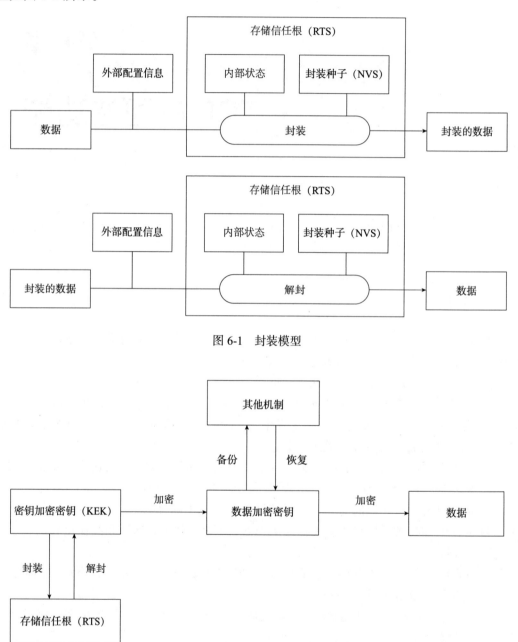

图 6-1   封装模型

图 6-2   密钥封装的过程

下面来看一看实现封装的现有硬件。

6.1.1　TPM 密钥封装和 DICE 密钥封装

业界的 TPM 和 DICE 都支持密钥封装。

1. TPM密钥封装

和证明一样，TPM是最早实现密钥封装的。TPM规范提供了 Seal 和 Unseal接口。Microsoft 利用 TPM的封装功能实现了 Windows Bitlocker功能。TPM密钥封装的原理如图 6-3 所示。

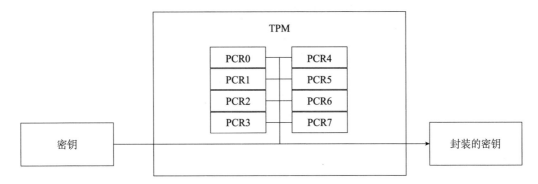

图 6-3　TPM 密钥封装的原理

2. DICE密钥封装

DICE架构也支持密钥封装。DICE保护环境（DICE Protection Environment，DPE）规范描述了 Seal 和 Unseal接口。OpenDICE实现也描述了可以使用 DICE封装 CDI（Sealing CDI）的方式提供秘密封装。DICE密钥封装的原理如图 6-4 所示。唯一设备密钥（Unique Device Secret，UDS）和复合设备标识符（Compound Device Identifier，CDI）的细节参见第 11 章。

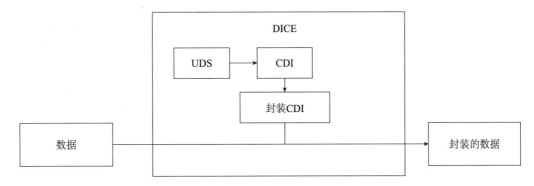

图 6-4　DICE 密钥封装的原理

6.1.2　TEE 密钥封装

TEE本身不需要封装功能。但是 TEE的实现可以提供封装能力，支持 TEE根据需要生成封装密钥。图 6-5 展示了一种 TEE封装密钥的生成方法。

1）TEE指定配置信息，例如选择子（Selector）或指定的 SVN。TEE把信息发送至 TEE-TCB，请求生成封装密钥。

2）TEE-TCB确保输入的 SVN小于等于当前 TVM的 SVN。

3）TEE-TCB根据选择子来选择将 TVM元数据中的哪些信息加入密钥生成参数中，例如 TEE的度量值、签名者或者 SVN。

4）TEE-TCB根据自己在 NVS中的封装种子和密钥生成参数生成密钥。

5）TEE-TCB把生成的密钥返回给 TEE。

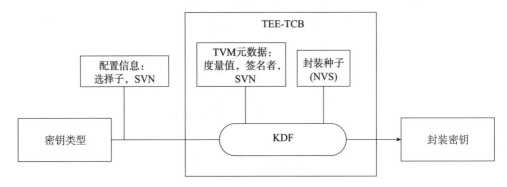

图 6-5　TEE 密钥封装模型

选择子可以用于支持灵活的密钥生成策略。封装密钥有两种典型的应用：

❑ 绑定 TEE身份：绑定到 TEE的度量值，只有完全一样的 TEE才能解密。这种应用的优点是绝对安全，缺点是缺乏灵活性。一旦 TEE更新，就无法通过解封获得之前的数据。

❑ 绑定签名身份：绑定到 TEE的签名者，必须和 SVN连用，只要是同一个签名者，高安全版本的 TEE就可以获得之前所有低版本 TEE的封装密钥。这样可以支持 TEE升级，但是不支持 TEE降级。

注意　虽然高版本 SVN的 TEE可以获取低版本 SVN的 TEE生成的封装密钥，但高版本 SVN的 TEE需要了解安全风险，因为低版本 SVN的 TEE可能已经发生了泄露。同时，低版本 SVN的 TEE不允许获取高版本 SVN的 TEE生成的封装密钥，否则恶意攻击者可以通过降级攻击来使用有安全漏洞的 TEE，从而获取当前的封装密钥。

---

1. Intel SGX密钥封装

SGX硬件允许 Enclave使用 EGETKEY指令以一种确定性的方式生成封装密钥，如图 6-6 所示。其中，深灰色框中为必须加入的密钥生成参数，浅灰色框中为可选的密钥生成参数。

①Enclave生成密钥请求数据结构（KEYREQUEST），把密钥名称（KEYNAME）设为封装密钥（SEAL_KEY），密钥策略（KEYPOLICY）可以选择把当前运行的 SECS 结构体中的项添加到密钥生成参数中。

②Enclave以密钥请求结构作为参数，使用 EGETKEY指令向 CPU硬件请求生成封装密钥。

③CPU收到请求后，首先根据密钥请求中的功能选择掩码（MISCMASK）和属性掩码（ATTRIBUTEMASK），在生成参数中过滤不必要的属性。使用掩码的目的是确保升级的 Enclave在属性发生变化之后依然可以衍生出之前版本的封装密钥。

④CPU检查密钥请求中的一系列 SVN是否小于等于当前 SECS中的 SVN，通过之后把密钥请求中的 SVN加入密钥生成参数中。使用小于当前 SECS中的 SVN的目的是确保 Enclave在 SVN升级后还可以提取之前的封装密钥。

⑤CPU检查密钥策略，例如是否把 MRENCLAVE加入密钥生成参数、是否把 MRSIGNER加入密钥生成参数，目的是允许 Enclave进行灵活的身份绑定。

⑥CPU通过根封装密钥和密钥生成参数衍生出封装密钥。由于根封装密钥每次启动都不会改变，所以生成的封装密钥也不会改变。

⑦CPU把封装密钥返回给 Enclave。Enclave可以使用封装密钥加密数据，并保存到 Enclave之外的 NVS，或解密从 NVS读取的数据。

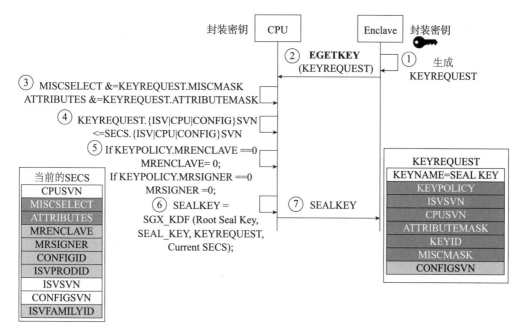

图 6-6　SGX 密钥封装

2. AMD SEV密钥封装

AMD SEV-SNP支持使用 MSG_KEY_REQ命令请求生成从根密钥衍生出的次级密钥，将它当作封装密钥使用，如图 6-7 所示。其中，深灰色的部分为必须加入的密钥生成参数，浅灰色的部分为可选的密钥生成参数。

①SNP VM生成密钥请求数据结构（MSG_KEY_REQ），指定衍生密钥，衍生出根密钥，将客户机信息结构体中的项添加到密钥生成参数中。

②SNP VM将请求发送到 AMD SP。

③AMD SP检查密钥请求中的 SVN 是否小于等于当前客户机信息中的 SVN。

④AMD SP根据指定客户机字段选择策略把客户机信息加入密钥生成参数，例如客户机度量值。

⑤AMD SP根据指定的根密钥和密钥生成参数衍生出封装密钥。由于根密钥每次启动都不会改变，所以衍生的密钥也不会改变。

⑥AMD SP把衍生的密钥返回给 SNP VM。SNP VM可以用作封装密钥。

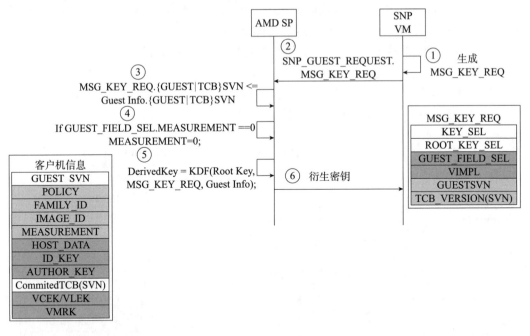

图 6-7　SEV-SNP 密钥衍生

6.2　嵌套

嵌套虚拟化是指在一个虚拟机中再启动一个虚拟机管理器。例如，嵌套虚拟机指的是在一个 L0-VMM 上启动一个 VM，然后在 VM 中启动一个 L1-VMM 和对应的 L2-VM。

其中，L0-VMM称为裸金属（Bare-metal）VMM，L1-VMM称为客户机 VMM（Guest VMM），L2-VM称为嵌套客户机（Nested Guest），如图 6-8 所示。目前，主流的虚拟机 Windows Hyper-V和 Linux KVM都支持嵌套虚拟机方案。

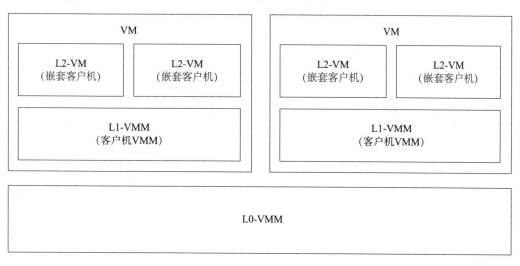

图 6-8　嵌套虚拟机

TEE也支持嵌套，例如嵌套 TEE VM，如图 6-9 所示。在一个 TEE 中可以启动一个 L1-VMM，以及若干 L2-VM。

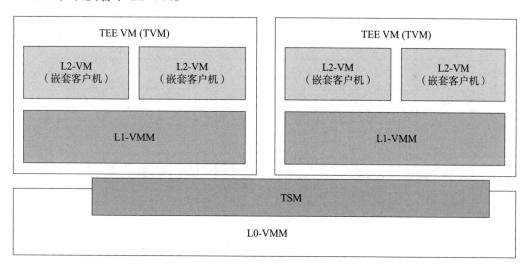

图 6-9　嵌套 TVM

相比普通 TVM，嵌套 TVM的安全特性有所改变，TVM中的 **L1-VMM是 L2-VM的 TCB**，L1-VMM需要负责隔离 L2-VM，每个 L2-VM不能信任其他 L2-VM。TVM外部的安全特性保持不变，例如，TSM依然是TVM的TCB，L0-VMM依然是不可信的。

在TEE中，嵌套TVM的最大作用是**支持未修改的客户机作为L2-VM**。在没有嵌套TVM的情况下，客户机必须进行修改，了解TSM并且利用TSM接口保护自己。但是，在嵌套TVM的情况下，L1-VMM可以了解TSM以及利用TSM接口保护L2-VM。这样，只需要在TVM中添加一个软件层L1-VMM，就能最大程度地保证客户机的兼容性。

嵌套TVM的另一个作用是在TEE中启动一个**服务L2-VM**（Service L2-VM），以便协助L1-VMM向用户L2-VM（User L2-VM）提供服务，例如，虚拟TPM（Virtual TPM，vTPM）服务或是TVM迁移服务。

嵌套TVM给客户机的**L2-VM证明**带来了新的挑战，因为之前的TEE报告中的信息是整个TEE的信息。在只有静态度量寄存器的架构中，一般只会把启动时L1-VMM的启动模块放入TEE报告，而没有L2-VM的相关信息。但是，用户可能只提供了L2-VM的镜像文件，所以需要知道L2-VM的度量值。一种解决的方案是使用vTPM，我们将在后续内容中介绍。

6.2.1　Intel TDX 的 TD 分区

Intel TDX1.5的TD分区（TD Partitioning）架构是TDX支持TVM分区的方案。它支持在一个TD中启动一个L1-VMM和最多3个L2-VM。TD分区方案如图6-10所示。它的主要作用是支持 Microsoft 虚拟安全模式（Virtual Secure Mode，VSM）的客户机分区，提供基于虚拟化安全（Virtualization-Based Security，VBS）的内存 Enclave。VSM给虚拟机分配不同的虚拟信任级别（Virtual Trust Level，VTL），VTL编号越高，

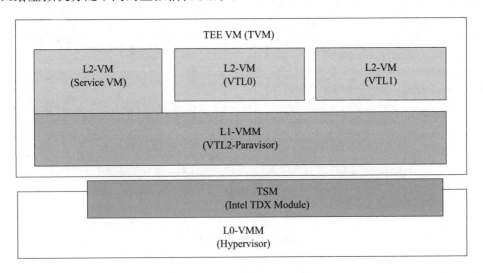

图 6-10　TD 分区方案

越安全，越值得信任。通常，VTL0运行的是标准 Windows操作系统，VTL1运行的是 Windows防御系统保护（Defender System Guard），其中包括安全内核（Secure Kernel）和隔离用户模式（Isolated User Mode）。处于 VTL2的 L1-VMM则允许 Paravisor提供隔离功能，并且通过一个 Service VM提供服务。

6.2.2　AMD SEV 虚拟机特权等级

AMD SEV-SNP 虚拟机特权等级（VM Privilege Level，VMPL）是 SEV支持 TVM 嵌套的方案。SEV-SNP的 TVM可以支持4个特权等级，分别为 VMPL0、VMPL1、VMPL2和 VMPL3。通常，在 VMPL0上运行安全虚拟机服务模块（Secure VM Service Module，SVSM），给 VMPL3上的普通虚拟机操作系统提供服务以及安全保障策略。SEV VMPL方案如图 6-11 所示。

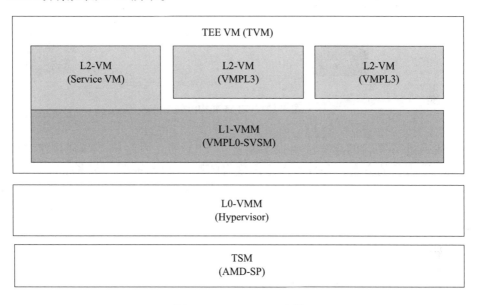

图 6-11　SEV VMPL 方案

6.3　vTPM

vTPM的概念是由 IBM的 Berger等人在 2006年的论文"vTPM Virtualizing the Trusted Platform Module"中提出的，目的是解决如何在虚拟机中使用 TPM的问题。之后，TCG成立工作组，并定义了虚拟可信平台架构规范（Virtualized Trusted Platform Architecture）。

vTPM有各种实现方法，图 6-12 展示了两种实现方法。左边显示的是典型的虚拟机三层架构，VMM为每个 VM提供 vTPM服务；右边显示的是典型的虚拟机嵌套四层架构，每个 VM中的 L1-VMM为 L2-VM提供 vTPM服务。

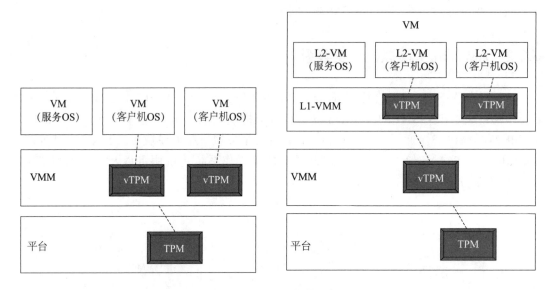

图 6-12　vTPM 架构示例

由于现有业界平台的远程证明大多是基于 TPM的，因此让 TEE使用 TPM支持远程证明是一个可行的方案，并且可以重用现有的基于 TPM证明的服务来证明 TEE。一个现实的情况是，TPM是为整个主机平台服务的，而一个主机平台可能运行多个 TEE，但是 TPM是无法共享的，vTPM技术则满足了这一需求。需要注意的是，TEE机密计算中的 vTPM有特殊的安全需求，因为系统的平台以及 VMM都是不可信的。下面介绍两种典型的 TEE vTPM架构。

6.3.1　基于 TEE 的 vTPM

对于 TEE来说，vTPM是 TCB的一部分，因此 vTPM自身是需要保护的。把 vTPM的实现放入一个 TEE是一种方案，如图 6-13 所示。承载 vTPM的 TEE可以是 SGX Enclave、TD VM或 SEV-SNP VM。在这种模式下，vTPM TEE 和用户 TEE的通信需要经由 VMM，因此通信需要使用安全协议（如 TLS或 SPDM协议）进行加密。

参考 Intel发布的"基于 TD 的 vTPM设计"（Intel TD-based virtual TPM design guide），图 6-13展示了一个典型的基于 vTPM的方案，它由以下模块组成：

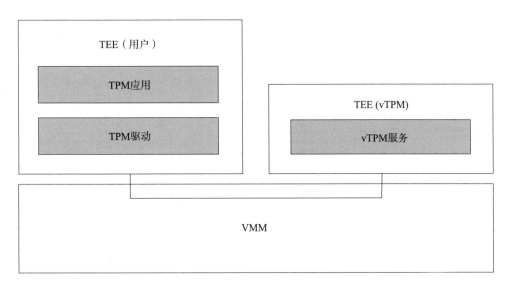

图 6-13　基于 TEE 的 vTPM

- **vTPM服务**：为 TEE提供 TPM2.0规范定义的功能。
- **TPM驱动**：TEE中的 TPM硬件驱动程序。
- **TPM应用**：TEE中使用 TPM服务的软件模块，例如把 TEE动态模块度量到 TPM的平台配置寄存器（PCR），或者把密钥封装到 TPM非易失存储中。

在第 5 章中，我们详细讨论了基于 TPM的启动和证明，此流程也可以用于基于 vTPM的 TEE启动和证明。这时的 vTPM扮演 RTS和RTR的角色，而TSM依然扮演 RTM的角色。需要注意的是 TEE vTPM的背书验证过程，物理 TPM背书证书是由 TPM 厂商签发生成的，非 TEE vTPM的背书证书常常由 VMM厂商签发生成。但是，TEE vTPM的背书证书的生成需要特殊的流程，可以采用以下两种方式。

- **基于 TEE Quote的自签发背书证书**：vTPM TEE在启动后，生成临时 CA密钥 对，再基于 CA公钥创建 TEE Quote和基于 TEE Quote的证书，作为 vTPM TEE 的 CA证书。然后，vTPM TEE创建 vTPM实例，生成临时 EK密钥对和EK证书。最后，TEE使用 CA密钥签发 vTPM实例的 EK证书。这个过程如图 6-14 所示。验证 vTPM EK证书链也就是验证 vTPM TEE的 CA证书中 TEE Quote的度量值 是否和期待的度量值一致。这种模式的优点是实现简单，不需要额外的 CA服 务；缺点是验证 CA证书的过程复杂，需要额外的 TEE Quote验证步骤。
- **基于 vTPM CA服务签发的背书证书**：vTPM TEE先创建 vTPM实例，生成临时 EK密钥对，再基于 EK公钥创建 TEE Quote，之后 vTPM TEE把它们发送给一个 vTPM CA服务。vTPM CA服务验证 vTPM TEE Quote之后使用自己的 CA密钥签 发 EK证书。最后，vTPM CA把 EK证书返回给 vTPM TEE。这个过程如图 6-15 所示。在这种模式下，验证 vTPM EK证书链和普通 vTPM EK一样，直接验证

vTPM CA签发即可。与之前的方式相比，它的优点是可以重用已有的 vTPM EK 验证方案，缺点在于必须要有一个可信的 vTPM CA 服务来验证 TEE Quote。

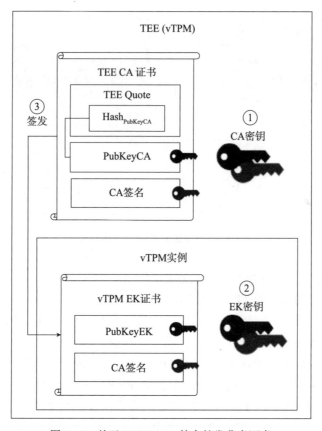

图 6-14　基于 TEE Quote 的自签发背书证书

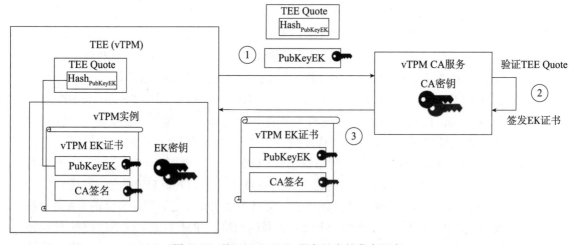

图 6-15　基于 vTPM CA 服务签发的背书证书

6.3.2　基于 TEE 虚拟机嵌套的 vTPM

实现 vTPM 的另一种方法是利用 TEE 虚拟机嵌套，如图 6-16 所示，左侧的图展示了基于 L2 服务 VM 的 vTPM 通过 L1-VMM 和 L2 用户 VM 通信，右侧的图展示了基于 L1-VMM 的 vTPM 直接与 L2 用户 VM 通信。在这种模式下，vTPM TEE 和用户 TEE 的通信需要经由 L1-VMM，因此通信不需要使用安全协议进行加密，比 TEE 的 vTPM 方案方便。Intel TDX 的 TD 分区和 AMD SEV-SNP 的 VMPL 都支持 TEE 虚拟机嵌套方案。

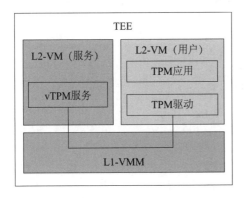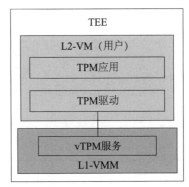

图 6-16　基于虚拟机嵌套的 vTPM

参考 Intel 发布的"基于 TD Partitioning 的 vTPM 设计"（Intel TD Partitioning-based virtual TPM design guide），这种模式下的证明如图 6-17 所示。因为 L1-VMM 是 L2-VM 的 TCB，所以 L1-VMM 可以为 L2-VM 提供 vTPM 的服务，L1-VMM 中的 L2-VM 启动模块作为 RTM，L1-VMM 中的 vTPM 服务作为 RTS 和 RTR，L2-VM 的度量值放入 L1-VMM 的 vTPM 的 PCR 之中。这样，嵌套 TVM 中对于 L2-VM 的证明流程可以遵循标准的基于 TPM 的证明方法：

1）vTPM EK 验证：验证者向 L2-VM 请求 vTPM EK 信息。这时的 vTPM EK 证书链可以选用图 6-14 中基于 TEE Quote 的自签发背书证书或图 6-15 中的基于 vTPM CA 服务签发的背书证书。

2）vTPM PCR 验证：验证者向 L2-VM 请求 vTPM PCR Quote 信息。vTPM 服务对 vTPM PCR 签名，返回给验证者。验证者验证 Quote 的签名、L2-VM 的 PCR，最终信任 L2-VM。

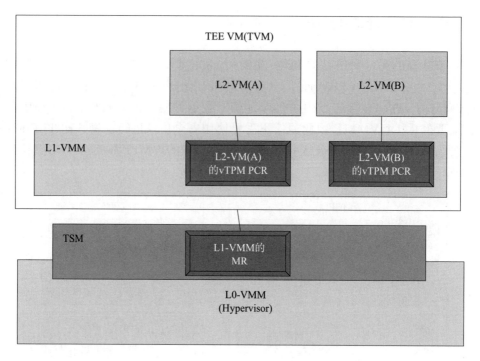

图 6-17   嵌套 TVM 的证明

6.4   实时迁移

迁移是指把一个源平台上的程序移动到目标平台，并且在目的平台继续执行。常见的迁移是 VMM环境下虚拟机的迁移。当一个虚拟机被 VMM创建之后，VMM可以把虚拟机运行时状态保存起来，从一台机器迁移到另一台机器，这称为**离线迁移**（Offline Migration）或**冷迁移**（Cold Migration）。离线迁移方法虽然简单，但缺点是这个虚拟机提供的服务将在迁移过程中中断，可用性会受到影响。因此，更有效的方式是采用**实时迁移**（Live Migration），也称为**在线迁移**（Online Migration）或**热迁移**（Hot Migration），这种方式是在迁移的过程中，被迁移的虚拟机依然提供服务，继续保持可用性。

6.4.1   实时迁移概述

虚拟机的实时迁移是一项成熟的技术，Windows Hyper-V和 Linux KVM目前都支持实时迁移。实时迁移的流程如图 6-18 所示。

①**迁移准备**：源平台 VMM 和目标平台 VMM 准备迁移环境，包括检查网络设置、源平台开启内存监测、目标平台预留虚拟机资源等。

②**迁移初始内存**：源平台 VMM 把源平台虚拟机的内存复制到目标平台 VMM，同时记录复制之后源平台虚拟机的内存变化，产生变化的页面称为脏页面。在这个过程中，源平台虚拟机继续提供服务。

③**循环迁移脏页面**：源平台 VMM 把源平台虚拟机的脏页面内存重新复制到目标平台 VMM，并且继续记录复制之后源平台虚拟机的内存变化。这一步将循环执行，随着执行次数的增加，复制速度将加快，脏页面数目会逐步减少，直到它们之间的差异到达一个阈值。在这个过程中，源平台虚拟机继续提供服务。

④**迁移最后脏页面**：当脏页面数目到达阈值后，源平台 VMM 停止源平台虚拟机的服务，把脏页面内存最后一次复制给目标平台 VMM。这时服务停止，阈值的大小决定了服务停止时间的长短。

⑤**新虚拟机上线**：最后一次脏页面复制完成后，目标平台 VMM 启动目标平台虚拟机，继续提供服务。

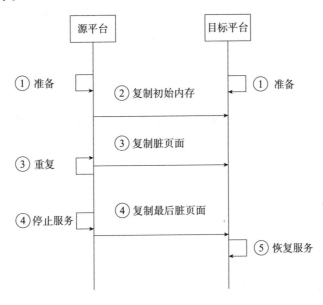

图 6-18　虚拟机实时迁移过程

TEE 实时迁移也可以重用这个流程，但是机密计算模型中的资源管理器可能是恶意攻击者，并且可能利用实时迁移来攻击 TEE。因此，TEE 的实时迁移具有以下列出的额外的安全需求：

❑ **TEE 私有内存的机密性和完整性**：在迁移过程中，资源管理器无法读取或修改 TEE 的私有内存。TEE 中的共享内存不需要保护，因为 TEE 的软件不能信任共享内存中的内容。

❑ **TEE-TCB中TEE状态和元数据的机密性和完整性**：在迁移过程中，资源管理器无法读取或修改存放在TEE-TCB中的TEE的状态和元数据。这里的迁移只涉及TEE的迁移，TEE-TCB一般不会迁移。

❑ **目标平台的TEE-TCB必须比源平台的TEE-TCB更安全或同样安全**：常用的方法是确保迁移之后的TEE-TCB SVN大于等于迁移之前的TEE-TCB SVN。否则，资源管理器可以利用迁移来进行降级攻击，例如，启动一个有已知安全漏洞的低版本TEE-TCB，将目标TEE迁移过来，然后就可以获取TEE机密信息。

❑ **迁移之后的TEE在证明时必须展示迁移过程中安全等级最低的平台TEE-TCB的信息**：一个TEE可能被迁移很多次，例如将一个TEE从平台1启动，然后迁移到平台2，再迁移到平台3。在平台3获得的TEE证明报告中必须包含安全等级最低的平台TEE-TCB的信息，如SVN。否则，资源管理器可以先在一个有已知安全漏洞的低版本TEE-TCB上启动TEE进行攻击，再迁移到高版本TEE-TCB以隐藏曾经存在的漏洞以及攻击。如果多个不同平台之间无法比较安全等级，那么这些平台的TEE-TCB的信息都必须记录到TEE迁移证明中。

❑ **如果迁移过程中有额外的迁移TCB模块协助，那么迁移TCB的信息必须记录在TEE证明报告中**：迁移TCB是指传统TEE-TCB硬件和TSM之外的额外模块。这里可能无法保证迁移TCB是一个可信的模块，但是一定要保证迁移TCB可以绑定TEE，并且被验证者验证。

❑ **如果迁移TCB有额外的迁移策略决定是否支持迁移或被迁移，那么迁移策略必须记录在迁移TCB证明报告中**：迁移策略一般由迁移TCB强制执行。

这里TEE服务的可用性不包括在安全需求之内。由于资源管理器可能是恶意攻击者，因此资源管理器随时可以停止服务。

为了满足上述第一条和第二条安全需求，目标平台和源平台需要有一个TCB模块协商出**迁移密钥**（Migration Key，MK），用来加密TEE的内存、状态和元数据。从安全角度来说，迁移密钥只能暴露给TEE-TCB或TEE本身。

为了满足第三条安全需求，目标平台和源平台需要有一个TCB模块验证迁移策略，在SVN可比较的情况下，可以使用相对值比较。例如，只有目标平台的TEE-TCB SVN等于源平台的TEE-TCB SVN时才允许迁移，或者只有平台的TEE-TCB所有度量值都相同时才允许迁移。还有一种情况是，源平台SVN和目标平台SVN无法比较，这可能发生在源平台和目标平台是两个完全不同的平台的场景下。这时，迁移策略需要定义成基于平台SVN的绝对值进行比较。例如，如果是平台X，那么SVN需要大于等于5；如果是平台Y，那么SVN需要大于等于2，等等。

为了上述满足第四条安全需求，目标平台和源平台需要有一个TCB模块用于在TEE的元数据中记录所有平台中安全等级最低的TEE-TCB SVN，并且把这个信息填入

TEE的证明报告（而不管TEE被迁移了几次）。

注意　这里强调的是安全等级最低的TEE-TCB SVN，而不是初始的TEE-TCB SVN。在策略SVN > 3的时候，迁移的顺序可以是4→3→5，即从SVN4迁移到3，再迁移到5。

这里也不需要所有的TEE-TCB SVN，记录所有TEE-TCB SVN是可以的，但会导致复杂性增加，因为这会要求TSM维护一个不断增长的列表。而且，只要满足第三条安全需求，SVN就不会递减，那么检查最低SVN是否满足要求就足够了。可能有人会想：SVN版本变化2→3→5和2→4→5有没有不同？如果恰好SVN版本3新增的一个功能存在高危安全漏洞，但在版本4修复了这个漏洞，那么是不是2→4→5是安全的？这个问题无法一概而论，最保险的做法是：如果SVN版本3有高危漏洞，那么就认为所有低版本都继承了风险，不能信任。

最后要强调的是，为了支持跨平台迁移，不同平台中的安全等级最低SVN都需要记录，理由是不同平台之间的SVN是无法比较的。例如，平台X发布较早，由于不停地更新，所以平台X的最新SVN是5；但平台Y发布较晚，所以平台Y的最新SVN只有2。在同一时间点上，只要是和平台公布的最新SVN一致，我们就可以认为平台X的SVN5和平台Y的SVN2同样安全。

和vTPM一样，实时迁移TCB模块也可以通过两种不同的方式实现：基于服务TEE和基于L1-VMM。为了满足第五条和第六条安全需求，这个迁移TCB模块的度量值以及迁移TCB参考的迁移策略必须记录下来并和TEE证明绑定。

TVM实时迁移过程如图6-19所示。

①**迁移准备**：源平台VMM和目标平台VMM准备迁移环境，例如，启动迁移TCB绑定TEE。

②**通知迁移TCB**：双方的VMM通知各自的迁移TCB。

③**交换迁移密钥**：双方的迁移TCB开始交换迁移密钥（MK）。通常，双方的迁移TCB需要使用一个认证的安全会话，例如通过网络TLS协议或平台SPDM协议建立安全会话，然后在安全会话中交换信息。双方的迁移TCB可以根据自身的迁移策略评估是否进行迁移，策略可以包括但不限于对方平台硬件、对方TEE-TCB的SVN或度量值、对方的迁移TCB的SVN或度量值、被迁移TEE的迁移属性，等等。满足迁移策略之后，双方的迁移TCB可以衍生或交换迁移密钥。最后，双方的迁移TCB把迁移密钥交给自身的TSM。这个步骤之后，双方的TSM都拥有了迁移密钥。

④**迁移阶段 – 加密内存**：源平台VMM向源平台TSM请求复制TEE内存。源平台TSM使用迁移密钥加密TEE内存，返回给源平台VMM。

⑤**迁移阶段–复制内存**：源平台 VMM 把源平台加密 TEE 内存复制到目标平台 VMM。

⑥**迁移阶段–解密内存**：目标平台 VMM 向目标平台 TSM 请求复制 TEE 内存。目标平台 TSM 使用迁移密钥解密 TEE 内存，复制到 TEE 内存空间。

⑦**迁移阶段–重复**：源平台 VMM 和目标平台 VMM 重复步骤 4 ~ 步骤 6，逐步迁移初始内存和脏页面。

⑧**服务停止**：执行步骤 7 到达阈值后，停止源平台 TVM 服务，然后重复步骤 4 ~ 步骤 6，迁移最后的脏页面。

⑨**新虚拟机上线**：最后一次脏页面复制完成后，目标平台 VMM 启动目标平台虚拟机，继续提供服务。

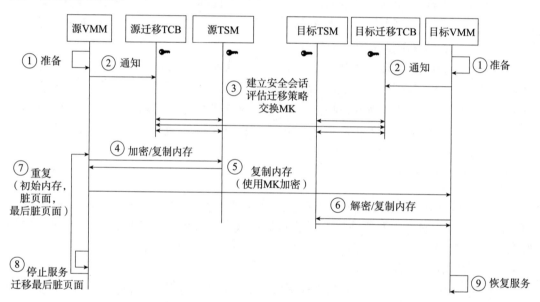

图 6-19　TVM 的实时迁移过程

一个 TVM 在迁移完成后还要考虑 TVM 证明问题，例如迁移后的 TCB 是否可信。理想的情况是，验证者知道所有的迁移历史，例如，初始平台 A1 的 SVN4、中间平台 B 的 SVN3、中间平台 A2 的 SVN5、中间平台 C1 的 SVN5、最终平台 C2 的 SVN6，等等。但是，这个工作实施起来有困难，而且，如果攻击者恶意地不停迁移，系统容易遇到资源不足的情况。所以，一个现实的方案是把不同平台的最低 SVN 作为迁移策略的一部分记录下来。例如，上述情况的迁移策略为"平台 A 的最低 SVN4，平台 B 的最低 SVN3，平台 C 的最低 SVN5"，迁移 TCB 在评估迁移平台时的依据就是看对方平台是否符合迁移策略。

注意　比较不同平台的 SVN 绝对值是简单有效的，唯一的缺点是需要不停修改，一旦有新的平台出现，就需要加入迁移列表；一旦平台的 SVN 发生变化，就需要及时更新。

如果只允许在同一平台间迁移，那么可以使用相对 SVN 比较，例如目标平台 SVN 大于等于源平台 SVN。采用这种方案的前提是，最终平台 TEE-TCB 报告会永远记录初始平台的 SVN。如果最终平台 TEE-TCB 报告只能记录当前平台的 TEE-TCB，那么这种方案无法使用。可选的替代方案有：迁移策略要求源平台 SVN 和目标平台 SVN 必须相等，或者迁移策略需要使用 SVN 绝对值进行比较，如大于等于一个固定数值。

6.4.2　Intel TDX 虚拟机迁移

Intel TDX1.5 实时迁移架构使用一个特殊的迁移 TD（Migration TD，MigTD）来辅助协商迁移密钥，如图 6-20 所示。

为了支持 TVM 证明，MigTD 的度量值记录在 TD_REPORT 的 SERVTD_HASH 字段中。需要注意的是，TD 在证明报告中汇报的是 TD 在当前平台启动时的 TCB_SVN，而不是初始平台启动时的 TCB_SVN。初始平台的任何 TD 报告信息都是无法迁移的，验证者必须检测 MigTD 的迁移策略才能知道迁移过程中所有平台的最低 TCB_SVN。

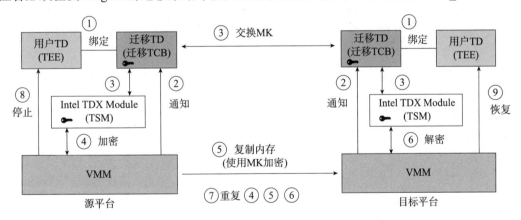

图 6-20　TDX 基于迁移 TD 的实时迁移架构

6.4.3　AMD SEV 虚拟机迁移

AMD SEV-SNP 白皮书中描述了 VMPL，等级为 VMPL0 的安全虚拟机服务模块（Secure VM Service Module，SVSM）可以提供迁移服务。这个实时迁移架构如图 6-21 所示。Guest VM 的证明报告中应包括 SVSM 的报告。

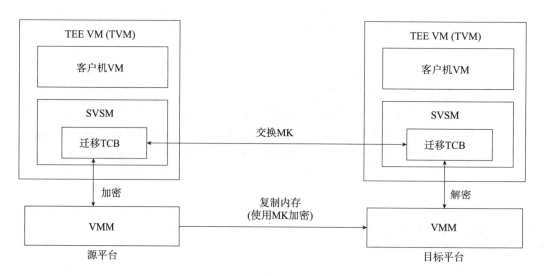

图 6-21   SEV-SNP 基于 SVSM 的实时迁移架构

6.5 运行时更新

当平台在运行过程中，常常需要对软件或固件模块进行更新。一般采用两种方法：

1）基于重启的更新，可以是更新再重启或重启然后更新，但是重启就意味着服务停止。

2）运行时更新，系统在更新时无须停止已有的服务。例如 Windows 的 Hotpatch 和 Linux 的 Live Patch 都属于进行时更新。

在 TEE 环境中，新添加的模块是 TSM，所以需要考虑的是 TSM 的运行时更新。运行时更新需要考虑以下几个问题：

- ❑ **是否允许 TCB_SVN降级**：TCB_SVN发生变更的情况是新版本 TSM模块修补了旧版本 TSM 的安全漏洞，所以一般来说，是不允许 TCB_SVN降级的。在 TCB_SVN同级的情况下，模块的版本可以降级，因为新版本的模块可能被发现有功能缺陷，需要降级成先前的旧版本模块进行处理。

- ❑ **怎么报告 TCB_SVN**：TSM的 TCB_SVN在升级之后，会存在两类信息：初始 TCB_SVN和当前 TCB_SVN。TEE可以同时报告这两个 TCB_SVN。根据信息安全中的木桶原理，如果 TEE只能报告一个 TCB_SVN，那么它需要报告初始 TCB_SVN。

从广义上看，运行时更新是实时迁移的一种特殊形式，所以在上一节讨论的 TCB_SVN更新的问题在这里同样适用。同理，TSM更新后的 TVM证明也可以遵循实时迁移后的证明。理想情况是，出示所有更新历史，但现实情况中，出示初始的最低 SVN 和最终的 SVN 即可。

1. Intel TDX TCB运行时更新

Intel TDX支持保留 TD的更新，在不影响运行时 TD的情况下把 TDX-Module升级到更高安全性的版本。保留 TD的更新不允许降级更新，即新 TDX-Module的 SVN必须不小于运行中的 TDX-Module的 SVN。在 TDX-Module升级之后，已经启动的 TD在证明报告中继续汇报 TD启动时旧的 TCB_SVN和当前的 TCB_SVN2，只有新启动的 TD才会汇报新的 TCB_SVN。

2. AMD SEV TCB运行时更新

AMD SEV-SNP支持使用 DOWNLOAD_FIRMWARE_EX进行对 SNP固件的在线更新。SNP VM的证明报告中会提供启动时 TCB版本（LAUNCH_TCB）和当前 TCB版本（CURRENT_TCB）。

第7章

机密计算的软件开发

在第 3 章~第 6 章中，我们依次介绍了 TEE 的各类架构、功能以及规范。在本章中，我们将介绍用于构建 TEE 机密计算方案的开源软件。

7.1 TEE 软件的应用场景

支持 TEE 机密计算的软件五花八门，我们先来看一个典型的实用场景。图 7-1 展示的是一个机密虚拟机的背景调查模型及应用场景。

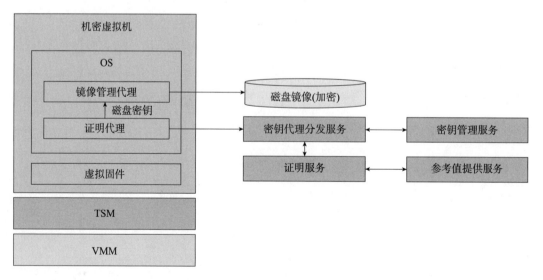

图 7-1　机密虚拟机的背景调查模型及应用场景

这个模型的架构如下：VMM 负责管理整个系统，启动 TSM 和机密虚拟机（Confidential VM，CVM）。机密虚拟机启动的第一个模块是虚拟固件，它负责加载操作系统，之后操作系统运行应用程序。因为要保证机密性，所以应用程序的数据需要以磁盘加密的形式传送给机密虚拟机，那么必定有一个模块需要和外界的密钥管理系统联系，获得磁盘的解密密钥。为了保证安全性，密钥管理系统需要验证请求磁盘密钥的实体，以确保没有把磁盘密钥泄露给恶意攻击者，这就需要对请求磁盘密钥的实体进行证明，保证这个实体是一个已知完好的机密虚拟机。整体过程如下：

1）VMM 启动 TSM 和机密虚拟机。

2）机密虚拟机中的虚拟固件加载操作系统。

3）操作系统中的磁盘镜像管理代理程序（Image Management Agent，IMA）和证明代理程序（Attestation Agent，AA）启动，开始处理加密磁盘镜像。

4）证明代理程序和远端的密钥代理分发服务进行连接，并且提供 TEE 的证明，以表明身份。

5）密钥代理分发服务依赖远端的证明服务（Attestation Service，AS）进行 TEE 实体的远程证明。

6）证明服务程序通过和参考值提供服务（Reference Value Provider Service，RVPS）交流，获取期待的 TEE 实体参考值列表，然后与实际的 TEE 实体参考值进行比较，把结果返回给密钥代理分发服务。

7）如果证明通过，密钥代理分发服务从密钥管理服务（Key Management Service，KMS）那里获得磁盘密钥，返回给 TEE。

8）TEE 的磁盘镜像管理代理程序使用密钥解密磁盘镜像。

9）操作系统开始使用解密过的磁盘镜像数据。

图 7-2 展示的是一个机密虚拟机的护照模型的应用场景。与背景调查模型的区别

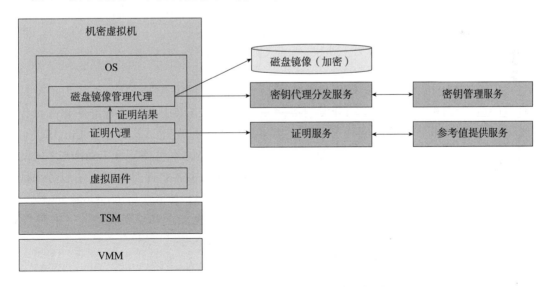

图 7-2　机密虚拟机的护照模型的应用场景

是证明代理程序只负责进行证明，获取一个证明结果令牌，出示给磁盘镜像管理代理程序。后者把证明结果令牌提交给密钥代理分发服务，获取磁盘密钥，解密磁盘镜像。

图 7-3展示的是一个安全飞地的应用场景。

图 7-3   安全飞地的应用场景

安全飞地的架构如下：操作系统需要启动的应用程序在 Enclave中。为了支持未修改的应用程序，降低 TEE的开发门槛，在 Enclave SDK中会提供标准库和库操作系统（LibOS），未修改的应用程序可以直接与 LibOS进行交互，若有需要 LibOS也可以与 OS交互。在 OS中，Enclave SDK提供 Enclave之外的不可信层和 Enclave之内的可信层来负责 Enclave和 OS之间的切换。当然，Enclave也需要通过远程证明服务来证明 Enclave实体的真实性。

胡寅玮、闫守孟和吴源编写的《机密计算：AI数据安全和隐私保护》一书对 SGX Enclave的软件和各类使用场景做了详细的描述，可以参考。

TEE机密计算相关的软件可以分为不同类型，如表 7-1 所示。

表 7-1 TEE机密计算软件的分类

项目	机密虚拟机	安全飞地
TEE 基础架构	虚拟器管理器 虚拟固件 客户机操作系统内核 L1 虚拟器管理器 TEE 安全管理器	库操作系统（LibOS） Enclave 软件栈
TEE 远程证明	vTPM 证明服务、验证服务 参考值提供服务 策略引擎	
TEE 安全通信	基于证明的 TLS 基于证明的 SPDM	
TEE 数据安全	密钥代理分发服务 密钥管理服务 磁盘镜像管理	

7.2 机密虚拟机中的软件

本节将介绍机密虚拟机中支持 TEE 的软件。

7.2.1 虚拟机管理器

虚拟机管理器是机密虚拟机方案中的资源管理器，目前主流的 VMM 都开始支持机密虚拟机，例如，Linux KVM 和 Microsoft Hyper-V。这里不再赘述。

除此之外，一些轻量级的虚拟机也开始支持机密虚拟机，例如：

❑ **云虚拟机管理器**（Cloud Hypervisor）是一个由 Linux Foundation 管理的项目，它是基于 Rust 语言的轻量级虚拟机。云虚拟机管理器的特点是少量模拟设备、快速启动、少量内存使用、支持 Linux 和 Windows 系统，以及采用 x86 和 ARM 架构。

❑ **龙珠虚拟机管理器**（Dragon-ball Hypervisor）是由阿里主导开发的基于 Rust 语言的轻量级虚拟机，原来在龙蜥社区（OpenAnolis），后来贡献到 Kata 容器社区。

7.2.2 虚拟固件

在传统虚拟机架构中，虚拟固件是客户机环境中第一个被启动的模块。机密虚拟机方案采用同样的架构，虚拟固件是 TEE 中的启动模块，它负责给 TEE 建立安全的启动链。目前，TEE的虚拟固件有开源虚拟机固件和TDX Shim固件。

❏ **开源虚拟机固件**（Open Virtual Machine Firmware，OVMF）是 UEFI EDKII开源社区维护的支持 UEFI接口的开源固件。它的特点是：各类 UEFI和 ACPI接口支持完整，支持 Intel TDX和 AMD SEV-SNP，支持普通虚拟机启动、TDX虚拟机启动和 SEV-SNP虚拟机启动的动态切换。

❏ **TDX Shim固件**（TDX Shim Firmware，Td-Shim）是由 Intel主导开发的基于 Rust语言的轻量级虚拟固件，目前已贡献到机密容器（CoCo）社区。它主要支持 Intel TDX，特点是：去除了 UEFI接口的支持，使得虚拟固件更小更快，能够直接启动内核或 TEE负载。

开源虚拟机固件和 TDX Shim固件的对比如表 7-2所示。

表 7-2　开源虚拟机固件和 TDX Shim固件的比较

比较项目	开源虚拟机固件	TDX Shim 固件
使用场景	机密虚拟机，复杂服务 TD	机密容器，简单服务 TD
开发语言	C 语言	Rust 语言
UEFI 支持	有，包括 UEFI 网络、UEFI 文件系统	无
OS 运行时服务	UEFI 运行时	无
设备驱动	Virtio、PCI 设备	无
ACPI 表	全部 ACPI 表，包括 ASL	静态 ACPI 表，例如 MADT
IRQ 信息	通过 ACPI 的 DSDT 表	通过启动参数
内存映射信息	UEFI 内存映射	ACPI E820 表
可信启动	有，RTMR+EventLog	有，RTMR+EventLog
安全启动	可选，UEFI 安全启动	可选，负载签名验证
大小	默认 4MiB	无安全启动：140KiB，全部功能：270KiB

7.2.3　客户机操作系统

如果一个操作系统要用到机密虚拟机方案中，那么这个操作系统需要支持 TEE架构。例如，Linux内核添加了 Intel TDX和 AMD SEV的支持。其他开源操作系统也在考虑加入 TEE的支持，例如：星绽（Asterinas），它是由蚂蚁集团在 2023年公开的基于 Rust语言的安全、快速的通用操作系统内核，提供兼容 Linux ABI。它对于 TDX和 SEV等 TEE的支持也在计划中。

同时，OS Loader也需要支持 UEFI CC度量协议（EFI_CC_MEASUREMENT_

PROTOCOL）来支持内核、initrd和启动参数的度量来建立可信启动链，例如，Grub2
和 Shim。

机密虚拟机方案可以为机密容器方案提供支持，相关的机密容器项目有：

❑ **机密容器**（Confidential Container，CoCo）是由 CoCo开源社区创建的项目，致
力于把 TEE计算用于云端，形成云原生机密计算（Cloud Native Confidential
Computing，CNCC）来保护容器及其数据。CoCo是云原生计算基金会（Cloud
Native Computing Foundation，CNCF）的一个项目，其下有一系列支持机密计
算的子项目。

❑ Constellation是由 Edgeless开发的机密 Kubernetes项目，目的是使用机密计算
技术保护整个 Kubernetes集群。Constellation的安全特性有：工作负载保护、控
制平面保护以及证明和验证。Constellation如图 7-4 所示。Kubernetes的另一种
方案是只把工作节点放入 TEE之中，其他的控制平面等没有保护。

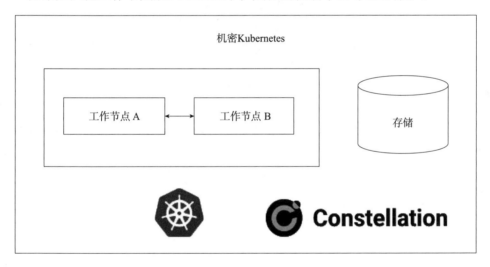

图 7-4　机密 Kubernetes 方案 Constellation

7.2.4　L1-VMM

在虚拟机嵌套方案中，机密虚拟机里有一个 L1-VMM，用于管理机密虚拟机中的
L2-VM，如图 7-5 所示。使用 L1-VMM的一个好处是可以支持未修改的虚拟固件和操
作系统作为 L2-VM，而把支持 TEE的部分局限在 L1-VMM。

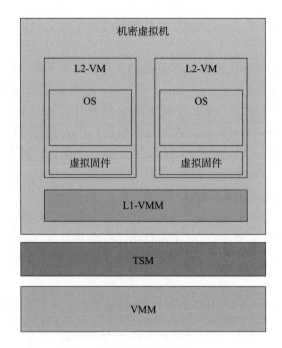

图 7-5　虚拟机嵌套方案

从 TEE 架构上看，Intel TDX 的 TD Partitioning 和 AMD SEV-SNP 的 VMPL 都支持 L1-VMM 方案。软件方面的支持有 COCONUT-SVSM。它是一个由 SUSE 提出的基于 Rust 语言的 SVSM。SVSM 还可以为 L2-VM 提供额外的服务，例如虚拟机迁移以及 vTPM 方案。

7.2.5　TSM

TSM 一般是由 TEE 架构提供者开发，TEE 的使用者不需要二次开发 TSM。下面列出一些典型的 TSM 实现，作为参考：

❏ Intel TDX-Module 是由 Intel 开发的支持 Intel TDX 的 TSM 软件模块。

❏ AMD SEV Firmware 是由 AMD 开发的支持 AMD SEV 系列的 TSM 固件模块。

❏ ARM Trusted Firmware RMM 是由 ARM 可信固件社区开发的，是 ARMv9 CCA 中的 RMM 的参考实现，也是 ARM CCA TSM 的重要组成部分。

❏ RISC-V Salus 是由 RivosInc 开发的，是 RISC-V CoVE 中的 TSM 的参考实现。

Intel 白皮书 "Linux stacks for intel trust domain extension 1.5" 中介绍了 TDX 相关的 Linux 协议栈。

7.3 安全飞地的软件支持

相比刚刚兴起的机密虚拟机，以 Intel SGX为代表的安全飞地是比较成熟的技术，因此各种软件支持比较丰富。

7.3.1 库操作系统

安全飞地给现有应用程序带来的最大的挑战是需要把程序分为可信部分和不可信部分，只有可信部分需要放入 Enclave，不可信部分需要在 Enclave之外配合应用工作。LibOS的出现大大减轻了 Enclave开发者的负担。通过 LibOS，开发人员可以把整个应用程序放入 Enclave中，不再需要分割。

目前，比较著名的 TEE的 LibOS项目有：

❑ Occlum是由蚂蚁集团开发的支持 Intel SGX的 LibOS。它是用 Rust语言编写的，支持多任务，支持只读的哈希文件系统、可读写的加密文件系统以及宿主机不可信文件系统，属于机密计算联盟管理的项目之一。

❑ Gramine是基于石溪大学的 Graphene项目，由 Intel贡献了 SGX相关的代码。它用 C语言编写，可以支持未修改的应用程序在 Enclave中运行。Gramine也是CCC管理的项目之一。

7.3.2 Enclave 软件栈

由于 Enclave的开发比较复杂，各厂商会提供 SDK支持 Enclave/TEE的开发工作。例如：

❑ Open Enclave是由 Microsoft开发的 TEE SDK，属于 CCC管理的项目之一。它采用 C语言编写，使用 Enclave抽象接口，目前支持 Intel SGX和 ARM OPTEE。Open Enclave SDK如图 7-6 所示。

❑ Teaclave是百度公司开发的 TEE SDK，属于 Apache基金会的孵化项目。它采用 Rust语言开发，支持 Intel SGX和 ARM TrustZone。Teaclave Rust SGX SDK的架构如图 7-7 所示。

Enclave也可以作为容器的一部分提供给应用程序。例如 Inclavare，它是由阿里开发的 TEE容器，属于云原生基金会（Cloud Native Computing Foundation，CNCF）的沙箱项目。它使用 Occlum或 Gramine之类的 LibOS，支持 Intel SGX。Inclavare Container的架构如图 7-8 所示。

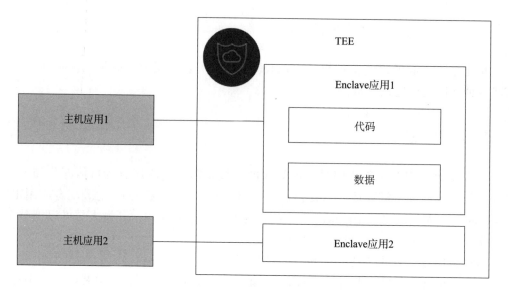

图 7-6   Open Enclave SDK

图 7-7   Teaclave Rust SGX SDK

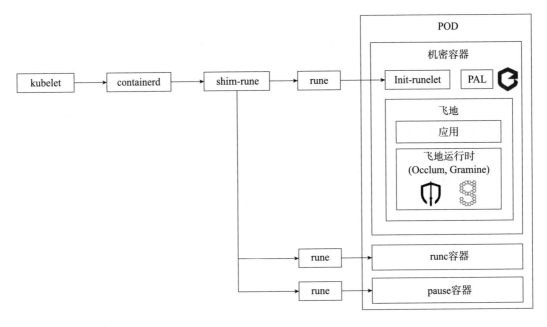

图 7-8 Inclavare Container 架构

除此之外，Enclave还可以作为 TEE平台的一部分。例如 Enarx，它是由 RedHat开发的基于 WebAssembly的 TEE平台抽象，属于 CCC管理的项目之一。它使用 Rust语言编写，支持 Intel SGX和 AMD SEV。图 7-9 展示了 Enarx的架构。

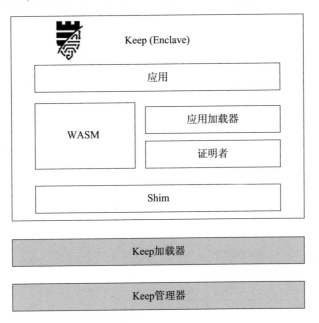

图 7-9 Enarx 的架构

除此之外，蚂蚁集团的开发人员还开发了 HyperEnclave。它是一个开源、跨平台的基于进程的 TEE，不绑定任何硬件 CPU。HyperEnclave的 TCB是一个使用 Rust语言编写的监视器，而它的 Enclave SDK可以提供类似 SGX的抽象软件接口，使得现有的 SGX程序只要做少量修改即可运行。

Amazon的 AWS Nitro Enclave是另一类飞地，它使用 Nitro虚拟机技术为 Amazon的弹性计算云（Elastic Compute Cloud，EC2）实例提供 CPU和内存的隔离。

7.4 TEE 远程证明相关软件

远程证明是 TEE解决方案中必不可少的一部分，本节将介绍支持 TEE远程证明的相关软件。

7.4.1 vTPM

目前，机密计算 TEE硬件设计是基于 CPU架构的，Intel、AMD、ARM和 RISC-V分别推出了各自的机密计算方案，给 TEE远程证明软件带来了挑战。从用户角度来看，当然希望有一款软件可以运行在各种 TEE硬件之上。因此基于 vTPM的 TEE方案备受关注。

在第 6章中介绍了 vTPM。图 7-10 和图 7-11 分别展示了基于 TEE和基于虚拟机嵌套的 vTPM的方案。其中，除了 **vTPM服务**、**TPM驱动**、**TPM应用**之外，还包括 **TPM的远程证明服务**，它和 TEE中的 TPM应用通信，例如获取 TPM的 EK证书来验证 vTPM的真实性，或者获取 TPM Quote来验证 TEE的度量值。

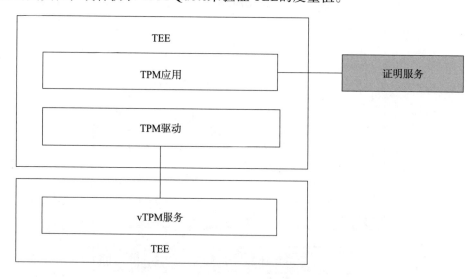

图 7-10　基于 TEE 的 vTPM

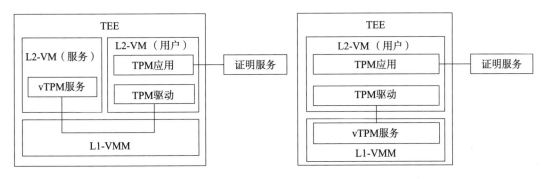

图 7-11　基于虚拟机嵌套的 vTPM

目前，业界支持 TPM 的软件栈较多，常用的 TPM 服务的代码有：

❑ **TPM2.0参考代码**：这是 Microsoft 提供的 TPM2.0规范的 C语言参考代码，是软件 TPM实现的基础。

❑ **Linux软件 TPM（Software TPM，SWTPM）**：这是 IBM 提供的 TPM2.0规范的 C语言参考代码，运行在 Linux系统上。

关于 TEE 的 vTPM 方案有以下几种：

❑ **基于 TD的 vTPM**是 Intel提供的基于 TDX 的 vTPM方案，它的架构和图 7-10类似。

❑ **基于 SVSM的 vTPM**和 Coconut-SVSM的 vTPM是基于 AMD SEV-SVSM或者 Intel TD Partitioning的 vTPM方案。它的架构和图 7-11类似。Microsoft在 Azure机密虚拟机中的 vTPM就使用了这种方式。

❑ **Inclavare机密 vTPM**是阿里提供的基于 TEE 的 vTPM方案。

在应用方面，TPM 的支持有以下几种：

❑ **TPM2软件栈（TPM Software Stack，TSS）**是 TPM2软件社区提供的 C语言软件栈，包括 TPM命令传输接口（TPM Command Transmission Interface，TCTI）、系统级别 API（System Level API，SAPI）、增强系统级别 API（Enhanced System Level API，ESAPI）和功能级别 API（Feature Level API，FAPI）。图 7-12展示了 TPM2软件栈的架构。另外，TPM2软件社区提供了一系列基于 TPM2软件栈的 TPM2命令行工具以供使用。

❑ **Linux完整性度量架构（Integrity Measurement Architecture，IMA）**是 Linux操作系统中内核完整性子系统的一部分。IMA负责收集文件哈希度量到 TPM PCR，支持本地或远程程序验证这些度量值，是典型的 TPM的应用。它的架构如图 7-13所示。

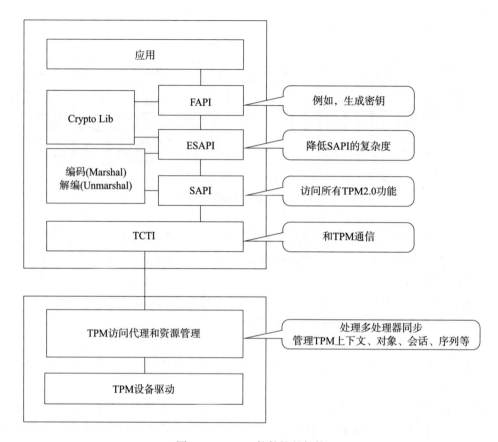

图 7-12　TPM2 软件栈的架构

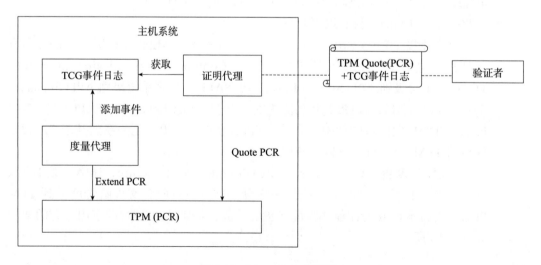

图 7-13　Linux IMA 的架构

❑ Keylime是一个 CNCF项目，提供了基于 TPM2.0的远程证明和完整性度量方案。Keylime使用 Rust语言开发，图 7-14 展示了它的架构。其中，主要模块有 Keylime代理、Keylime验证者和 Keylime注册者。Keylime注册者负责维护所有注册的 TPM公钥。在运行时，主机端的 Keylime代理收集主机端的 TPM信息，以及 PCR信息和TCG日志，交给远程的 Keylime验证者进行验证。

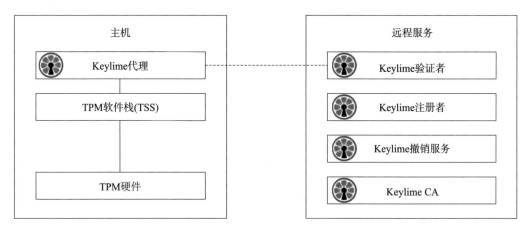

图 7-14　Keylime 的架构

❑ go-tpm-tools是一个 Google提供的 TPM应用层库，使用 Go语言开发。它不仅支持 TPM证明，还支持 TDX或 SEV等机密虚拟机中的证明。

7.4.2　证明和验证服务的软件

在证明和验证服务方面，常用的软件有以下几种：

❑ Intel数据中心证明原语（Data Center Attestation Primitive，DCAP）提供 Intel机密计算方案 SGX和 TDX的证明功能的库函数，包括 SGX Quote和 TD Quote生成与验证。另外，Intel可信服务（api.portal. trustedservices.intel.com）提供了Intel TCB的参考值，包含 CPU Microcode、TDX Module、Quoting Enclave的参考值或 SVN。

❑ 机密计算可信 API是 2023年底提交到 CCC的项目，目的是对机密计算提供基于TPM的证明和基于 CC原生度量寄存器的证明的抽象。图 7-15 展示了 CC可信API架构，底层使用了 vTPM和 TDX作为例子。

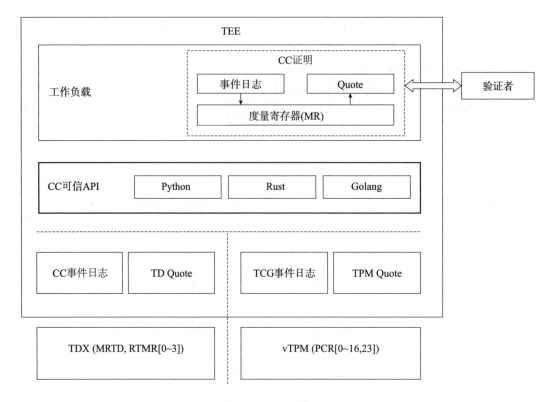

图 7-15　CC 可信 API

❑ **Constellation容器项目**提供了容器的证明。Constellation使用机密虚拟机的 vTPM进行远程证明，其中 vTPM PCR的使用遵循 Linux UAPI的定义。Constellation支持的机密虚拟机有 Microsoft Azure、Google云平台（Google Cloud Platform，GCP）和 Amazon网络服务（Amazon Web Service，AWS）。

❑ **Veraison项目**是一系列用于远程证明验证的工具和函数库的集合，属于 CCC 管理项目之一。图 7-16 展示了 Veraison项目的相关模块，它的架构与 IETF RFC9334对应。包括 3个部分：1）部署（Provisioning）：提供基于 CoRIM格式的背书和可信锚，2）验证：对证据进行验证，提供基于 EAR格式的证明结果，3）策略：使用基于 OPA Rego语言的策略进行验证。

❑ **in-toto项目**是提供通用软件供应链完整性的软件框架。图 7-17 展示了 in-toto的工作流。上半部分的步骤中，包括由工作人员完成的编写和打包，以及由用户完成的解包。在下半部分，link指的是上半部分中模块的元数据，可以用来验证功能模块。

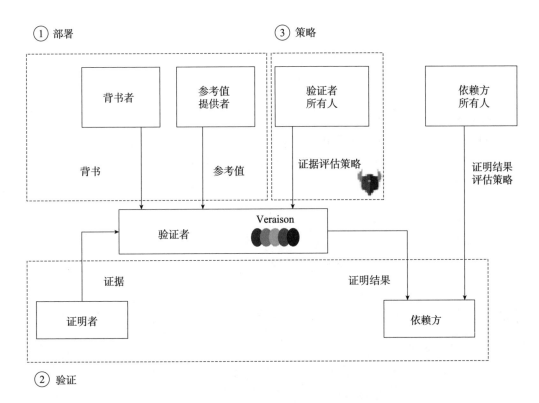

图 7-16　Veraison 架构

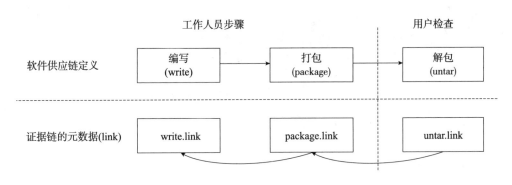

图 7-17　in-toto 工作流

7.4.3   策略引擎的相关软件

验证者有了运行时的证据数据和期待中的参考数据之后，便可以对它们进行比较。使用策略引擎的好处是可以支持除了相等之外的其他策略，如，大于等于、在某范围之内，等等。

策略引擎方面的软件有：

❑ **开发策略代理（Open Policy Agent，OPA）**是一个开源通用策略引擎，可以被广泛地运用在云计算的各个模块中，例如微服务、Kubernetes、CI/CD流水线、API网关等。OPA属于CNCF毕业项目，OPA在云计算中的使用如图7-18所示。

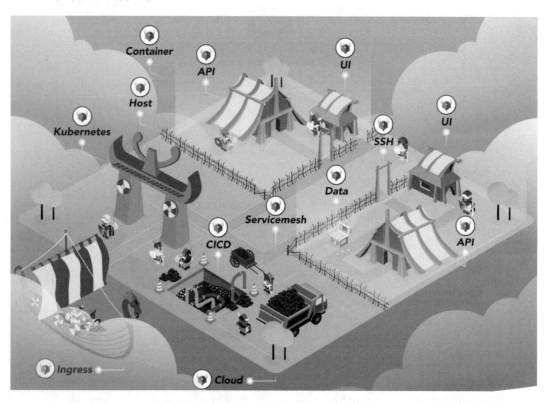

图 7-18   OPA 在云计算中的使用

图7-19展示了OPA的流程。OPA本身使用Go语言开发，用户使用Rego语言来编写策略，并且使用JSON格式数据来描述策略数据。

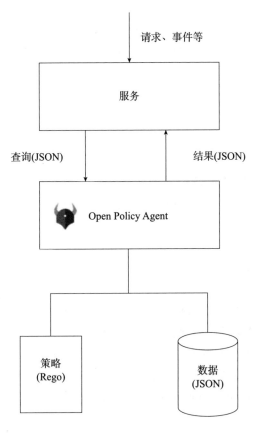

图 7-19 OPA 流程

7.5 TEE 安全通信

TEE的作用是保证数据的机密性和完整性。一般来说，在远程证明之后，客户就可以把机密数据传送到 TEE中，而在传输过程中，数据一定要被加密，以保证传输中的数据安全。对于少量的数据，可以直接使用一个已知的认证密钥交换协议来进行传输；而对于大量数据，一个通常的做法是先对数据进行加密，然后在运行时使用认证安全协议来传输一个数据密钥。目前，业界公认的常用认证密钥交换协议有网络的 TLS和平台模块间的 SPDM。

1. RA-TLS协议

在第 5章中我们介绍过远程证明 TLS（RA-TLS）。目前，许多 TEE项目都有 RA-TLS的支持，例如 Gramine、OpenEnclave和 Inclavare等。

2. RA–SPDM协议

SPDM是和TLS类似的平台间通信协议，一般用于TEE和设备之间的通信，我们将在第三部分介绍。但是，SPDM协议比较简洁，它也可以用于TEE间的通信。目前，基于TD的vTPM项目使用RA-SPDM在vTPM和TEE直接建立安全连接。

7.6　TEE 数据安全

在TEE服务端，使用认证密钥交换协议和TEE建立安全连接，验证过TEE之后，服务端便可以传送密钥给TEE，使TEE可以解密传送给TEE的加密磁盘数据，如图7-1的场景所示。

7.6.1　密钥代理分发服务

在磁盘机密场景，TEE需要调用密钥代理分发服务获取解密密钥。

机密容器（CoCo）项目中提供了CC**密钥代理分发服务**（Key Broker Service，KBS）的实现，它调用证明服务（AS）和证明代理（AA）通信并进行验证，通过后返回注册的密钥。它的架构可参考图 7-1或图 7-2。RedHat的机密计算系列文档"Confidential computing from root of trust to actual trust"也详细解释了证明和密钥分发服务的交互过程。

7.6.2　镜像管理代理

TEE获得密钥后就有能力解密镜像文件。**机密容器**（CoCo）项目中提供了CC**镜像管理代理**的实现。

需要注意的是，加密的镜像文件需要一种机制来提供机密性和完整性保护，例如dm-crypt和dm-integrity。图 7-20 展示了机密容器项目中的安全容器镜像设计。首先，容器镜像所有者拥有私钥、公钥和所有者对称加密密钥。然后，执行以下步骤。

1）动态生成随机对称加密密钥。

2）使用随机加密密钥加密容器镜像层文件。

3）使用用户加密密钥机密随机对称加密密钥成为包装密钥。

4）把封装密钥和容器镜像清单拼成新的清单，然后用私钥签名。

这些步骤和对应的验证解密工作都可以使用CC的OCI密码（OCI-Crypt）项目完成。

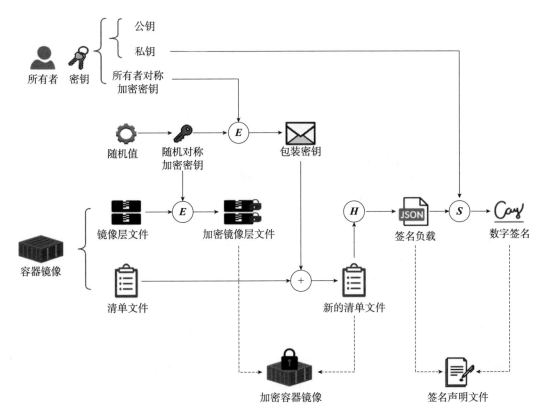

图 7-20 机密容器镜像安全设计

第 8 章

TEE 的攻击与防范

在第 7 章中，介绍了 TEE的软件 SDK。在本章中，将介绍 TEE的攻击与防范。

8.1 攻击方法

TEE和 TSM的安全需求和普通程序的不同之处在于机密性和完整性，这也是攻击的重点。在第 3 章中，我们介绍了机密计算的安全模型和威胁模型，这一节将总结攻击的各种方法。

8.1.1 攻击软件

如果 TEE和 TSM有软件实现，那么攻击者就可能使用通用的软件攻击方法进行破坏。常见的一种攻击方法就是利用缓冲区溢出攻击获得系统访问权限，然后读取机密信息或者篡夺代码数据等。例如，心脏出血（Heartbleed）攻击就是利用边界检查缺乏导致的缓冲区溢出，字符串出血（StringBleed）涉及协议 SNMP的身份验证以及访问控制问题，SMB出血（SMBleed）利用了 Windows系统 SMB协议解压缩函数的内存泄漏漏洞，iOL出血（iOLBleed）利用的是把 iOL固件降级为有安全漏洞的版本再进行攻击的缺陷。已经有很多书籍对此类攻击进行过介绍，如 Hoglund和 McGraw编写的《软件剖析：代码攻防之道》、Erickson编写的《黑客之道：漏洞发掘的艺术》以及段钢编写的《加密与解密》等，这里不再赘述。

8.1.2 攻击密码算法和协议

TEE和 TSM通常需要选择密码算法来提供保护，例如数字签名或加密算法。TEE

和 TSM也需要实现密码学协议以提供一些功能，如远程证明功能或建立安全会话。因此，攻击者通常会攻击密码算法和协议，以及密码实现。业界已经对密码应用的脆弱实现做出了很好的总结，读者可参考相关文献 [⊖]。

1.密码算法和协议标准

在本书中，我们不会详细介绍密码算法和协议本身的问题，这部分的工作留给密码分析专家。这里重点讨论密码算法和协议在应用中的脆弱点，攻击者经常针对这些脆弱点进行攻击。

❑ **使用非标准的算法和协议**。非标准的算法和协议往往没有经过严格的专家评审和测试，极有可能存在未知的安全隐患。除非设计者是密码学专家，否则最好使用 NIST定义和 NSA推荐的 RSA、ECC、DH、AES、SHA、抗量子密码（Post Quantum Cryptography，PQC）算法，以及我国推广的国际标准 SM3、SM2、SM4等算法。

❑ **过早使用评审中或草稿版的算法和协议**。处于评审中或仍为草稿版的算法和协议意味着专家评审和测试还没有结束，许多安全问题就是在评审过程中发现的。而评审过程需要几年的时间，建议耐心地等待评审和测试通过后再使用。

❑ **使用过时的或有已知漏洞的标准算法和协议**。这些算法包括 MD5、SHA1、DES等，协议包括 TLS1.0/1.1等，这些过时的或存在已知漏洞的算法和协议存在安全风险，都应该禁用。

❑ **支持协商或使用过时的算法 /协议**。TLS在协商中可以使用低版本的协议，而 TPM2.0规范支持使用过时的 SHA1算法来满足过渡期的需求。这些行为会给项目带来安全隐患，在项目配置中都应该被禁止。例如，贵宾犬（POODLE）攻击就是针对此类漏洞的。

❑ **错误地使用标准算法的模式**。加密算法还可能有不同的模式，这会造成一定的风险。例如，使用 ECB模式可能会暴露图像的明文信息，因此应该禁用 ECB模式。

❑ **使用过短的密钥**。通常，密码算法会支持不同的密钥长度，以满足不同安全强度。比如，常见的 128比特、192比特或 256比特安全强度等。现代密码学常用算法的安全强度如表 8-1 所示。使用过短的密钥意味着安全强度不够，如果攻击者有足够的计算资源就有可能攻破系统。RSA-1024就是这种情况的例子。需要注意的是，密码安全强度会随着攻击方法的改变而降低。例如，随着量子计算的发展，常用的非对称密码的安全强度已经降为 0，而对称密码的安全强度

⊖　例如，"Top 10 developer crypto mistakes" "The many many ways that cryptographic software can fail" 以及 "Five encryption errors developers keep making"。

也已经减半，如表 8-2 所示。NIST开始定义抗量子密码算法，它的安全强度如表 8-3 所示。

表 8-1　现代密码的安全强度

安全强度（比特）	112	128	192	256
抗碰撞性 SHA	—	SHA-256	SHA-384	SHA-512
抗预映射性 / 抗原像性 HMAC	—	SHA1	—	SHA-256
加密 AES	—	AES-128	—	AES-256
有限域 DHE	DH-2048	DH-3072	DH-7680	DH-15360
整数因式分解 RSA	RSA-2048	RSA-3072	RSA-7680	RSA-15360
椭圆曲线 ECDH，ECDSA	—	ECC-256	ECC-384	ECC-521

表 8-2　量子计算中的现代密码安全强度

安全强度（比特）	0（无安全性）	64	128
抗碰撞性 SHA	—	SHA-256	SHA-512
抗预映射性 / 抗原像性 HMAC	—	—	SHA-256
加密 AES	—	AES-128	AES-256
有限域 DHE	DH-*	—	—
整数因式分解 RSA	RSA-*	—	—
椭圆曲线 ECDH，ECDSA	ECC-*	—	—

表 8-3　抗量子密码的安全强度

安全强度（比特）	128	192	256
模格密钥封装机制 ML-KEM	ML-KEM-512	ML-KEM-768	ML-KEM-1024
模格数字签名 ML-DSA	ML-DSA-44	ML-DSA-65	ML-DSA-87
无状态基于哈希数字签名 SLH-DSA	SLH-DSA-[SHA2|SHAKE]-128[s|f]	SLH-DSA-[SHA2|SHAKE]-192[s|f]	SLH-DSA-[SHA2|SHAKE]-256[s|f]
有状态基于哈希数字签名 LMS	—	LMS_[SHA256|SHAKE]_M24	LMS_[SHA256|SHAKE]_M32
有状态基于哈希数字签名 XMSS	—	XMSS_[SHA2|SHAKE256]_192	XMSS_[SHA2|SHAKE256]_256

- **使用过短的 MAC标签**。AEAD算法是一类同时支持机密性和完整性的加密算法。有的 AEAD算法支持调用者指定 MAC标签的长度，如 AES-GCM。通常会使用128比特的 AEAD算法，有时 96比特也够了，但小于 64比特会被认为是不安全的。

- **使用不同长度的初始向量**。AES-GCM支持调用者输入不同长度的初始向量。但是，只有 96比特的初始向量是推荐使用的，其他长度的初始向量都需要额外的操作，存在安全隐患。

- **错误的假设算法的功能**。使用者需要理解的是，普通的加密模式不能提供完整性，只有 AEAD能够同时提供机密性和完整性。例如，AES-CBC和 AES-XTS都没有完整性保护，只有 AES-GCM和 AES-CCM可以提供完整性。使用哈希或数字签名不能提供机密性，因为处理过的消息还是明文。单纯使用哈希不能提供完整性，因为攻击者可以计算出哈希。MAC不能提供不可否认性，因为双方都拥有 MAC密钥。

- **自由组合各类算法**。如果使用者同时需要机密性和完整性，能不能自由选择一个加密算法和一个 MAC算法，然后把它们组合起来使用呢？例如，加密和MAC（E&M）、MAC再加密（MtE）或加密再 MAC（EtM）。E&M模式下，加密和 MAC单独对明文进行操作，生成密文和 MAC标签，即 Message->Enc（Message）|| Mac（Message）。但是，MAC标签不提供机密性保护，可能会暴露消息内容。MtE模式下，先对消息进行 MAC操作，然后加密消息和 MAC，即 Message->Enc（Message || Mac（Message））。但是，MAC标签可能会提供特殊的性质，给攻击者提供密文攻击的机会，MtE模式存在着潜在的风险，安全性完全取决于机密算法模式和 MAC算法的选择。EtM模式下，先对消息进行加密操作，然后 MAC加密消息的消息，即 Message->Enc（Message）|| Mac（Enc（Message）），只有这种模式是安全的。所以，通常用户不要自己组合，而是使用已有的 AEAD算法。

注意　除了安全强度，NIST还定义了安全类别（Security Category），如表 8-4 所示。FIPS-140-2 Security Requirements for Cryptographic Modules中定义的安全等级（Security Level）描述了密码模块实现的不同需求，如表 8-5 所示。

表 8-4　NIST安全类别

安全类别	抵御攻击类型	示例
1	128 位块加密的密钥搜索	AES-128
2	256 位哈希碰撞	SHA3-256
3	192 位块加密的密钥搜索	AES-192

（续）

安全类别	抵御攻击类型	示例
4	384 位哈希碰撞	SHA3-384
5	256 位块加密的密钥搜索	AES-256

表 8-5   FIPS-140-2安全等级

密码模块安全需求	等级 1	等级 2	等级 3	等级 4
产品级别模块	√	√	√	√
检测入侵	—	√	√	√
抵御入侵	—	—	√	√
检测到入侵时，密钥自动清零	—	—	—	√

2. 密码实现

关于密码实现的脆弱点，总结如下：

❑ **没有使用专业的密码库**。除非用户是密码专家，否则建议采用业界已有的密码库。实现一个能正确加解密的密码库不难，难点在于理解怎样安全地实现才能避免典型的软件安全漏洞，包括缓冲区溢出漏洞（如心脏出血攻击）以及各种侧信道漏洞，如 Kocher攻击、Lenstra攻击、Bleichenbacher攻击、Manager攻击、Bellcore攻击、Bernstein攻击、幸运 13攻击、LadderLeak攻击、浣熊（Raccoon）攻击等。目前，业界有名的密码库有 OpenSSL、MbedTLS以及 Tongsuo等。需要注意的是，使用密码库不代表可以直接使用，一定要了解密码库有没有第三方评审记录、安全问题报告机制，以及安全通报记录等专业的安全处理手段。

❑ **没有及时更新有漏洞的密码库**。即使是专业的密码库也不代表没有安全问题，所以一旦密码库进行了安全更新，就要第一时间检查前一个版本的问题对于应用有没有影响，并且最好及时更新到最新版本。有漏洞的旧版本密码库对于黑客来说就是宝藏。

❑ **密钥以及敏感信息使用之后没有清除**。对称密码学的密钥、非对称密码学的私钥和口令等敏感信息在使用后要从内存中清除，还要及时清除全局变量、堆和栈，以及曾经复制过的数据等。否则，攻击者利用缓冲区溢出就可以获得这些信息。

❑ **没有使用安全的清零函数**（zero_mem）。密钥和敏感信息清除依赖于清零函数。但是，在函数的末尾调用普通清零函数可能会被编译器优化，所以需要使用已知的安全清零函数，如 memset_s（ ）、SecureZeroMem（ ）或 explicit_bzero（ ）等。

- **代码中硬编码密钥或口令**。这种情况现在已经很罕见了，但是依然存在这种可能。同时，代码可能使用别的方法（例如混淆）来进行掩盖。从密码学角度，这样做没有任何益处，因为使用静态或动态分析就有可能恢复秘密。

- **错误的密码存储**。用户名和密码通常作为登录的凭证一起存储，但是明文存储密码是不安全的，很容易被攻击者获得。应对密码进行哈希后再存储。而且，简单的哈希也是不够的，因为会导致彩虹表攻击（Rainbow Table Attack）。密码存储需要遵循目前的最佳实践 ⊖。

- **不安全的私钥存储和使用**。公钥系统中的私钥需要保密，私钥存储在不安全的地点就会存在泄露的风险。另外，就算私钥存储在安全地点提供服务功能，也需要使用访问控制来避免混淆代理攻击（Confused Deputy Attack），例如申请签名的实体必须经过验证。私钥使用和存储需要遵守业界的最佳实践 ⊖。

- **不安全的对称密钥存储和使用**。对称密钥系统中的密钥存储非常重要。例如，在针对 FPGA 的星星出血攻击中，攻击者可以提取 MAC 密钥就是因为 MAC 密钥的明文被放在了 FPGA Bitstream 数据中，一旦明文被破解，MAC 密钥也就暴露了。这是典型的破解一次随处运行的设计缺陷，危害极大，一定要避免此类隐患。

- **密钥重用**。每一个密钥应该完成且只完成一个目的。例如，在消息交换中，发送和接收时应该使用不同的密钥；如果同时进行加密和 MAC，加密密钥和 MAC 密钥应该不同；在公钥系统中，签名和加密应该使用不同的密钥对。

- **使用非密码学随机函数**。非密码学的随机函数达不到密码学标准，应该在密码学应用中禁用。例如，C 标准库的 rand 函数每次的输出都一样，属于非密码学随机函数。

- **随机数的熵值不够**。加密密文是否安全取决于密钥的选择，而密钥的选择往往需要均匀分布（Uniform Distribution）。由于用户密码的选择是有限的非均匀分布，如果直接把用户密码作为密钥，会大大降低密钥空间，使得暴力破解密码更加容易，这是大忌。如果一定要使用用户密码来导出密钥，那么最好使用标准的 PBKDF2 函数。

- **随机数的种子不随机**。随机数的生成往往需要一个种子和伪随机函数，通过种子来衍生出后续的随机值。种子必须是不可预测的，如果种子在一定范围之内，那么随机性会大大降低。例如，如果把系统启动的时间戳或 CPU 运行的时间戳计数器作为种子，那么这个值一定在某个可预测的区间之内。

⊖ 如 NIST SP 800-63B digital identity guidelines: authentication and lifecycle management 以及 OWASP 的 Password storage cheat sheet 等。

⊖ 如 NCSC 的 Design and build a privately hosted public key infrastructure 以及 SSLDragon 的 Best practice to store the private key 等。

❑ **错误地使用随机数**。随机数的误用对于某些算法来说是致命的，最经典的例子当属 Sony PS3 Epic Fail 的随机数事件。在这个例子中，在一个本该用随机数的位置，函数永远返回固定值 4，最后导致 ECDSA 私钥被破解，攻击者就可以自由合成有效签名。LadderLeak 攻击也是利用了 ECDSA 对随机数的需求。在每个密码算法中，使用者需要理解种子、真随机、伪随机、均匀随机、一次性临时值（Nonce）、计数器、初始向量（IV）等对于随机性的不同要求，以及对于机密性和完整性的要求。

8.1.3　侧信道与故障注入攻击

侧信道攻击（Side Channel Attack，SCA）是指使用非正常途径获取信息。有一个智力题：在一个密闭的房间里有三个灯泡，房间外有三个开关，一个开关控制一个灯泡。房间只有一扇门，没有窗，墙壁不透明，不开门的话，外面的人看不到房间内部的信息。那么如何在只进房间一次的情况下判断哪个开关控制哪个灯泡？如果只靠灯泡的明暗，那么从数学上来看这是无解的。依据生活经验，答案是：首先打开第一个开关 5~10 分钟，然后关闭第一个开关，同时打开第二个开关；然后，立刻进入房间，用手摸不亮的灯泡。如果灯泡热，那么这个灯泡就是第一个打开的灯泡。也就是说，热的不亮的灯泡由第一个开关控制，亮的灯泡由第二个开关控制，剩下的灯泡由第三个开关控制。这个例子中，灯泡发出的热量就是侧信道信息。

我们在电影中经常看到的用听诊器贴着保险箱来开锁的情节，这也是侧信道的例子。事实上，早在第二次世界大战时期，研究人员就开始侧信道的探索。例如，NSA的"Tempest, a Signal Problem"文件中揭秘，1943 年，美国贝尔实验室的记录显示：系统激活时，实验室的示波器会显示尖峰，此现象可以用来恢复出明文数据；Wright 在《Spy Catcher》一书中描述过，1965 年，英国情报部门通过窃听机密系统的齿轮复位的声音来判断初始位置，用于解密。

侧信道攻击可以分为被动攻击和主动攻击两种。其中，被动攻击大多是通过获取物理系统的额外信息来实施；而主动攻击大多为故障注入（Fault Injection，FI），即通过物理手段对系统产生干扰，影响系统行为。Zhou 和 Feng 在 2005 年发表的"Side-channel attacks: ten years after its publication and the impacts on cryptographic module security testing"和 Boone 在 2021 年发表的"An introduction to fault injection"系列文章都做了不错的介绍。图 8-1 显示了传统的攻击模式。图 8-2 显示了侧信道攻击模式，目的是获取额外的信息，包括代码执行流程、内存数据值、密钥的某些比特位。图 8-3 显示了故障注入攻击模式，它通过翻转一个或少量内存比特，就可以达到跳过指令、数据读取出错、指令预取或解码出错、数据回写出错的目的。

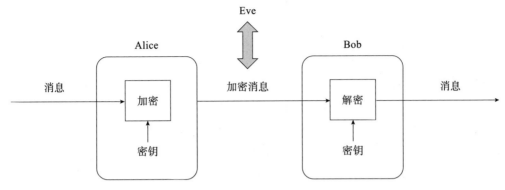

图 8-1　传统攻击模式

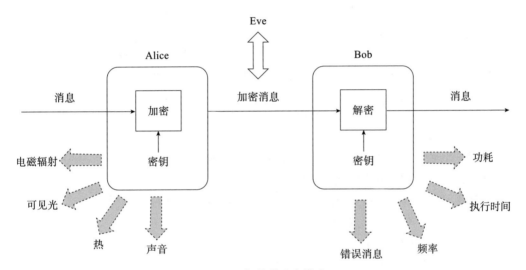

图 8-2　侧信道攻击模式

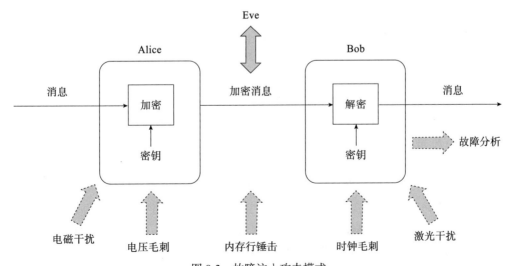

图 8-3　故障注入攻击模式

侧信道是 TEE 攻击的一种常用手段，为了构建一个安全的 TEE，架构师和开发者需要充分理解侧信道的攻击与防范过程。

1.传统侧信道攻击

常用的侧信道攻击手段有如下几种：

❑ 错误信息侧信道攻击：根据软件的错误响应代码获得额外信息，进而发起攻击。

❑ 时长侧信道攻击：根据软件的响应时间获得额外信息，进而发起攻击。

❑ 缓存侧信道攻击：利用缓存的命中和缺失的时间差获得额外信息，进而发起攻击。例如，经典的填充 +探查（Prime+Probe）、清除 +重载（Flush+Reload）以及新出现的缓存出血（Cachebleed）、TLB出血（TLBleed）和剧透（Spoiler）攻击等。

硬件侧信道攻击方法有如下几种：

❑ 功耗分析（Power Analysis，PA）：根据硬件在计算时产生的功耗获得额外信息。

❑ 电磁分析（Electromagnetic Analysis，EMA）：根据硬件在计算时产生的电磁辐射获得额外信息。

❑ 其他：如利用光、声、热等侧信道，这些情况较为少见。

硬件故障注入方法有如下几种：

❑ 电压毛刺：向元器件突然输入过高或过低电压。

❑ 时钟毛刺：向设备发送故障时钟信号。

❑ 电磁干扰（Electromagnetic Interference，EMI）：使用电磁辐射进行干扰。

❑ 激光干扰：使用激光束照射特定区域。

侧信道攻击的历史悠久，大多是针对整个系统密码学的攻击，目的是恢复密钥。郭世泽、王韬和赵新杰编写的《密码旁路分析：原理与方法》和 Joye和 Tunstall 编写的《密码故障分析与防护》两本书对密码学做了详细介绍。Ge等在 2016年发表的 "A survey of microarchitectural timing attacks and countermeasures on contemporary hardware" 中对硬件微架构的时长侧信道攻击与防范做了综述。

为了帮助大家理解 CPU微架构侧信道，我们介绍两种经典的缓存侧信道攻击。

（1）填充 +探查

为了提高性能，现代计算机系统都支持内部缓存，即静态 RAM。当 CPU需要访问内存，即动态 RAM时，CPU会优先查询缓存中是否有相关内容，如果有，就直接使用（即缓存命中）；如果没有，才会访问内存（即缓存缺失）。在缓存缺失的情况下，CPU会把内存中的内容放到缓存，以备下次使用。

缓存和内存有多种对应关系，图8-4 显示了现代 CPU常用的组相关缓存组织方式。每个内存行对应一个缓存组，每个缓存组中有若干个缓存路，一个缓存路中的内容就是一个缓存行。缓存的替换是以一个缓存行为单位进行的。由于内存的数量远多于缓存，因此当需要存入新的缓存行时，CPU要对缓存行进行替换。

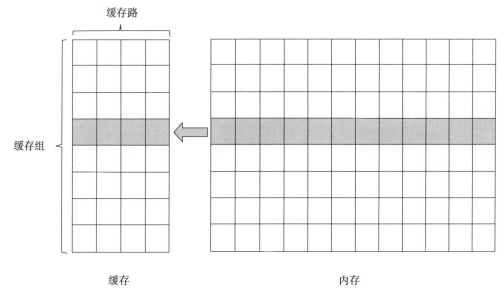

图 8-4　组相关缓存的组织方式

　　填充 +探查攻击是攻击者进程和受害者进程访问同一个缓存组，从而获取受害者进程访问了哪块内存的信息。攻击过程如下：

❏ 填充阶段：攻击者进程向目标缓存组内的所有缓存路填充数据，如图 8-5 所示。

❏ 空闲阶段：攻击者进程等待受害者进程访问内存，替换缓存行。

❏ 探查阶段：攻击者进程访问目标缓存组内的所有缓存路，根据时间差便可以得知受害者进程访问的缓存行在哪里，进而推测出受害者进程访问了哪块内存，如图 8-6 所示。

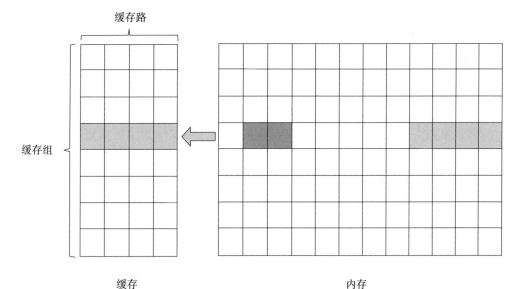

图 8-5　填充 + 探查攻击：填充阶段

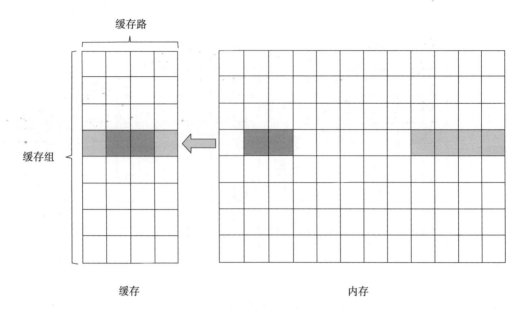

图 8-6　填充 + 探查攻击：探查阶段

填充 + 探查攻击可以用于判断对全局数据段查找表（Lookup Table）的访问，例如 AES的查找表，从而推导出密钥信息。

（2）清除 + 重载

清除 + 重载攻击与填充 + 探查攻击的目标相同，都是要查明受害者进程访问了哪块内存。但是，它们使用的方法相反，清除 + 重载攻击不是预先填充缓存而是预先清除缓存。它需要攻击者和受害者进程之间存在共享页。清除 + 重载的攻击过程如下：

❑ 清除阶段：攻击者进程清除共享内存目标缓存组内的所有缓存路，例如使用 CFLUSH指令进行清除，如图 8-7 所示。

❑ 空闲阶段：攻击者进程等待受害者进程访问内存，填充缓存行。

❑ 重载阶段：攻击者进程访问共享内存目标缓存组内的所有缓存路，曾经访问过的共享内存会很快响应。攻击者根据时间差便可以得知受害者进程的缓存行在哪里，进而推断出受害者进程访问了哪块内存，如图 8-8所示。

清除 + 重载攻击可以用来判断共享代码中的执行访问，例如密码学中的平方 – 乘积（Square-and-Multiply）形式的指数计算函数，从而推导出密钥信息。

2. CPU微架构侧信道

自从幽灵（Spectre）和熔断（Meltdown）两种攻击方式被发现后，业界开始了针对 CPU微架构侧信道的研究。CPU微架构侧信道的攻击包括僵尸载入（ZombieLoad）、

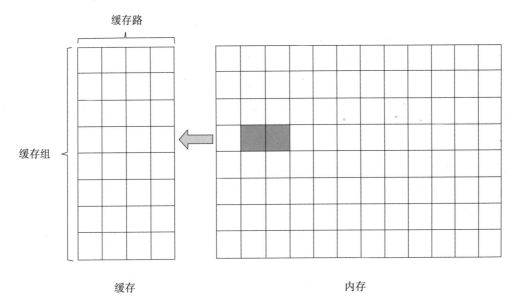

图 8-7　清除 + 重载攻击：清除阶段

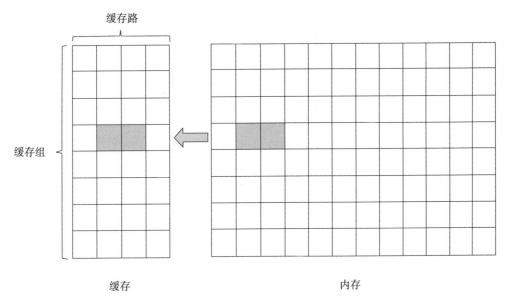

图 8-8　清除 + 重载攻击：重载阶段

恶意飞行中数据载入（Rogue In-Flight Data Load，RIDL）、辐射（Fallout）等微架构数据采样（Microarchitectural Data Sampling，MDS）类攻击，浮点值注入（Floating Point Value Injection，PFVI）和推测代码存储旁路（Speculative Code Store Bypass，SCSB）

等愤怒反抗机器清除（Rage Against the Machine Clear）攻击，预兆（Foreshadow）、加载值注入（Load Value Injection，LVI）、串话（Crosstalk）、返回出血（Ret Bleed）、缓存逐出（Cacheout）、SGAxe，以及毁灭（Downfall）、开端（Inception）和幻影（Phantom）等微架构推测执行漏洞类攻击，缓存扭曲（Cache Warp）故障注入攻击，鸭嘴兽（Platypus）攻击、赫兹出血（Hertz Bleed）、碰撞功耗（Collide Power）、ÆPIC泄露（ÆPIC Leak）、SEV-SNP密文泄露（Cipher Leaks）、GPU压缩（GPU.zip）等类型的攻击。

为了提高运行效率，现代处理器引入了各种优化功能，例如推测执行（Speculative Execution）、分支预测（Branch Prediction）、乱序执行（Out-of-order Execution），而这些功能正是CPU微架构侧信道攻击的源头。Canella等把它们统称为瞬态执行（Transient Execution），并在" A systematic evaluation of transient execution attacks and defenses"和" The evolution of transient: execution attacks"两篇文章中对各类攻击做了总结，Intel也在文章" Refined speculative execution terminology"中对各类瞬态执行攻击做了总结。瞬态执行攻击种类多样，可以根据控制类推测和数据类推测以及数据泄露和数据注入进行分类，可以根据漏洞原因分类的，也可以根据影响的安全域分类。表8-6展示了常用的瞬态执行攻击分类方法。

表 8-6   瞬态执行攻击的分类方法

方法	泄露	注入
控制类推测	Branch Scope、Bluethunder Branch Shadow	Spectre 类攻击： Spectre-BCB、Spectre-BTI Spectre-RSB（Ret Bleed） BHI、Spectre-SSB、SCSB
数据类推测	Meltdown 类攻击： Meltdown、Foreshadow、LazyFP MDS 子类： Fallout、Zombieload、RIDL	LVI 类攻击： LVI FPVI

Canella等在" The evolution of transient-execution attacks"中总结了瞬态攻击的6阶段攻击模式，如图8-9所示。

① 前序阶段。首先，攻击者准备把微架构变成可以执行瞬态攻击的状态；其次，攻击者准备微架构的秘密数据传输通道。

② 触发指令阶段。攻击者触发瞬态执行指令。Spectre类攻击是分支预测执行方式，Meltdown类和LVI类攻击可以触发异常。

③ 瞬态访问秘密阶段。瞬态执行通常会访问秘密数据，并把数据放到域下通道，例如缓存或各类缓冲器。

④传输秘密阶段。攻击者对数据进行编码并且放入微架构，大多数情况下是 CPU 缓存。例如，攻击者把秘密数据作为索引访问缓存，那么缓存中的数据就是编码数据。

⑤修补阶段。这时 CPU 意识到了预测失误或者异常触发，于是 CPU 架构开始清除流水线，执行正确的指令。例如，在 Spectre 下，CPU 执行正确分支；在 Meltdown 下，执行异常处理程序。然而，攻击者获得的编码数据已经存放在微架构中。

⑥秘密恢复阶段。攻击者从微架构中获取编码数据，进行解密。例如，利用缓存清除 + 重载获得秘密数据。

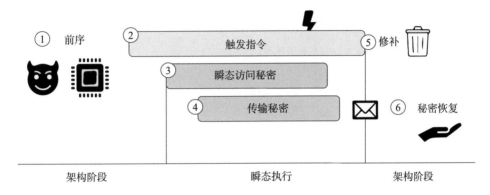

图 8-9　瞬态攻击的 6 阶段攻击模式

（1）Spectre 类攻击——推测执行失误

Spectre 类攻击利用推测执行（Speculative Execution）失误来破坏不同应用程序之间的隔离。Spectre 意为幽灵，比喻攻击者可以像幽灵一样窃取另一个进程的信息。推测执行攻击有以下几类：

- **条件分支预测失误**（Conditional Branch Misprediction）也称为 Spectre Variant 1，或边界检查绕过（Bound Check Bypass，BCB）。这种攻击利用了 CPU 前端的推测执行部件的分支预测器（Branch Predictor，BP）的分支目标缓冲器（Branch Target Buffer，BTB），如图 8-10 所示。下面给出了漏洞代码的片段，data_process（）函数有一个不可信的输入 x，当 x 小于 array1_size，就把 array1 数组的元素作为索引访问 array2。攻击者可以训练分支预测器，让它认为多数情况下判断为真。这样当发生推测执行时，CPU 会不管 if 判断的结果，而预先读取 array1[x] 的值，再将 array2[array1[x] * 4096] 的值读取到缓存。如果 if 判断为真，则使用这个值，否则放弃结果。从逻辑上看似乎没有问题。考虑攻击者输入 x = &secret[0] - &array1，那么 k = array1[x] = secret[0] 便是 secret 的第一个字节，这时推测执行的副作用是把 array2[k * 4096] 的值放到了缓存。攻击者可以使用清除 + 重载攻击获得 k 值，例如读取 array2[n * 4096]，n 的取值为 0~0xFF，速度明显加快的那一次 n 对应的就是 k。然后，攻击者不断输入

x = &secret[m] - &array1（m为 0~SECRET_SIZE），即可获得 secret的每一个
字节。

```
uint8_t array1[ARRAY1_SIZE];
int array1_size = sizeof（array1）;
uint8_t array2[ARRAY2_SIZE];
uint8_t secret[SECRET_SIZE];

data_process（int x）
{
    if（x < array1_size）{
        k = array1[x]; // 推测执行
        y = array2[k * 4096];
    }
}
```

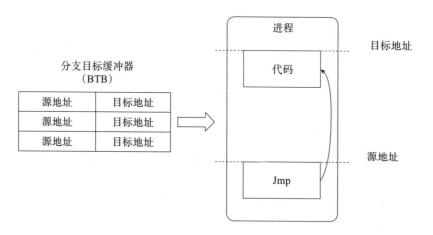

图 8-10   分支预测

❑ **间接分支中毒**（Poisoning Indirect Branch）也称为 Spectre Variant 2，或分支目
标注入（Branch Target Injection，BTI）。这种攻击利用了 CPU前端的推测执
行部件的间接分支预测器（Indirect Branch Predictor，IBP）的分支历史缓冲器
（Branch History Buffer，BHB）和间接分支目标缓冲器（Indirect Branch Target
Buffer，IBTB）中存放的计算出的可能跳转的目标地址。攻击方法如图 8-11 所
示，首先需要找到受害者进程中的一个间接分支指令，类似于 CALL [EAX] 或
JUMP [EAX]，其地址称为源地址；然后需要找到一段代码片段（Gadget），其
中包含对数据的读取操作，其地址称为目标地址。为了欺骗 CPU，攻击者需
要建立一个和受害者进程代码结构类似的攻击者进程，其中的源地址有同样

的跳转指令，然后训练指令跳转到目标地址再返回。训练后，CPU的间接分支目标缓冲器就会被注入这些分支跳转信息。当受害者进程运行时，Gadget就会被推测执行，并把秘密数据读取的结果放入缓存，通过常用的缓存侧信道获取相关信息。这里的 Spectre Gadget 可能只需要两行指令，如下面的代码片段所示：

```
adc edi, dword ptr [ebx+edx+13BE13BDh]
adc dl, byte ptr [edi] ; EDI 寄存器由上面一行写入
```

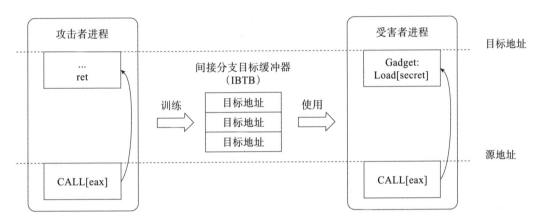

图 8-11　间接分支中毒

Spectre Variant 2还可以利用返回预测器（Return Predictor，RP）的返回栈缓冲器（Return Stack Buffer，RSB），其中也存放着间接分支信息，即函数返回地址。攻击方法如图 8-12 所示，也称为 Spectre Return。如下面的代码所示，main（）函数调用speculative（）函数，speculative（）函数又调用pollute（）函数。pollute（）函数改变栈指针，使得函数直接返回main（）。从逻辑上说，speculative（）函数中访问秘密的指令并不会执行，实际上，由于返回栈缓冲器并没有平衡，因此CPU会预先执行访问秘密的指令，把秘密数据放入缓存中。

```
pollute()
{
    add rsp, 8 * 3; // 没有平衡的栈，跳过 "secret = *secret_ptr"
    retq
}
speculative(char *secret_ptr)
{
    pollute(); // 修改栈
```

```
        secret = *secret_ptr; // 推测返回到这里
        temp &= Array[secret * 256]; // 访问数组
}
main()
{
        speculative(secret_address);
        for (i = 0; i < 256; i++) {
                junk = Array[i * 256]; //检查高速缓存命中
        }
}
```

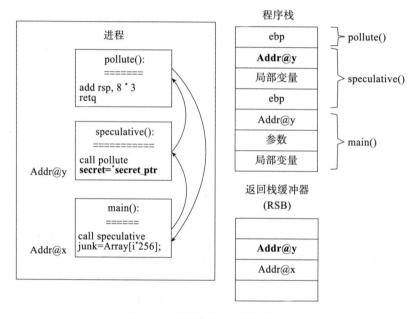

图 8-12　返回栈缓冲器预测执行

❑ **推测存储旁路**（Speculative Store Bypass，SSB）也称为 Spectre Variant 4。现代 CPU的执行引擎和 L1数据缓存之间还存在着存储缓冲器（Store Buffer），用于存放写入的数据。CPU在读取数据时也会查找存储缓冲器，如图 8-13 所示。为了提升性能，CPU采取推测执行的方式填充存储缓冲器，这种方式属于数据依赖性推测。下面的伪代码展示了基本思想。数据指针 pointer开始时指向 secret_area，然后把指针指向 public_area，获取 public_area中的数据。在推测执行的情况下，CPU可能会利用 pointer中已有的值进行指针取值计算，这样一来，secret_area的值就被取出放入缓存中。然后，通过常用的缓存侧信道即可获取相关信息。

```
pointer = &secret_area; // 初始化
// 执行某些操作
pointer = &public_area; // 写操作可能延迟
value = *pointer; // 写后读，推测执行
tmp = array[value]; // 在高速缓存中查找值
```

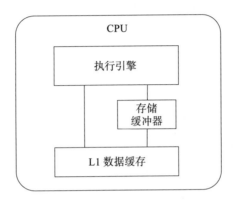

图 8-13　CPU 载入缓冲器和存储缓冲器

Spectre类攻击还有 ret2spec、分支历史注入（Branch History Injection，BHI）、返回栈缓冲器（Return Stack Buffer，RSB）下溢（也称为 return出血）、SgxPectre 攻击以及和 SSB对应的推测代码存储旁路（Speculative Code Store Bypass，SCSB）等。

（2）Meltdown类攻击——数据提取

Meltdown类攻击利用乱序执行来**破坏应用程序和内核程序之间的隔离**。Meltdown意为"熔断"，比喻攻击者"熔断"了不同级别程序之间的隔离挡板。

乱序执行攻击有以下几类：

❑ **恶意数据缓存加载**（Rogue Data Cache Load，RDCL）：也称为 Meltdown Variant 3。以下代码就是 Meltdown 的片段。其中，rcx指向内核地址，rbx指向探查数组的地址。从逻辑上说，指令 mov al，byte [rcx]会触发异常，但是在乱序执行的影响下，最后一行访问探查数组的指令会在异常处理尚未结束的时候便开始瞬态执行，并把结果存入缓存，最后在异常处理函数中获取信息。攻击过程如图 8-14 所示。Meltdown的前提是内核空间和应用空间使用同一份页表，因此预先执行的内核地址访问可以正确解码。

```
; rcx = kernel address
; rbx = probe array
retry:
    mov al, byte [rcx] ; 触发异常；访问机密
```

```
; 随后的代码开始瞬态执行
     shl rax, 0xc
     jz retry
mov rbx, qword [rbx + rax]; 访问探测数组;

; 异常处理程序；获取机密
mov rbx, qword [rbx + rax]; 检查探测数组;
```

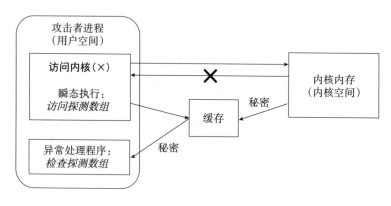

图 8-14　Meltdown 类攻击示例

❑ **L1终端故障**（L1 Terminal Fault，L1TF）：也称为预兆（Foreshadow）。预兆攻击的方法和 Meltdown一样，步骤如下：1）访问秘密数据触发异常；2）异常结束前，通过瞬态执行读取秘密数据到缓存；3）在异常处理函数中探查缓存中的秘密。和 Meltdown不同的是，预兆攻击的对象为 L1终端故障。现代处理器一般通过页表把物理地址映射成线性地址，CPU访问线性地址时需要查找页表中的信息。为了加快访问速度，CPU会给页表建立转译后备缓冲器（TLB），也就是页表缓存。当页表最后一级的 Present位为 0或 Reserved位为 1时，系统会触发终端故障来终止线性地址翻译。但是，在瞬态执行的情况下，如果 L1数据缓存中还有对应的物理地址，那么CPU就会预先读取翻译之后的物理地址，并且开始访问，把结果记录到缓存。

Meltdown类攻击还有 Store-to-Leak转发攻击、懒惰的浮点寄存器（Lazy Floating Point，LazyFP）、Foreshadow下一代（Foreshadow-Next Generation，Foreshadow-NG）以及基于 EFLAGS的攻击（参见"Timing the transient excecution: a new side-channel attack on Intel CPUs"）。

（3）MDS子类攻击：微架构数据提取

微架构数据采样（Microarchitecture Data Sampling，MDS）的目的也是数据提取，但是攻击对象是 CPU微架构的其他非缓存高速部件，包括存储缓冲器、行填充缓冲器

（Line Fill Buffer，LFB）、载入端口（Load Port）等。它们都位于 CPU 执行引擎和缓存之间，这些缓冲器中的数据称为"飞行中的数据"。存储缓冲器是 CPU 内部的写缓冲器，用来追踪待定存储以及飞行中数据的优化，例如存储 – 载入转发（Store-to-Load Forwarding）。行填充缓冲器是 CPU 内部的读缓冲器，用来追踪内存未完成的请求以及执行一系列优化，例如合并多个飞行中的存储。

注意　我们也可以把 MDS 类攻击作为 Meltdown 类攻击的一个子类，因为它们都和数据推测相关，属于释放后使用。

❑ **僵尸载入**（Iombie Load）**攻击**：图 8-15 展示了僵尸载入攻击的 Variant1 内核映射。首先，需要一个用户不能访问的内核虚拟地址 K，K 对应物理页面 P，然后建立一个用户虚拟地址 V，同样映射到物理页面 P。设置完成后，清除 V，然后读取 K，之后就能够使用 Meltdown 的方法从行填充缓冲器中读取内容。注意，与直觉相反的是，这里读取到的内容并不是 P 的内容，而是存储在 CPU 中的其他数据，所以这种攻击称为僵尸载入。例如，Variant1 中读到的是整个缓存行的内容。

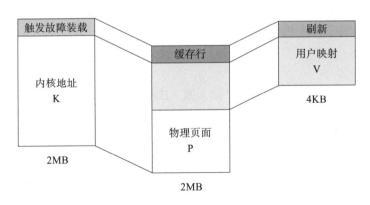

图 8-15　僵尸载入攻击的 Variant1 内核映射

❑ **恶意飞行中数据载入**（Rogue In-Flight Data Load，RIDL）**攻击**：RIDL 攻击利用的是行填充缓冲器。以下代码展示了 RIDL 攻击，它的逻辑正确，可以正常执行。当 CPU 推测执行第一行代码时，希望访问的是新分配的内存页，但 CPU 从 LFB 获取的实际上是其他飞行中的数据，因此秘密数据从 LFB 被加载到了缓存中。攻击者就可以利用经典的清除 + 重载缓冲探查缓存中的秘密数据。RIDL 攻击过程如图 8-16 所示。

```
char value = *(new_page); // 推测加载秘密数据
char *entry_ptr = buffer + (1024 * value); // 基于秘密计算相应的缓存项指针
tmp = *(entry_ptr); // 将缓存项指针所指内容加载到缓存中

// 测定每个缓冲区项重新加载的时间，以获知哪个项当前被缓存
for (k = 0; k < 256; ++k) {
    tmp = *(buffer + 1024 * k);
}
```

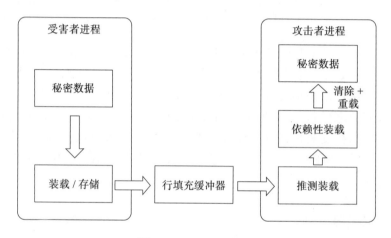

图 8-16　RIDL 攻击过程

❑ **辐射（Fallout）攻击**：和僵尸载入及 RIDL不同，辐射攻击利用的是存储缓冲器的存储 – 载入转发功能。以下代码展示了辐射攻击的基本思想。首先，victim_page是可以正常访问的页面，attacker_address是一个不规范地址，会产生异常，在 victim_page存入 SECRET_VALUE。然后，访问 look_up_table的偏移 attacker_address，显然，这不可能成功。但是，由于 CPU使用了写瞬时转发（Write Transient Forwarding，WTF），CPU预先选择了写入 victim_page的 SECRET_VALUE，对于 memory_access（look_up_table + SECRET_VALUE * 4096）做出推测执行。尽管最后的结果是错误的，被 CPU回滚，但是运行的状态已经被更新到缓存，攻击者就可以使用经典的清除 +重载来恢复出 SECRET_VALUE。

```
char* victim_page = mmap(..., PAGE_SIZE, PROT_READ | PROT_WRITE,
                         MAP_POPULATE, ...);
char* attacker_address = 0x9876543214321000ull; // 不规范地址

int offset = 7;
victim_page[offset] = SECRET_VALUE;
```

```
if (tsx_begin ( ) == 0 ) {
    memory_access (look_up_table + 4096 * attacker_address[offset]);
    tsx_end ( );
}


for (i = 0; i < 256; i++) {
    if (flush_reload (look_up_table + i * 4096)) {
            report (i);
    }
}
```

MDS类攻击还有基于写组合内存操作的美杜莎（Medusa）攻击、特殊寄存器缓冲器数据采样（Special Register Buffer Data Sampling，SRBDS）攻击（也称为串话攻击，Crosstalk Attack），以及搜集数据采样（Gather Data Sampling，GDS）攻击（也称为毁灭攻击，Downfall Attack）等。

（4）LVI类攻击——数据注入

加载值注入（Load Value Injection，LVI）攻击也利用了CPU微架构的缓冲器。和前面介绍的攻击不同的是，LVI可以注入攻击者数据。

注意　我们也可以把LVI类攻击视为MDS类攻击的一种，因为它们的攻击对象是CPU微架构的其他非缓存高速部件。由于它采用数据注入，因此也称为反熔断（Reverse-Meltdown）攻击。

图 8-17展示了LVI的攻击过程。

①攻击者准备需要注入的数据到微架构的缓冲器，这个数据 A 可以由攻击者控制。

②攻击者调用受害者进程中的 Gadget执行可信的数据 B，但是数据 B 会导致异常，例如缺页故障。

③CPU取出缓冲器中的 A，开始推测执行，这时数据 A 会使得CPU访问秘密数据，并且把秘密数据放入缓存。

④CPU最后会放弃之前推测执行的结果，但是秘密数据已经留在缓存中，可以通过缓存侧信道获得。

以下代码展示了攻击的思路，假设在受害者进程中存在以下的 Gadget，首先，代码把攻击者提供的 untrusted_arg存放到可信的 arg_copy内存区域，这时 untrusted_arg被加载到微架构存储缓冲器。然后，假设代码在访问 *trusted_ptr时发生了异常，如同 Fallout攻击，那么存储缓冲器的 untrusted_arg就会被使用，CPU推测执行的是array[（*untrusted_arg）* 4096]，而不是期望的 array[（*trusted_ptr）* 4096]。最后，攻击者使用经典的清除+重载方式获取（*untrusted_arg）的信息。

　　LVI的强大之处在于它可以注入任意地址，但缺点在于需要在受害者进程找到这样的代码片段。

```
void call_victim(size_t untrusted_arg){
    *arg_copy = untrusted_arg;
    array[(**trusted_ptr) * 4096];
}
```

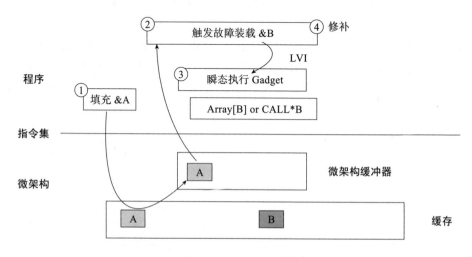

图 8-17　LVI 攻击过程

　　LVI类攻击还有浮点值注入（Floating Point Value Injection，FPVI）、搜集值注入（Gather Value Injection，GVI）等。

　　（5）分支信息提取

　　Spectre类攻击需要训练和注入分支历史信息，还有一类针对代码分支历史信息的攻击只需要提取信息，而不需要注入。

❑ **分支追踪**（Branch Shadowing）**攻击**：这种攻击的目标是精确获取 Enclave中的程序的分支执行走向。分支追踪攻击的原理如下面程序片段所示，左侧是受害者代码，右侧是攻击者提供的追踪影子代码，它和受害者代码的结构一一对应，可以用来探测分支历史。图 8-18 展示了一个攻击示例。分支预测单元（Branch Prediction Unit，BPU）和分支目标缓冲器（Branch Target Buffer，BTB）被 Enclave和非 Enclave程序共享，它们可能被噪声影响，因此分支追踪利用的是最后分支记录（Last Branch Record，LBR），而 LBR只记录非飞地程序信息。攻击流程如下：

① Enclave程序中的分支执行，信息存储到BPU和BTB，但是LBR不会记录信息。

② Enclave执行被中断，由不安全的OS控制。

③ OS开启LBR，执行影子代码。

④ BPU正确预测影子分支执行，但是BTB预测失败，因为BTB中存储的是Enclave中的地址。

⑤ 禁用LBR，然后提取LBR信息，可以看到LBR预测成功。相反，如果第一步中的分支没有执行，那么第五步的LBR会显示LBR预测失败。这样就可以知道Enclave中的程序分支执行状况。

```
// Enclave 中的受害者代码          // 受害者的影子代码
if (a != 0) {                   if (c != c) {
    ++b;                            nop; // 从不执行
    ...                             ...
} else {                        } else {
    --b;                            nop; // 执行
    ...                             ...
}                               }
a = b;                          nop;
...                             ...
```

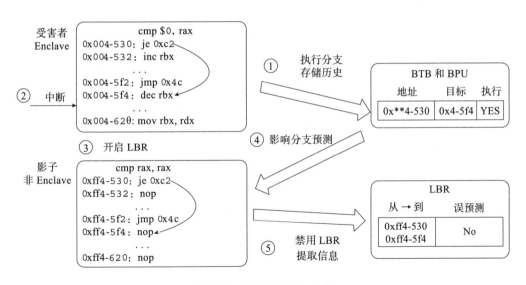

图 8-18　分支追踪攻击示例

类似的分支信息提取还有分支探查、蓝色霹雳等。

❑ **前端攻击**（Frontal Attack）：是另外一种分支信息提取方案，利用的是CPU的前端指令预取窗口。预取窗口的大小为16字节，特别的是，它有16字节对齐的要求。当一条新的指令跨 16 字节对齐的时候，它不能和前面的指令一起被预取，而是只能同后面的指令一起预取。考虑以下程序片段，if 和 else 分支的代码几乎一模一样，唯一不同的是它们的起始地址，if 分支的起始地址为 0x10，而else 分支的起始地址为 0x2b。就是这个细微的不同导致 CPU 的前端在预取时产生不同。例如，if 分支的第一条指令 ADD 会预取 ADD MOV ADD，第二条指令 MOV 会执行预取窗口中的 MOV；但是，else 分支的第一条指令 ADD 在之前预取窗口中，第二条指令 MOV 会产生预取 MOV ADD MOV RET。对于一个Enclave 中的程序，可以使用 SGX-Step 来一条条执行，从而获取时间信息。例如，对于第二条 MOV 指令，执行较快的是 if 分支，而执行较慢的是 else 分支。

```
                              // 0x03:mov (var1), %rax
                              // 0x08:mov (var2), %rbx
if (secret == 'a') {          // 0x0c:cmp (secret), 'a'
                              // 0x0e:jnz .else
    var1 = 1 + var1;          // 0x10:add $1, %rax      ; INT #1 ADD MOV ADD
                              // 0x14:mov %rax,(var1) ; INT #2 MOV ADD
    var2 = 1 + var2;          // 0x19:add $1, %rbx      ; INT #3 ADD
                              // 0x1d:mov %rbx,(var2) ; INT #4 MOV RET
                              // 0x22: ret
} else {                      // .else:
    var1 = 2 + var1;          // 0x2b:add $2, %rax      ; INT #1 ADD
                              // 0x2f:mov %rax,(var1) ; INT #2 MOV ADD MOV RET
    var2 = 2 + var2;          // 0x34:add $2, %rbx      ; INT #3 ADD MOV RET
                              // 0x38:mov %rbx,(var2) ; INT #4 MOV RET
                              // 0x3d:ret
}
```

（6）缓存故障注入

顾名思义，缓存故障注入是指设法修改缓存中的数据。

❑ **缓存扭曲**（Cache Warp）**攻击**：利用 CPU INVD 这个缓存失效指令来针对 AMD SEV-SNP 的软件故障发起攻击，使被修改的缓存行不能写回内存。图 8-19 展示了缓存扭曲的攻击过程。

①攻击者利用 VMM 清除受害者 TVM 的目标页面所在页表的存在（Present, P）位。

②当 TVM 执行到目标页面时触发嵌套缺页故障（Nested Page Fault, NPF）。

③VMM 在 NPF 处理函数时设置高级可编程中断控制器（Advanced Programmable Interrupt Controller, APIC）时钟。

④在目标页面执行到目标指令时，APIC 时钟中断触发。

⑤VMM 的时钟中断处理函数被触发，攻击者可以选择性地驱逐（Evict）缓存中不

相关的数据，然后使用 INVD 指令丢弃缓存中修改的数据。

⑥TVM继续执行剩下的指令。

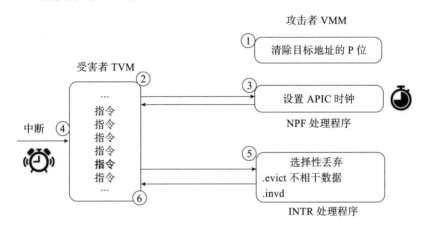

图 8-19　缓存扭曲攻击

对于丢弃任意写操作，我们介绍两种利用技术：第一种是丢弃锻造（Dropforge），丢弃隐式或显式的函数写操作会导致函数的参数和行为的改变。考虑以下程序片段，攻击者可以对 victim 函数的输入参数 a或 b、局部变量初始值 ret 或返回值 ret 进行丢弃。在 main函数第二次调用 victim函数时，使用丢弃就可以让第二次调用返回第一次调用的结果。

```
int main ( ) {
    do {
            ret = victim ( 1, 1 ) ;
            reset = victim ( 2, 5 ) ;
    } while ( ret == 11 ) ;
}
int victim ( int a, int b )
{                           // push %rbp
                            // mov %rsp, %rbp
                            // mov %edi, -0x14 (%rbp) ; param:a
                            // mov %esi, -0x18 (%rbp) ; param:b
    int ret = 0;            // movl $0x0, -%0x4 (%rbp) ; local:ret
    ret += a * 10 + b;      // mov -0x14 (%rbp), %edx
                            // mov %edx, %eax
                            // shl $0x2, %eax
                            // add %edx, %eax
                            // add %eax, %eax
                            // mov %eax, %edx
                            // mov -0x18 (%rbp), %eax
```

```
                        // add %edx, %eax
                        // add %eax, -0x4 (%rbp) ; local:ret
    return ret;         // mov -0x4 (%rbp), %eax ; ret
                        // pop %rbp
}                       // retq
```

第二种是时间扭曲，即隐式的函数返回地址压栈可以被丢弃，因此可以把控制流导向在此之前调用的函数。考虑以下程序片段，攻击者在调用 ret0 函数的时候把 ret0 在栈上的返回地址丢弃，从而使得栈上的地址是之前 ret1 函数的返回地址，即 ret0 函数返回时跳转到了 ret1 函数返回的地方，最终 ret1（）==0 可以成立。

```
int ret1 ( ) {return 1;}
int ret0 ( ) {return 0;}
int main ( )
{                               // push %rbp
                                // mov %rsp, %rbp

    while (1) {
            if (ret1 ( ) == 0) {    // mov $0x0, %eax
                                    // call 1149<ret1> ; <- push rip
                                    // <- old retaddr of ret1
                                    // test %eax, %eax
                                    // jne 118c<main+0x25>
                    puts ("WIN");   // lea 0xe80 (%rip), %rax
                                    // mov %rax, %rdi
                                    // call 1050<puts@plt>
            }
            ret0 ( ); // victim     // mov $0x0, %eax
                                    // call 1158<ret0> ; <- victim
                                    // <- retaddr of ret0
    }                               // jmp 116f<main+8>
}
```

（7）其他

CPU 侧信道还可以通过其他方式泄露信息。

❑ **鸭嘴兽攻击**（Platypus Attack）：这是一种功耗侧信道攻击。攻击者通过 Intel 执行平均功耗限制（Running Average Power Limit，RAPL）接口可以监视和控制 CPU 和 DRAM 的功耗，从而获取密码学密钥信息。

❑ **赫兹出血攻击**（HertzBleed Attack）：这是一种频率侧信道攻击。攻击者通过探测 CPU 的动态频率调整，可以获得处理中数据的信息，例如密钥。

❑ **碰撞功耗攻击**（Collide Power Attack）：这是一种通用功耗测量侧缓存信道攻击，不依赖特定实现。攻击者使用 MDS 功耗变种可以攻击使用中的数据，而 Meltdown 功耗变种可以攻击静态数据。

❑ **ÆPIC 泄露攻击**（ÆPIC Leak Attack）：访问传统高级可编程中断控制器（Advanced Programmable Interrupt Controller，APIC）区域会导致未定义行为，有的 CPU 会泄露微架构缓冲器信息，从而带来安全风险。

❑ **密文泄露攻击**（CipherLeak Attack）：这是针对 SEV-SNP 的攻击，它利用了加密的 VM 保存区域（VM Save Area，VMSA）作为侧信道，获得密码信息。因为 SEV 加密时，在客户机的生命周期中，物理地址不变的情况下，相同的明文会产生相同的密文。

❑ **Zen 出血攻击**（Ienbleed Attack）：这是针对 AMD CPU 的执行漏洞而发起的攻击。

CPU 故障注入的例子有：**电压骑士**（Volt Jockey）**攻击**、**掠夺电压**（Plundervolt）**攻击**和**电压掠夺者**（Voltpillager）**攻击**，它们是针对 SGX 的电压故障注入攻击。

除 CPU 之外，其他设备也可能遭到侧信道攻击，例如 GPU 压缩侧信道攻击，我们将在第 14 章进一步介绍相关内容。

最后要说明的是，这里列出的 CPU 微架构侧信道攻击只是冰山一角，但是它们都会影响 TEE 的软件。

3. DRAM 行锤击

行锤击的发现使得业界开始了针对 **DRAM 故障注入**的研究，例如 Drammer、RAMBleed、TRRespass、Smash 和 Half-Double 等。行锤击指的是对一个固定内存行进行反复读写，从而产生比特位翻转，也称为内存行轰炸。

8.1.4 简单物理攻击

下面列出一些简单物理攻击。

❑ **DRAM 线下读取**：攻击者把 DRAM 冷冻后拔出，然后插入别的机器，读取内存，然后对机密内存信息进行密码学分析解密。

❑ **恶意设备 DMA 访问**：攻击者插入恶意设备，试图向 TEE 发出 DMA 请求，从而读取或写入数据。

❑ **设备总线攻击**：攻击者针对各类系统总线（例如 PCI 总线、USB 总线、内存总线）接入总线转接板（Interposer），从而窃听、拦截、篡改、伪造各类总线数据。

❑ **设备热拔插**：攻击者可以对系统的 PCI Express 设备或 USB 设备进行热插拔，让 TVM 中的设备驱动产生异常。

8.2　防护原则

本节重点介绍针对以上攻击的防范方法。

8.2.1　安全软件设计

TEE和TSM软件部分应遵守安全软件设计原则，不能因为硬件的存在而忽略软件本身的安全设计。这里推荐几本优秀书籍：McConnell编写的《代码大全》和Maguire编写的《编程精粹》是微软公司在20世纪90年代出版的编程书籍，堪称经典，它们指导了一代程序员编写优秀的代码。Viega和McGraw编写的《安全软件开放之道》、Howard和LeBlanc编写的《编写安全的代码》则是在20世纪初出版的一批提倡安全编程的书籍，其中提出的理念到今日依然适用。

1.系统安全设计原则

Saltzer和Schroeder在1975年的论文"The protection of information in computer systems"中提出了计算机安全保护原则。2012年，Smith又在论文"A contemporary look at Saltzer and Schroeder's 1975 design principles"中重新审视了这些原则，它们在今天依然值得思考和遵循。

❑ **经济原则**：保持简单设计，以便进行测试和验证。

注意　图灵奖获得者Hoare曾说："有两种方法构建软件设计：一种是把它做得足够简单，使它明显没有缺陷；另一种是把它做得足够复杂，使它没有明显的缺陷。"。TEE的设计应该越简单越好，当你感觉"这个TEE怎么这么复杂"的时候，就应该停下来想一想是不是走在正确的路上。

❑ **默认故障安全**（Fail-Safe Default）：计算机系统安全策略在默认状态下，应该是不能访问。

注意　这里的故障安全为Fail-Safe，它和Fail-Secure有所不同。虽然中文翻译都是故障安全，但是侧重点有所不同。以门禁系统为例，Fail-Safe指发生火灾时大门打开，保障人员的安全；而Fail-Secure指发生火灾时大门关闭，保护屋内文件的安全。这条规则对于系统安全来说是值得商榷的，在前面的内容中，我们把它转义为Fail-Secure，才有默认状态下不能访问的说法。

- **完全仲裁**：对资源进行访问时，每次都需要完整地验证访问策略，不能依赖于本地缓存信息。本地缓存的危险在于缓存策略不一致，虽然这会导致性能下降，但是会最大程度地保证安全。
- **开放设计**：根据 Kerckhoffs 原则，系统设计应该公开，需要隐藏的只有密钥。卡巴斯基公司的安全研究人员曾展示过一个名为三角测量行动的漏洞，它是一种复杂的针对 iPhone 的攻击。其中的一个步骤就是当向硬件发送 DMA 地址时，需要提供这个地址的哈希值，而系统使用隐晦的自定义哈希算法，这是典型的隐藏式安全（Security by Obscurity），其实并不安全。如果担心设计被竞争对手盗用，那么申请专利是一种有效的防范手段。
- **权限分离**：应使用多种权限属性来验证对资源的访问。例如，访问银行网站大量提款时需要进行输入密钥、手机验证码和人脸识别三重认证。
- **最小权限**：每个程序都应该使用最小的权限。如果可以用普通用户权限完成任务，那就不要使用管理员权限。
- **最小公用机制**：共享的资源越少越好。在非必要情况下，不同的用户默认不应该有共享文件。
- **心理学可接受**：保护机制对于用户来说是可接受的。一个用户密码规则如果设计得太复杂，用户可能没法记住，所以会抄在纸上，这反而使得密码失去作用。
- **工作系数**：设计者需要考虑正常和攻击时的不同代价。用户输错密码一次是正常行为，连续输错 5 次就值得怀疑了。
- **渗透记录**：即使系统不能抵御攻击，也要把行为记录下来，以警示他人发生了攻击。这里的前提是系统具有可靠的记录功能，不会因为被攻破而使得记录被修改。

除此之外，开放式网络应用程序安全项目（Open Web Application Security Project，OWASP）也定义了额外的安全产品设计原则。

- **职责分离**：不让某个个体控制整个流程。虽然这有可能降低效率，但能够帮助抵御内部欺骗和错误。例如，公司产品部门的采购业务需要财务部门审批。
- **纵深防御**：检查需要层层把关，以保护有不同安全需求的财产。例如，公司大门的门卫是第一层防御，前台刷卡是第二层防御，实验室门禁系统是第三层防御。
- **零信任**：所有的用户、设备和网络都是不可信的，必须要先验证才能给予访问权限。
- **开源中的安全**：项目需要开源，应采用安全编码实践、安全测试实践、安全开发工具等，并且鼓励开发人员和业界专家合作，以确保代码是安全的。

上述安全设计原则都是 TEE 软件设计者需要考虑的。

2. 安全语言的使用

2019 年，Microsoft 在报告 "A proactive approach to more secure code" 中指出，大约 70% 的软件漏洞和 C/C++ 的内存安全相关，因此呼吁采用内存安全的编程语言。

NSA的"软件内存安全"（Software Memory Safety）报告、CISA的"内存安全建议"（Recommendation Memory Safety）报告和NIST的软件质量工作组的"安全语言列表"中都列举了一些安全的语言，其中最引人注目的安全系统编程语言当属Rust语言。

Rust语言的三大特性为性能、可靠性和生产力。在保障运行时性能的前提下，Rust能够提供内存安全的可靠性，避免内存安全的相关漏洞，在系统编程方面是C语言的天然替代品。Microsoft、Google等公司都使用Rust语言开发新项目，Windows操作系统和Linux操作系统也已经支持Rust。因此，在TEE中使用Rust语言进行开发是不错的选择⊖。

8.2.2　安全密码应用

因为涉及安全，TEE和TSM中的代码常常需要用到密码学相关技术。对于普通开发者来说，一定要牢记以下几条经验之谈：

1）尽量使用已有的标准算法和协议，不要自己设计。

2）尽量使用已有的优秀密码库，不要自己实现。

3）尽可能邀请密码学专家进行评审，判断密码安全设计是否符合安全需求。

4）尽可能邀请密码学专家评审密码库的调用是否正确。

这里也要推荐几本优秀的应用密码学相关书籍。

1）《应用密码学》：密码学专家Bruce Schneier的成名作，介绍了各种密码的使用场景。

2）《密码工程：原理与应用》：注重密码在应用中的原理性要点，读后有醍醐灌顶之感。

3）Jean Philippe Aumasson编写的《严肃的密码学：实用现代加密术》和David Wong编写的《深入浅出密码学》：近几年密码学著作的后起之秀，它们强调密码学在真实世界的使用，帮助初学者避免一些容易犯的错误。

由Jean-Philippe Aumasson维护的密码编程指导也给出了一系列建议可供读者参考：

❑ 使用恒定时间比较密码字符串。

❑ 避免由秘密数据控制代码分支。

❑ 避免由秘密数据对访问查找表进行索引。

❑ 避免由秘密数据控制循环边界。

❑ 防止编译器干扰秘密数据操作。

❑ 防止安全API和非安全API混淆。

❑ 避免让秘密操作和密码学原语接口API在同一层提供。如果有可能，尽量提供高层API，而非底层API。

❑ 使用无符号数表示二进制数据。

❑ 清除秘密数据所在的内存。

❑ 使用强随机值。

⊖　Klabnik和Nichols编写的《Rust权威指南》、Blandy编写的《Rust程序设计》是不错的Rust语言入门书籍。

❑ 对位移数据使用强制类型转换。

1.抗量子密码

由于量子计算的出现，抗量子密码学（PQC）也如火如荼地发展起来，美国、欧洲和中国都在研究、开发自己的规范。目前看来，格密码学（Lattice Cryptography）最受关注。美国的 NIST 的 PQC 评选结果是 Kyber（即 ML-KEM）、Dilithium（即 ML-DSA）、Falcon 和 SPHINCS+（即 SLH-DSA），而 NSA 的 CNSA2.0 推荐只选择了 Kyber 和 Dilithium。英国的 NCSC 和 NIST 评选一致。德国 BSI 的选择是 FrodoKEM 和 McEliece。中国密码学会在 2020 年宣布 PQC 比赛的一等奖获得者为 Aigis-Sig、Aigis-Enc 和 LAC-PKE。IETF 也开始设立 PQC 工作组支持 PQC 的应用。PQC 的分支——有状态的基于哈希数字签名（Stateful Hash Based Signature）是一类特别的算法，仅限于固件签名校验场景，美国的 NIST 和欧洲的 ETSI 都推荐了 LMS 和 XMSS。

TEE 的设计与实现需要考虑抗量子密码。由于抗量子密码出现不久，处于过渡阶段，普遍认为应使用混合模式（Hybrid Mode），也就是将现有的密码和抗量子密码组合起来，这就需要双重验证，可以抵御传统攻击和量子攻击，攻击者就算攻破了其中的一种也没有用。另外一种观点是可以考虑使用密钥封装机制（KEM）来替换数字签名算法，从而解决抗量子密码签名长度和效率的问题。

即使使用 PQC 算法，侧信道攻击防范依然是需要考虑的。Ravi 等在 2023 年的文章 "Side-channel and fault-injection attacks over lattice-based post-quantum schemes（Kyber，Dilithium）：survey and new results" 中总结了 ML-KEM 和 ML-DSA 前身——Kyber 和 Dilithium 的侧信道攻击和防范，具有参考意义。

除此之外，NIST 还开展了轻量级密码（Lightweight Cryptography，LWC）的研究，寻找在受限环境下替代 AES 和 SHA 的对称密码学方案。目前的评选结果是 ASCON，它可以用于 AEAD 或哈希算法。

2.抗侧信道编码

Intel 白皮书 " Guidlines for mitigating timing side channels against cryptographic implementations" 中总结了以下关于密码实现的时长侧信道防护原则：

❑ **秘密无关的执行时间**（Secret Independent Runtime，SIR）：抵御时长侧信道攻击。

❑ **秘密无关的代码访问**（Secret Independent Code Access，SIC）：抵御时长和缓存侧信道攻击。

❑ **秘密无关的数据访问**（Secret Independent Data Access，SID）：抵御缓存侧信道攻击。
防护时需要考虑以下几方面的信息泄露：

❑ **有条件的状态改变**：考虑以下代码片段，if 条件判断成立和不成立的时候，代码执行的指令有所不同，一个是对 state 的赋值，另一个是对 state 加 1。执行代码的不同会导致 CPU执行时长的不同，从而泄露了条件分支的信息。

```
Int cond_stateInc(int estate, int maxState)
{
    static int state = 0;
    if (state >= maxState) {
        state = estate; // Error state
    } else {
        state += 1; // state transition
    }
    return state;
}
```

❑ **变长时间**：以下代码片段是经典的比较内存是否一致的代码，这种代码一定不能用在密码学相关的函数里。第一个 if判断的是长度，如果不一致，则立刻返回，这就暴露了长度是否一致的信息，攻击者可以反复猜测机密信息的长度。第二个 if判断是字节比较，如果不一致，则立刻返回，这就暴露了错误发生在第几个字节，使得攻击者可以反复猜测机密数据的某个字节。

```
bool equals(byte a[], size_t a_len, byte b[], size_t b_len)
{
    if (a_len != b_len) { // data dependent!
        return false;
    }
    for (size_t i = 0; i < a_len; i++) {
        if (a[i] != b[i]) { // data dependent!
            return false;
        }
    }
    return true;
}
```

❑ **基于秘密数据的计算**：以下是一段经典的简单计算取模的幂运算伪代码。for循环中 if分支的执行时间有很大的区别，一个要计算模乘，另一个只是进行简单赋值。通过观察函数调用的每一轮 R[k]的时间，攻击者可以精确地还原出 x的每一个比特位。如果把这段代码用于 RSA或 DH的幂运算，那么攻击者便可以通过时长侧信道知道私钥 x。

```
naive_modular_exponentiation(y, x, n) // R = y^x mod n, where x is w bit.
{
    S[0] = 1
```

```
for (k = 0, k < w, k++) {
    if ((x & (1 << k)) != 0) {
        R[k] = (S[k] * y) mod n
    } else {
        R[k] = S[k]
    }
    S[k + 1] = (R[k] * R[k]) mod n
}
return R[w-1];
}
```

❑ **查找表访问**：AES查找表攻击是比较知名的查找表访问攻击手段。AES算法定义了一个 SubBytes（）函数，使用一个名为 S-box 的表格进行字节到字节的替换。S-box 是一个 256 字节的常数，S-box 本身是公开的，但是 S-box 的索引是秘密信息。假设现代 CPU 的缓存行是 64 字节，那么 S-box 会跨越 4 个缓存行。通过观察哪个缓存行被访问，攻击者就可以得到当前一轮密钥的 2 个比特。通过不停地观察多次加密，攻击者便可以获得整个密钥。

8.2.3　侧信道与故障注入保护

侧信道的保护分为硬件和软件两方面。Tehranipoor 和 Wang 编写的《硬件安全与可信导论》、Bhumia 和 Tehranipoor 编写的《硬件安全：从 SoC 设计到系统级防御》两本书从硬件方面做了很好的总结。"侧信道攻击下的安全应用开发"（Secure application programming in the presence of side channel attack）白皮书从软件实现方面做了模式归类。

1.传统的侧信道保护

针对数据泄露，可以采用以下防护模式：
❑ **密钥访问**：程序不需要直接访问密钥本身，而是访问密钥句柄（Handle）。密钥应该由密码库负责保护。
❑ **密钥完整性**：需要检查密钥明文时，应该使用恒定时间的比较，无论成功还是失败都需要比较到最后一位。
❑ **分支**：避免根据秘密数据来控制 if 分支或 for/while 循环的终止。
❑ **密码使用者**：不要在应用程序层实现密码功能，应用程序应该调用已有的密码库。
❑ **访问**：复制秘密数据时，内存最好从中间随机开始循环，而不是固定从头开始。
❑ **验证**：比较秘密数据时，避免直接使用 memcmp、strcmp 等函数。要么从中间随机开始循环，要么固定比较所有位。
❑ **清除**：清除秘密数据最好的方法是覆盖成随机数，再清除。

针对故障注入，可以采用以下防护模式：

❏ **密码操作**：私钥签名之后重新验证签名，加密数据之后再解密数据，验证是否存在故障注入。

❏ **常数使用**：定义常数最好不要使用简单的 0、1 等，因为（0、1）的海明距离（Hamming Distance）只有 1，容易被比特翻转。而（0xA5，0x5A）的海明距离为 8，不容易被翻转。

❏ **检测**：敏感数据在使用前要使用校验和进行验证。

❏ **默认失败**：对 switch 或 if 分支中的所有可能情况都进行检查，默认（Default）情况需要做错误处理。

❏ **代码流程**：使用计数器记录关键代码的流程，最后验证确保关键代码的执行步骤。

❏ **再次检查**：敏感步骤的条件分支需要再次检查。

❏ **循环次数检查**：for 循环结束之后判断循环次数是否符合预期。

❏ **分支**：不要在分支判断中使用布尔型或 0、1 等简单类型，因为这种条件容易被比特翻转。

❏ **错误回应**：记录曾经发生的错误回应，设置合理上限。达到上限之后可以考虑使用禁止功能。

❏ **延时**：代码中使用随机的延时可以抵御时长侧信道。

❏ **旁路绕过**：在代码中多次调用同样功能，比较结果。例如，进行两次签名验证，确保两次都通过才算最终通过。

针对软件故障注入，Jeremy Boone 在文章"An introduction to fault injection"中总结了如下防护模式：

1）**失败处理**：许多程序会使用无限循环（例如 while（1））来处理失败，但是这种方式可能被故障注入跳过。建议使用对 NULL 地址的读写，例如 *（volatile uint32_t *）0，触发程序终止。

```
void fatal ()
{
    * (volatile uint32_t *) 0;
}
```

2）**使用冗余提供弹性恢复**：使用冗余会让攻击者不得不进行多次故障注入，从而增加了攻击难度。

❏**冗余内存读**：对同一个地址读取多次并进行比较，若有不同则返回错误。

```
#define READ_ADDR32 (addr)(* (volatile uint32_t *)(addr))
void multi_read_addr32 (void *addr, uint32_t *val)
{
```

```
    *val = READ_ADDR32 (addr);
    if ((READ_REG32 (addr) != *val) || (READ_REG32 (addr) != *val)) {
        fatal ();
    }
}
```

❏ **冗余内存写**：写完之后，再从写入地址读取值，进行比较，若有不同则返回错误。

```
#define WRITE_ADDR32 (addr, val)(* (volatile uint32_t *)(addr)=val)
void multi_write_addr32 (void *addr, uint32_t val)
{
    WRITE_ADDR32 (addr, val);
    if ((READ_REG32 (src) != val) || (READ_REG32 (src) != val)) {
        fatal ();
    }
}
```

❏ **冗余条件判断**：在 if 条件判断中写入重复判断。失败退出（Fail Out）的冗余条件应该使用逻辑与，而失败进入（Fail In）的冗余条件应该使用逻辑或。

```
#define MULTI_IF_FAILOUT (cond) if ((cond) && (cond) && (cond))
#define MULTI_IF_FAILIN (cond)  if ((cond) || (cond) || (cond))

uint16_t condition_test (void)
{
    MULTI_IF_FAILOUT (READ_ADDR32 (0x10002000) == 0xF00DBADD) {
        return 0x7EAF;
    }
    MULTI_IF_FAILIN  (READ_ADDR32 (0x10002000) < 3000) {
        return 0xB0A5;
    }
    return 0;
}
```

3）使用随机延时减少程序利用的可靠性：故障注入的一个前提条件是精确地把握注入的时机，在程序中引入随机延时可以增加把握注入时机的难度。

4）抵御故障的代码重构。

❏ **默认关闭状态**：一般的故障注入会使程序跳过 if 判断分支，所以程序要保证 if 判断之前的系统状态应该是安全的关闭状态。

```
// 不好的情况：检查被跳过时，使用不安全的开放状态默认值
```

```
validate_signature = false;
if (state != STATE_INSECURE) {
    validate_signature = true;
}
// 好的情况：检查被跳时，使用安全的关闭状态默认值
validate_signature = true;
MULTI_IF_FAILOUT (state == STATE_INSECURE) {
    validate_signature = false;
}
```

❑ **重置到关闭状态**：如果对一个变量要进行多次检查，那么每次检测之前都需要把它重置到关闭状态。

```
// 不好的情况：适时的故障注入会跳过签名验证，
// 从而阻止 success 变量更新
int success = 0;
success = calculate_signature ();
if (success < 0) {
    fatal ();
}
success = validate_signature ();
if (success < 0) {
    fatal ();
}
// 好的情况：在两个操作间重新设置 success 变量
volatile int success = -1;
success = calculate_signature ();
MULTI_IF_FAILIN (success < 0) {
    fatal ();
}
success = -1; // 重置到安全的关闭状态
success = validate_signature ();
MULTI_IF_FAILIN (success < 0) {
    fatal ();
}
```

❑ **任何失败转入关闭状态**：为了增加攻击难度，程序必须使攻击者成功注入所有的 if 判断条件才能使系统进入开放状态。如果 if 条件保护处于开放状态，则应该使用逻辑与；而 if 条件保护处于关闭状态时，则应该使用逻辑或。

```
volatile uint32_t state;
// 不好的情况：故障注入到任意一个检查会导致不安全的开放状态，执行不安全代码
```

```
MULTI_IF_FAILIN (state == STATE_INSECURE) {
    insecure_action ();
} else {
    secure_action ();
}
// 不好的情况：故障注入到任意一个检查会导致不安全的开放状态，执行不安全代码
MULTI_IF_FAILOUT (state != STATE_INSECURE) {
    secure_action ();
} else {
    insecure_action ();
}

// 好的情况：3 个检查全部通过，才进入不安全的开放状态，否则进入安全的关闭状态
MULTI_IF_FAILOUT (state == STATE_INSECURE) {
    insecure_action ();
} else {
    secure_action ();
}
// 好的情况：如果任何一个检查发现不是处于不安全状态，则进入安全的关闭状态
MULTI_IF_FAILIN (state != STATE_INSECURE) {
    secure_action ();
} else {
    insecure_action ();
}
```

❑ 关闭状态的表示：关闭和开放状态的表示最好使用海明距离较大的常数，不要使用 0 或 1。

注意 对于常数加载，C 语言没有提供可靠的方法来增加冗余，可能常数只会加载一次，之后一直保存在寄存器里。

---

2. CPU 微架构侧信道保护

Intel 提供了"侧信道防御最佳实践"（Security best practices for side channel resistance），同时在 Intel 安全指导（Software Security Guidance）中提供了各类侧信道攻击缓解方案。AMD 安全指导（Product Security）中也列举了侧信道攻击手段，提供了若干侧信道防范指南。

下面从另一个维度来看微架构侧信道的防护方案。

（1）纯软件防护

❏ 对于 Spectre 变种 1 攻击，软件可以在有风险的地方使用 LFENCE 指令来阻止推测执行。

❏ 对于 Spectre 变种 2 攻击，软件可以使用返回跳板（Return Trampoline，Retpoline）和 RSB 填充（RSB Stuffing）。

❏ 对于 Meltdown 攻击，软件可以给内核态和用户态设置两个页表，并使用内核地址空间随机化（Kernel Address Space Layout Randomization，KASLR）。

❏ 对于 SCSB 攻击，软件需要在自修改代码（Self-Modified Code，SMC）之后使用序列化指令，例如 CPUID 或 INVLPG；或者使用屏障指令，例如 LFENCE、SYSRET 或 INVPCID，以保证修改成功。

（2）硬件辅助软件开启防护

❏ 对于 Spectre 变种 2 攻击，硬件提供间接分支限制推测（Indirect Branch Restricted Speculation，IBRS）（高权限程序禁用低权限程序的预测结果）、单线程间接分支预测（Single Thread Indirect Branch Prediction，STIBP）（每个 CPU 线程禁用其他线程的预测结果），以及间接分支预测器屏障（Indirect Branch Predictor Barrier，IBPB），即在指令间添加屏障，保证之前的指令不会影响屏障之后的预测。软件可以使用这些接口进行预测隔离。

❏ 对于 Spectre 变种 4 攻击，硬件提供推测存储旁路禁用（Speculative Store Bypass Disable，SSBD）功能，软件可以禁用 SSB。

❏ 对于 Foreshadow 和 LVI 攻击，硬件提供 IA32_FLUSH_CMD 功能。软件需要使用 IA32_FLUSH_CMD 来清除 L1 缓存。

❏ 对于 MDS 类和 LVI 攻击，硬件提供 MD_CLEAR 功能，包括 VERW 和 L1D_FLUSH 命令。软件需要使用 MD_CLEAR 来清除各类缓冲器和 L1 数据缓存。

❏ 对于事务异步终止（Transaction Asynchronous Abort，TAA）攻击，硬件提供 IA32_TSX_CTRL，软件可以禁用 Intel 事务扩展技术（Transactional Synchronization Extension，TSX）。

❏ 对于 BHI 攻击，软件使用内核模式执行保护（Supervisor Mode Execution Protection，SMEP）和增强 IBRS（enhanced IBRS，eIBRS）功能。

❏ 对于 RAPL 能量报告，硬件更新微码进行过滤，软件可以根据不同的场景设置过滤。

（3）纯硬件防护

❏ 对于 L1DES、Crosstalk、GDS、ÆPIC 泄露攻击，硬件直接提供微码更新修补漏洞。

❏ 对于缓存扭曲（Cache Warp）攻击，硬件直接提供微码更新和固件更新修补漏洞。

（4）无其他特殊防护

对于赫兹出血攻击，软件使用传统密码实现侧信道防护。

由于越来越多的侧信道攻击与 CPU 的微架构有关，因此，开发者应密切注意 CPU

厂商发布的最新安全指导，一方面采用软件最佳实践，另一方面打上硬件微码补丁。

3. DRAM行锤击保护

目前为止，行锤击类攻击可以通过内存加密来防护。例如，RAMBleed中明确表明 SGX和SEV等硬件加密手段可以缓解 RAMBleed攻击。

8.2.4　简单物理攻击保护

TEE的硬件一般负责抵御以下的简单物理攻击。

- ❑ **DRAM线下读取**：TEE的硬件 MEE负责加密写入 DRAM的内容。对于机密计算，MEE必须提供机密性，但 MEE可以提供完整性也可以不提供，这取决于 MEE的设计。
- ❑ **恶意设备DMA访问**：TEE的软件可以声明私有内存和共享内存。DMA对私有内存的访问会被 TSM阻止，而对共享内存的访问会被允许。前提是 TEE的软件需要正确地设置私有内存和共享内存的范围。
- ❑ **设备总线攻击**：TEE机密计算默认设备是不安全的，因此 TEE的软件不应该把机密信息泄露给设备。这样，攻击者就算攻击设备总线，也无法获取机密信息。TEE软件可以在验证设备之后相信设备，这时软件和设备之间会建立安全会话，通过加密保护通信数据。攻击者就算攻击设备总线，获得的也是加密数据。
- ❑ **设备热拔插**：如 PCI Express或 USB设备插拔，可以是真实设备，也可以是虚拟设备。由于设备由不可信的系统资源管理器（如 VMM）进行管理，因此 TEE的软件需要随时准备应对设备被移除、设备发生错误等情况。

8.3　针对 TEE 特有的攻击和保护

8.3.1　针对 SGX 的攻击和保护

Intel在 SGX的介绍 "Intel SGX: moving beyond encrypted data to confidential computing" 中提到 SGX不提供侧信道保护，SGX只是提供了一个隔离的执行环境。王鹃等在 2018年的文章 "SGX技术的分析和研究"，Fei等在 2021年发表的 "Security vulnerabilities of SGX and countermeasures: a survey" 中对 SGX的安全弱点和防范进行了总结。另外，Bulck的文章 "Tutorial: uncovering side-channels in Intel SGX enclaves" 也对 SGX攻击和防御做了详细的描述。对于 SGX的攻击总结如下：

- **基于页表 /TLB等机制转换的攻击**：例如，鸽巢（Pigeonhole）攻击、秘密页表（Stealthy Page Table）、SGX乐高（SGX-LEGO）、抄袭者（CopyCat）、破釜（Leaky cauldron）、禁止入内（Off-limits）攻击等。
- **基于缓存的攻击**：例如，SGX缓存攻击 ⊖、缓存放大（Cachezoom）攻击、软件允许（Software Grand）攻击、缓存引用（CacheQuote）攻击、内存拥挤（MemJam）攻击、恶意软件保护（Malware Guard）攻击等。
- **针对CPU微架构的攻击**：例如，分支追踪（Branch Shadowing）攻击、SGX幽灵（SgxPectre）攻击、分支探查（Branchscope）攻击、蓝色霹雳（Bluethunder）攻击、返回堆栈缓冲器（RSB）攻击、SGX之斧（SGAxe）攻击、预兆（Foreshadow）攻击、复仇女神（Nememsis）攻击、前端攻击（Frontal Attack）等。
- **Enclave软件攻击**：返回导向编程（Return-Oriented-Programming，ROP）的黑色 ROP（Dark ROP）攻击、Enclave接口攻击 ⊖、未初始化结构体 SGX出血（SGX-Bleed）攻击等。
- **硬件攻击**：包括行锤击攻击，如 SGX炸弹（SGX-Bomb）攻击；电压故障攻击，如掠夺电压（Plundervolt）攻击等。
- **工具攻击**：如 SGX单步（SGX-Step）攻击。

Intel的各类微架构侧信道防范指南中都有 SGX相关的部分，防护原则在 8.2节中已有描述，包含 TEE安全软件设计、TEE安全密码应用，以及 TEE软件侧信道防护。

8.3.2　针对 TDX 的攻击和保护

目前已知的对于 TDX的攻击有如下两种：

- **恶意中断注入**：比如扰局者（Heckler）攻击。
- **单步执行和指令计数攻击**：如 TDX停止（TDX Down）攻击。

Intel提供了若干 TDX内核软件安全开发指南（Intel trust domain extension guest kernel hardening documentation），以及 TDX侧信道防范指南（"Trust domain security guidance for developers"和"MKTME side channel impact on Intel TDX"）帮助开发人员防范侧信道攻击。除了软件安全设计、安全密码应用和侧信道防护这三个要素之外，下面再重点介绍几个方面。

1. TVM客户机虚拟固件

TDX虚拟固件设计指南（TDX Virtual Fireware Design Guide）中列出了一些安全考虑，包括通用软件安全实践和 TEE安全实践。

⊖　参见"Cache attacks on Intel SGX"。

⊖　参见"Interface-based side channel attack against Intel SGX"。

❑ **遵守 TCG可信启动原则建立可信链，度量需要度量的所有数据**。从 VMM输入的任何配置信息都需要被度量，特别是配置固件块（Configuration Firmware Volume，CFV）、TD数据传输块（Hand off Block，HOB）、QEMU固件配置 IO（FW_CONFIG_IO）中的数据等。

❑ **使用 CPU指令获取随机数**。例如，RDSEED、RDRAND等，不能使用 VMM/QEMU提供的 virtio-rng。

❑ **使用可信的时钟**。传统 CMOS提供的 RTC是不可信的。

下面列出的是 TDX特有的安全实践。

❑ **不能重复接受已经被接受的内存**。已经被 TD接受的内存表示可能已经有模块在使用，第二次接受会使这个内存被清零，也就意味着 VMM可以注入全零数据。

❑ **虚拟化异常（Virtualization Exception，VE）中断处理函数中 MMIO的处理**。如果 MMIO访问导致异常，VE处理函数需要检测 MMIO地址的 SHARED位，然后请求模拟 MMIO数据。否则，VMM可以向私有 MMIO注入任意数据。

❑ **TD安全 EPT的 VE禁止（SEPT_VE_DISABLE）**。在 TD属性中设置 SEPT_VE_DISABLE，可以使得 TD访问特定页面时只产生 EPT违反（EPT Violation）而不产生 VE异常。

2. TVM客户机内核

在 TDX架构中的 VMM被认为是恶意，因此 TD中的操作系统需要防范任何来自 VMM的攻击，这是一个全新的安全模型。下面列出相应的威胁和解决方案：

❑ **无健壮的设备驱动**：使用设备驱动过滤器，禁止某些 ACPI表。

❑ **无健壮的设备驱动的 __init函数**：由于驱动过滤器不能阻止设备驱动的 __init函数，因此需要审查 __init函数的动作，例如，限制 PCI空间访问、MMIO共享、IO端口过滤、限制 VMM调用（Hypercall）、限制 MSR访问以及限制 CPUID调用等。

❑ **无健壮的核心内核代码**：禁止复杂功能，减少攻击面。

❑ **Spectre代码片段（Gadget）**：进行代码评审。

❑ **无健壮的 ACPI机器语言（ACPI Machine Language，AML）解释器**：度量 ACPI表，过滤 ACPI表。

❑ **VMM控制的随机数**：使用 RDRAND/RDSEED获取随机值。

❑ **VMM控制的时钟**：仅依赖 TSC，其他时钟都不可信。

❑ **VMM注入的中断**：不允许注入任何异常向量（0~30）。

❑ **丢失的处理器间中断（Inter-processor Interrupt，IPI）**：评审中断丢失处理。

在操作系统的各个应用程序中，最重要的一点是，只有在 TEE证明之后才能传送秘密数据。切记这一点！我们已经在第 5章详细描述了过程，这里再强调几个关键点。

❏ **TEE可信链中的任何模块都需要验证**。例如，只验证操作系统而不验证虚拟固件，这是会出问题的。

❏ **可信启动可以在合适的时候转换为安全启动**。例如，如果系统中可以加载的模块太多，则可以只度量安全启动策略和验证模块。这时的证明机制就是对安全启动策略和验证模块的证明。

❏ **可信启动可以在合适的时候转换为磁盘数据加密**。例如，TVM中的一个代理程序可以和远端KBS服务通信，进行TVM证明，再获取密钥解密磁盘数据。

3. TDX单步执行

Intel TDX-module会阻止单步执行（Single-Stepping）（即一步一步执行TD内指令），或者TD内指令重新执行（亦称零步执行），这是为了防止TDX-Step之类的攻击调试工具的工作。

8.3.3 针对SEV的攻击和保护

自从AMD SEV出现后便成为攻击者研究的对象，一些SEV特有的攻击总结如下：

❏ **完整性检查攻击**：无完整性检查（参见"Secure Encrypted Virtualization is Unsecure"）、SEV颠覆（SEVered）、未保护的I/O（参见"Exploiting Unprotected I/O Operations in AMD's Secure Encrypted Virtualization"）。

❏ **攻击AMD-SP硬件**：CPU密钥泄露（参见"Insecure Until Proven Updated: Analyzing AMD SEV's Remote Attestation"）、AMD-SP故障注入（参见"One Glitch to Rule Them All: Fault Injection Attacks Against AMD's Secure Encrypted Virtualization"）。

❏ **侧信道攻击**：TLB中毒（TLB Poisoning）、串线（CrossLine）、密文泄露。

❏ **缓存故障注入**：缓存扭曲（Cache Warp）。

❏ **恶意中断注入**：扰局者攻击、WeSee（谐音VC）攻击。

❏ **恶意代码注入**：AML代码注入（AML Injection）攻击。

❏ **性能计数攻击**：SEV计数监控（Counter SEVeillance）攻击。

❏ **其他**：功耗泄露。

❏ **工具**：SEV单步（SEV-Step）工具。

由于第一代SEV和SEV-ES都有已知的漏洞，因此开发者需要升级到SEV-SNP。之前提到的"三要素"和TVM内核威胁缓解措施对于SEV-SNP同样有效。对于SEV-SNP，AMD还发布了软件指导 ⊖ 和硬件更新指导 ⊜，开发者应关注这些指导以防范攻击。

⊖　参见"Technical guidance for mitigating effects of ciphertext visibility under AMD SEV"。

⊜　参见"AMD INVD instruction security vulnerability"。

第三部分

机密计算中的 TEE-IO

第 9 章

机密计算 TEE-IO 模型

在前面几章中，我们介绍了主机端基于 TEE 的机密计算。从本章开始，我们将详细介绍结合机密设备的机密计算 TEE-IO 通用模型。

9.1 机密计算 TEE-IO 安全模型

机密计算的目的是保护使用中的数据。在实际情况中，这些使用中的数据不仅需要被 CPU 处理，还有可能被硬件加速器处理。一个典型的例子就是，GPU 处理 AI 大语言模型的相关数据，这些数据往往包含个人隐私或商用数据，需要保护。微软公司的研究团队在 2022 年发表了文章"使用 NVIDIA GPU 为机密云中的下一代可信 AI 赋能"[⊖]，提出了"我们的愿景是把可信的边界扩展到 GPU，使得 CPU TEE 中的代码可以安全地把计算和数据卸载到 GPU"。

在现有的 TEE 技术中，只有主机端的硬件和 TSM 才是 TEE-TCB。因此，它存在着两类限制：

❑ **设备不可信**：这就意味着 TEE 无法直接把机密数据传递给设备去做计算，如图 9-1a 所示。

❑ **连接不安全**：这就意味着可信的设备和 CPU 之间的通信链路（如 PCIe 总线）存在信息泄漏的风险。如果 TEE 希望和可信设备进行数据交换，一定是通过回弹缓冲（Bounce Buffer）的方法，即 TEE 要把数据从私有内存加密并复制到共享内存，然后发送给设备。设备解密并处理完数据之后也要先加密、返回到共享内存，TEE 再解密数据并复制到私有内存。IO 密集型应用的效率会大大降低，如图 9-1b 所示。

⊖ 文章英文标题为："Powering the next generation of trustworthy AI in a confidential cloud using NVIDIA GPUs"。

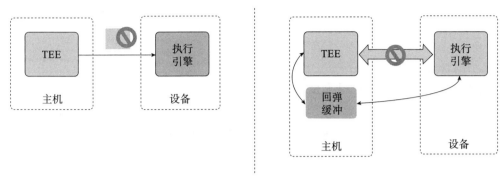

a) 不可信设备　　　　　　　　　　b) 不可信通信

图 9-1　现有机密计算 TEE 的局限

工业界的标准化组织也发布了各类规范，支持把主机端 TEE 的工作量安全有效地卸载到机密设备上。例如，DMTF 发布的 SPDM 定义了两个设备如何在平台中做身份验证，建立可信安全通道。PCI-SIG 组织的 PCIe 基础规范（PCI Express Base Specification）和 CXL 组织的 CXL 规范（Compute Express Link Specification）定义了 PCIe 链路层和 CXL 链路层的完整性和数据加密（Integrity and Data Encryption，IDE）功能，利用硬件加密的方式保护 TEE 和设备之间传送的数据。PCIe 基础规范还定义了 TEE 设备接口安全协议（TEE Device Interface Security Protocol，TDISP），用来提供 TEE 和一个 TEE 设备接口（TEE Device Interface，TDI）进行绑定和管理的功能。

针对上述局限，在 TEE 中使用设备的方法有以下几种：

❏ **第一类：沿用现有不可信设备**。TEE 可以使用密码学技术让设备只进行计算，但不知道结果的含义。例如，同态加密让设备直接对密文进行计算，然后返回密文结果。此方法无须修改硬件，但性能较差。

❏ **第二类：设备可信，但连接不安全**。TEE 可以使用 SPDM 给设备做身份验证，同时建立安全软件通道——SPDM 会话，所有的数据都通过回弹缓冲的方式在 SPDM 会话中传输。这样处理的好处是，设备可以直接接触到机密数据并做处理，提高效率。这是中间的过渡阶段，主机端的 TEE 不需要修改，在设备端添加 SPDM 的功能并提供安全架构保护即可。

❏ **第三类：设备可信并且连接安全**。在 SPDM 身份验证的基础上，主机和设备的 PCIe 之间建立安全的硬件通道——IDE，数据可以直接在 PCIe 总线或 CXL 总线上传输，由 IDE 保护事务层数据报文（Transaction Layer Packet，TLP）的机密性和完整性，这类 TLP 称为 IDE TLP。这时，设备可以通过 DMA 访问 TEE 私有内存，大大提高了访问效率。这是终极方案，主机端的硬件需要添加 IDE

的支持，软件需要利用 TDISP对设备进行管理，而设备端同样要增加 IDE和 TDISP的功能。

注意　我们没有考虑**连接安全但设备不可信**这个选项。从密码学的角度来说，"连接安全"意味着建立了安全会话（Secure Session），"设备可信"意味着经过"认证"（Authentication），只有认证的安全会话（Authenticated Secure Session）才能抵御主动攻击，而普通的安全会话只能防止被动攻击。

在本章中，我们会重点介绍第三类方案——可信的设备和可信的连接。

9.1.1　通用机密计算 TEE-IO 安全模型

图 9-2展示了一个基于 TEE-IO的机密计算通用架构模型。左侧是 CPU所在的具有 TEE-IO功能的主机端系统，我们把 TEE虚拟机（TEE Virtual Machine）称为 TVM，右侧是有 TEE-IO功能的设备端。

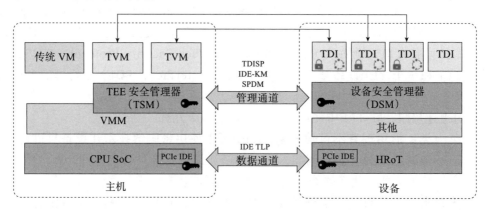

图 9-2　机密计算 TEE-IO 架构模型

在设备端，必须有一个硬件信任根（Hardware Root of Trust，HRoT）来创建设备的执行环境，结合安全启动和可信启动加载其他模块。硬件信任根包括可信启动中支持远程证明的度量可信根、存储可信根和报告可信根，以及安全启动和固件弹性恢复中的检测可信根、升级可信根与恢复可信根。这些都属于设备端 TCB。

在设备端，我们把一个可以分配给 TEE的最小功能单元称为 TEE设备接口（TEE Device Interface，TDI）。TDI是一个逻辑上的概念，在物理上，TDI可以是 PCI单根 IO虚拟化（Single Root IO Virtualization，SR-IOV）设备的一个虚拟功能（Virtual

Function，VF），也可以是非 IO 虚拟化（Non-IOV）的功能，还可以是 PCI设备的一个物理功能（Physical Function，PF），甚至可以是整个设备。每一个 TDI 都必须和其他 TDI以及非 TDI模块隔离。一个 TDI最多只能分配给一个 TEE，但一个 TEE可以拥有多个 TDI。

为了方便管理多个 TDI，设备端可以有一个设备安全管理器（Device Security Manager，DSM）。DSM是硬件信任根的扩展，负责所有 TDI的安全保障和隔离。DSM 也是设备端 TCB的一部分。DSM和包括 TDI在内的其他模块都必须是隔离的。

系统中的其他模块都是不可信的，它们不能影响 DSM和 TDI的安全功能。

设备和主机之间的连接从逻辑上来说可以分为两种：管理通道和数据通道。管理通道负责建立认证的安全通道、管理 TDI的状态等，它不常用。管理通道可以是低速的通道，例如 DMTF定义的 SPDM，以及 IDE密钥管理协议（IDE Key Management，IDE-KM）和 TDISP。数据通道负责数据的实时传输，它必须是高速通道，例如 PCI-SIG和 CXL定义的 IDE。

注意 这个架构假设存在 PCIe规范定义的 IDE和 TDISP硬件模块，这需要主机端和设备端同时支持。现实的情况下，硬件厂商可以定义私有的机密通信方式以取代 IDE；或者在没有硬件可信通道支持的情况下，用软件的方法进行数据安全传输。只要能保证管理和数据这两类通道安全可信即可。

设备中的 TCB、TDI与不信任模块之间的关系，和主机端的 TCB、TEE与不信任模块之间的关系类似，这里不再重复。在 TEE-IO框架下，设备中的 TCB自动扩展到主机端成为 TEE-TCB的一部分。设备端的远程证明和主机端 TEE的远程证明也类似，设备端的 DSM可以通过 SPDM返回针对**整个设备**而言的设备证书、硬件和固件度量值以及配置度量值等，也可以通过 TDISP返回 **TDI特有的** TDI报告信息。

根据 PCIe基础规范中 TDISP部分的描述，TEE-IO需要保证。

❏ **机密性**：TVM存储在 TDI中的代码、数据以及执行状态不能被任何非 TCB的模块读取。

❏ **完整性**：TVM存储在 TDI中的代码、数据以及执行状态不能被任何非 TCB的模块篡改。

TVM数据的**可用性**不在安全模型的考虑范围之内，理由是 VMM作为管理者可以随时切断 TDI和 TVM的联系。但是，**系统的可用性**在安全模型的考虑范围之内，系统不能因为一个脆弱的设备或一个恶意的 TVM而突然崩溃，这是 VMM需要保证的。

为了保证以上安全属性，基于硬件 IO虚拟化的架构需要做到以下几点：

❏ **主机认证设备的身份和度量值**：TVM必须要用密码学方式验证设备的身份和度

量值，包括 SVN、设备调试状态等。TVM根据这些信息决定接受分配的 TDI或拒绝 TDI。SPDM可以满足这个要求。其实，这部分就是对于设备的证明和验证，概念上和 TEE 的证明类似。

- **主机和设备建立安全通道**：TSM和 DSM必须用密码学方式保证传输数据的机密性和完整性，包括抵御重放攻击。SPDM可以帮助建立安全的管理通道，IDE功能可以用作安全的数据通道。这部分是基本安全通信要求，概念上和网络 TLS类似。
- **主机进行 TDI管理**：主机端需要把 TDI从配置非锁定（CONFIG_UNLOCK）状态切换到配置锁定（CONFIG_LOCK）状态来告诉 DSM锁定目前的配置，使得 TVM可以获得锁定的设备 TDI报告。TSM需要协同 TVM决定何时把 TDI切换到运行（RUN）状态，以允许 DMA和 MMIO访问。为了保证 DMA传输数据的安全性，主机端的 TSM需要管理可信的 IO内存管理单元（IO Memory Management Unit，IOMMU），只允许加密的 DMA访问 TVM私有内存。同样，为了保证 MMIO传输数据的安全性，主机端的 TSM需要管理可信的 MMIO地址转化页表，只允许加密的 MMIO访问 TDI的私有内存。这部分是非常特殊的需求，主机端的普通应用软件不会考虑，系统软件和设备驱动一般需要注意这些需求。
- **设备内部有安全架构**：设备的 DSM需要对 TDI进行管理和隔离，TVM数据只能由和它绑定的 TDI访问。例如，DSM和 TDI需保证 TDI状态在错误（ERROR）状态时，不能泄露 TVM机密数据，TDI只有在清除（Scrub）TVM机密数据之后才能变回配置非锁定（CONFIG_UNLOCK）状态，允许重新绑定。另外，设备内部需要有信任根进行可信启动、安全启动和安全更新等，以保证 DSM的完整性。这部分是针对设备自身安全设计和实现的需求，与主机端没有太大关联。

9.1.2 TEE-IO 中的模块

下面来讨论，TEE-IO架构中一些重要模块的角色和责任。

- **VMM作为资源管理器**不仅是 TVM的**管理者**，也是设备 TDI的管理者，负责给设备的 TDI分配资源、锁定配置，然后把 TDI分配给 TVM。
- **TSM是主机端 TVM安全策略实施者**，负责提供可信 IOMMU 和可信 MMIO页表等安全机制，保护 TVM数据不被非 TCB模块访问。TSM的其他功能包括：提供接口让 VMM给 TVM分配 TDI，使用 TDISP管理 TDI的安全状态，创建和管理 IDE密钥等。
- **TVM内部有一个决策者**，需要获得设备的身份、度量信息以及设备 TDI报告来决定是否接受这个设备 TDI。

❑ DSM是设备端 TVM数据**安全策略实施者**，负责隔离保护 TVM数据不被非 TCB 模块访问。DSM的其他功能包括：汇报设备身份和度量值并进行认证，配置设备 IDE密钥，管理 TDI锁定配置，报告状态等。

9.1.3 TEE-IO 中的通信协议

主机端和设备端的通信可以分为管理通道协议和数据通道协议，下面介绍几种常用的协议。

1.SPDM协议

管理通道协议用来创建对话和认证。TSM通过 SPDM获得设备身份和度量值，使 TVM可以验证并接受设备 TDI。同时，TSM和 DSM通过在主机和设备之间建立安全管理通道，承载 SPDM的应用层 IDE密钥管理（IDE Key Management，IDE_KM）协议和 TDISP协议。如图 9-3所示，左侧部分表示 SPDM协议的阶段，中间部分表示 SPDM协议的命令，右侧部分表示 SPDM协议的功能。

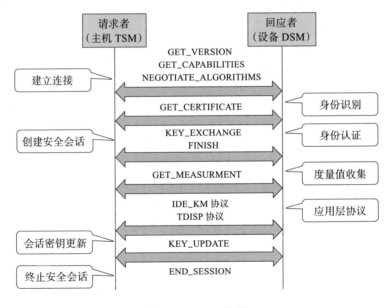

图 9-3 SPDM 协议

SPDM协议包括以下阶段：

❑ **建立连接**：主机端 TSM发送 GET_VERSION、GET_CAPABILITIES和 NEGOTIATE_ALGORITHMS命令创建 SPDM连接。

- ❑ **创建安全会话**：主机端TSM发送 KEY_EXCHANGE和FINISH命令创建 SPDM 安全会话。SPDM会话中的任何数据都会用 AEAD算法进行加密，保证机密性和完整性。
- ❑ **会话密钥更新**：AEAD在使用过程中，每一次的消息都对应一个独立的消息序列号。当这个计数器到达理论上限时，SPDM安全会话就会自动中断。在未达到上限时，主机端TSM使用 KEY_UPDATE命令更新 AEAD加密密钥。
- ❑ **终止安全会话**：当不再需要安全会话时，主机端TSM发送 END_SESSION命令终止安全会话。

SPDM协议具有以下功能：

- ❑ **身份识别**：主机端TSM发送 GET_CERTIFICATE命令获得设备的证书。这个证书会被传送到 TVM做验证，决定是否相信这个设备厂商。
- ❑ **身份认证**：主机端TSM和设备DSM建立安全会话时，需要使用设备的证书做身份认证。设备DSM必须使用证书的私钥来生成对 SPDM握手阶段的消息通信记录（Transcript）的数字签名，从而证明自己是证书的拥有者。
- ❑ **度量值收集**：主机端TSM发送 GET_MEASUREMENT命令获得设备的度量值，例如固件的哈希、安全版本号等。这些度量值会被传送到 TVM做验证，决定是否相信这个设备的特定版本。
- ❑ **应用层协议**：主机端TSM在 SPDM安全会话中发送 IDE_KM协议或 TDISP协议，保证其机密性和完整性。

2. IDE_KM协议

管理通道协议用来进行密钥交换。TSM通过 IDE_KM协议，把 IDE密钥发送给DSM，让 DSM在设备端进行配置。IDE_KM协议还管理着 IDE加密的开始和结束、IDE密钥的更新等。IDE_KM是 SPDM安全会话的应用层协议，用于保证 IDE_KM协议的机密性和完整性。

IDE分为不安全（Insecure）和安全（Secure）两种状态，它们的子状态和切换关系如图 9-4 所示。

- ❑ **不安全 – 设置**（Setup）：初始的 IDE处于 Insecure状态。主机端和设备端生成临时密钥，并进行密钥交换。主机端可以发送 IDE_KM QUERY命令获取信息。
- ❑ **不安全 – 准备**（Ready）：当所有 IDE密钥通过 IDE_KM KEY_PROG命令设置到 PCIe IDE后，IDE进入准备状态。
- ❑ **安全 – 运行**（Operating）：PCIe IDE收到 IDE_KM K_SET_GO命令后，进入 Secure状态。PCIe IDE开始工作，接收和发送 IDE TLP。如果出现任何影响 SPDM或 IDE连接安全的情况，IDE自动进入 Insecure状态。
- ❑ **安全 – 密钥更新**（Key Refresh）：IDE在运行过程中使用 AES-GCM-256进行加

密保护，每一次的消息都对应一个独立的计数器。当这个计数器达到理论上限时，IDE链路就会自动中断。在未达到上限时，主机端用 IDE_KM KEY_PROG 设置另一组密钥，然后用 IDE_KM K_SET_GO 更新 IDE安全链路的密钥。

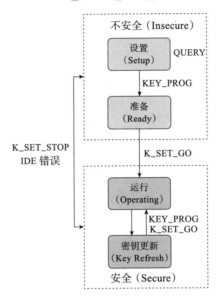

图 9-4 IDE 的状态

注意 在 PCIe 规范中，IDE密钥计数器的理论上限是 2^{64}。但是，最近，IETF的 "AEAD算法的使用上限 $^{\ominus}$"（草案）表明这个上限更低，使用 AEAD算法的用户要根据实际需要来设定合理的上限值，评估的要素包括：

1）攻击者的优势，如 2^{-32}。

2）AEAD算法，如 AES-GCM-256、AES-CCM-256、CHACHA20-POLY1305等。

3）单条消息 AEAD加密块的数目，如 PCIe IDE中 256个块、CXL.cachemem IDE 抑制（Containment）模式中 32个块、CXL.cachemem IDE滑行（Skid）模式中 480个块。

4）AEAD消息认证码的长度，如 SPDM协议使用 128比特 MAC、IDE使用 96比特 MAC。

3. PCIe IDE

数据通道协议用来认证加密 TLP数据包。主机端的 PCIe根复合体（Root Complex，RC）的根端口（Root Port，RP）和设备终端（Endpoint，EP）的 PCIe端口（Port）可

$\ominus$ 英文名为 "Usage limits on AEAD algorithms"。

以通过 IDE 来加密 PCIe 或 CXL 的 TLP。IDE 使用的是 AEAD 中的 AES-GCM-256 算法。只有 IDE TLP 才能保证它们之间交换的 DMA 或 MMIO 数据的机密性和完整性。

PCIe 的 IDE 流（IDE Stream）分为两类，如图 9-5 所示。

❑ **选择性 IDE 流**（Selective IDE Stream）：加密两个任意端口之间的 TLP 是端到端的加密。IDE TLP 直接通过 PCIe 交换机，密文对于 PCIe 交换机来说不可见。这是 TEE-IO 支持的模式，好处是可以把 PCIe 交换机排除在 TCB 之外。

❑ **链路 IDE 流**（Link IDE Stream）：加密两个相邻端口之间的 TLP 是点到点的加密。经过 PCIe 交换机（Switch）时需要重新加密，密文对于交换机可见。使用链路 IDE 流意味着要相信 PCIe 交换机。

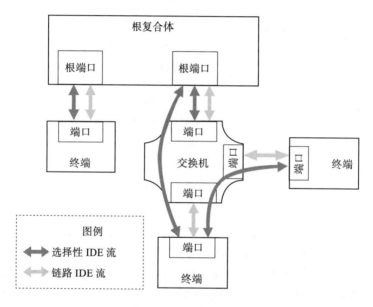

图 9-5　PCIe IDE 流的种类

理想状况下，IDE TLP 应该是顺序传输的，所以 IDE TLP 报文中没有计数器提示如何用 AEAD 解密，发送方和接收方各自维护 AEAD 消息的计数器并保持一致就可以了。但是，不同的 TLP 事务有不同的流控（Flow Control，FC）类型，某种类型的报文会优先于另一种接收，从而打乱接收顺序。所以，PCIe 在不引入计数器的前提下，使用 IDE 子流（Sub-Stream）的概念来解决流控产生的问题。每一个 IDE 流分为三个 IDE 子流，对应不同性质的 PCIe 事务，每一个 IDE 子流都有自己 IDE 密钥，只有一个 IDE 子流中的 IDE TLP 才需要顺序传输。

❑ **投递请求**（Posted Request，PR）子流：对应 PCIe 中的 PR 事务，指发出的 TLP 报文不需要 CPL 报文回应。例如内存写请求或消息请求。

❑ **非投递请求**（Non-Posted Request，NPR）子流：对应 PCIe 中的 NPR 事务，指

发出的 TLP报文需要 CPL报文回应。例如对内存、IO或 PCI配置空间的读请求，或者对 IO或 PCI配置空间的携带数据的写请求。

❑ **完成回应**（Completion，CPL）子流：对应 PCIe中的 CPL事务，是对 NPR报文的回应。

4.TDISP协议

管理通道协议，用来规范设备向软件提供的接口。VMM和 TVM可以通过 TDISP 协议管理设备 TDI，包括 TDI四种状态的切换、IDE流的绑定等。TDISP是 SPDM安全会话的应用层协议，使用 SPDM安全会话是为了保证 TDISP协议的机密性和完整性。

TDI的四种状态和切换关系如图 9-6所示。

❑ **配置未锁定**（CONFIG_UNLOCK）：这是 TDI的初始状态，非 TVM模块可以直接使用。TDI的所有资源都是开放的，通信时不需要 IDE TLP。主机端可以发送 TDISP GET_TDISP_VERSION、GET_TDISP_CAPABILITIES命令来获取 TDI信息。

❑ **配置锁定**（CONFIG_LOCK）：主机端发送 TDISP LOCK_INTERFACE命令从 CONFIG_UNLOCK切换到 CONFIG_LOCK状态。这时，所有会影响 TVM数据安全性的配置都被锁定。"锁定"意味着要么不能修改，维持在当前状态；要么强制修改后进入 ERROR状态。这时的 TDI还是无法发送或接收 IDE TLP，因为 TDI锁定仅代表 TDI分配给了 TVM，TVM可以对设备和 TDI的状态做验证，例如，主机端通过 GET_INTERFACE_REPORT命令获得 TDI信息进行验证，但是 TVM还没有接收 TDI。

❑ **运行**（RUN）：主机端发送 TDISP START_INTERFACE命令从 CONFIG_LOCK 切换到 RUN状态。这时，TVM接收了 TDI，TDI通过 IDE TLP发送 DMA请求来访问 TVM私有内存，或接收 MMIO请求来访问 TEE MMIO。

❑ **错误**（ERROR）：当 TDI在 CONFIG_LOCK或 RUN状态时，任何会影响 SPDM 或 IDE连接安全以及 TDI安全的行为都会使 TDI进入 ERROR状态。ERROR状态下的 TDI不能暴露 TVM机密信息，不能发送或接收 IDE TLP。但 TDI可以使用非 IDE TLP发送错误通知给 TVM，例如，TDI可以使用 PCIe的消息触发中断（Message Signal Interrupt，MSI）或者 MSI-X机制，或者 PCIe的高级错误报告（Advanced Error Reporting，AER）机制通知 TVM。退出 ERROR状态有两种方法，一种方法是 TDI收到 STOP_INTERFACE命令，清除所有 TVM的机密数据后回到 CONFIG_UNLOCK状态；另一种方法是 TDI自动清除所有 TVM的机密数据，回到 CONFIG_UNLOCK状态。

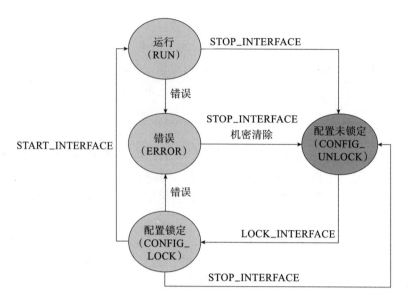

图 9-6　TDI 的状态

9.1.4　TEE-IO 中的资源分类

如图 9-7b所示，在主机端，TVM的资源分为 TEE私有内存和 TEE共享内存，顾名思义，分别存放需要加密的私有数据和可共享的数据。TDI在使用 DMA访问 TVM私有数据时一定要用 IDE TLP进行保护，访问 TVM共享数据时可以使用也可以不使用 IDE TLP。

如图 9-7a所示，设备可以提供 MMIO的接口让主机存放 TVM的私有数据或共享数据，这部分 MMIO称为 TEE MMIO或者设备端的 TEE内存（TEE MEM）。与之相对应，设备还有一些 MMIO的接口只能用于访问非 TVM私有数据，包括 TVM的共享数据或者设备的非机密数据（例如配置信息），这部分 MMIO称为非 TEE-MMIO（Non-TEE MMIO）或者设备端的非 TEE内存（Non-TEE MEM）。TEE MMIO访问一定要使用 IDE TLP进行保护，Non-TEE MMIO访问可以使用也可以不使用 IDE TLP进行保护。TDISP规范还允许 TEE MMIO和 Non-TEE MMIO的属性在运行时发生改变，主机端可以通过 TDISP SET_MMIO_ATTRIBUTE命令发送改变请求，MIMO属性改变之后立刻生效。

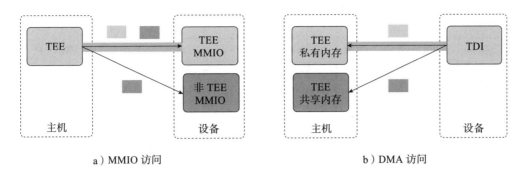

图 9-7 机密计算 TEE-IO 中的 DMA 和 MMIO

> **注意** 这里再解释一下 TEE MMIO 的概念。一个设备在出厂时可以预置哪部分 MMIO 作为 TEE MMIO，哪部分作为 Non-TEE MMIO，这是设备的属性。当人们说 TEE 只能使用 IDE TLP 访问 TEE MMIO 时，大前提是设备的 TDI 已经分配给了 TEE，并且处于 RUN 状态。如果 TDI 还没分配给 TEE，那么这个 TDI 就是一个普通的设备处于 CONFIG_UNLOCKED 状态，它只有普通 MMIO，没有 TEE MMIO 或 Non-TEE MMIO 之分。因为 TEE MMIO 中没有任何机密数据，非机密的普通主机程序可以正常访问，不需要 IDE TLP。

下面参考 Intel TDX Connect TEE IO Device Guide 分别根据 TLP 的请求者和完成者列出这种 MMIO 和 DMA 的访问规则。在此之前，给出以下定义：

❏ **绑定 IDE 流**：和 TDI 绑定的 IDE 流，即 TDI 只能接受绑定 IDE 的访问。
❏ **非绑定 IDE 流**：未和 TDI 绑定的 IDE 流。
❏ **非 IDE 流**：未加密的明文 TLP。
❏ **TEE-TLP**：绑定 IDE 流，并且 TLP 中的 T 比特位置 1 表示来自 TEE 的通信。
❏ **Non-TEE-TLP**：其他的非 IDE 流、非绑定 IDE 流，或者绑定 IDE 流，并且 TLP 中的 T 比特位置 0 表示并非来自 TEE 的通信。

> **注意** 这里的 T 比特只表示来自 TEE 的 TLP，但是目前没有比特位表示目标在 TEE 或非 TEE 中。

1. 设备 TDI 作为完成者

当设备 TDI 作为 TLP 完成者时，设备端资源访问规则如表 9-1 所示。

表 9-1　TDI作为完成者时的设备端资源访问规则

访问控制	CONFIG_UNLOCK	CONFIG_LOCK	RUN	ERROR
TEE-TLP	N/A N/A N/A	T-MMIO（X） NT-MMIO（V） CFG（V）	T-MMIO（V） NT-MMIO（V） CFG（V）	T-MMIO（X） NT-MMIO（V） CFG（V）
Non-TEE-TLP	N/A NT-MMIO（V） CFG（V）	T-MMIO（X） NT-MMIO（V） CFG（V）	T-MMIO（X） NT-MMIO（V） CFG（V）	T-MMIO（X） NT-MMIO（V） CFG（V）

注：1. 根据TDISP定义，在CONFIG_UNLOCK情况下，不存在TEE-TLP。

　　2. 根据TDISP定义，在CONFIG_UNLOCK情况下，不存在TEE-MMIO的概念。设备的任何MMIO资源都能被主机端访问。

设备端资源定义如下：

❑ **TEE MMIO（T-MMIO）**：设备中的TEE内存、主机端TVM可以读写，需要保护。

❑ **Non-TEE MMIO（NT-MMIO）**：设备中的TEE内存、主机端任何模块可以读写，不需要保护。TDI报告中的NON_TEE_MEM置为1。

❑ **Configuration空间（CFG）**：设备的PCI配置空间、主机端任何模块可以读写，不需要保护。

设备端资源访问规则定义如下：

❑ **成功（V）**：对于非投递请求（NPR），设备返回成功完成（Success Complete，SC）TLP。

❑ **拒绝（X）**：设备返回不支持的请求（Unsupported Request，UR）TLP或直接丢弃TLP请求。由DSM强制执行。

2. 设备TDI作为请求者

当设备TDI作为TLP请求者时，主机端TEE资源访问规则如表9-2所示。

表 9-2　TDI作为请求者时的主机端TEE资源访问规则

访问控制	CONFIG_UNLOCK	CONFIG_LOCK	RUN	ERROR
TEE-TLP	N/A N/A N/A	DMA（X） MSI（X） T-MSI（X）	DMA（V） MSI（X） T-MSI（V）	DMA（X） MSI（X） T-MSI（X）
Non-TEE-TLP	DMA（V） MSI（V） N/A*	DMA（X） MSI（V） T-MSI（X）	DMA（X） MSI（V） T-MSI（X）	DMA（X） MSI（V） T-MSI（X）

* 根据TDISP定义，CONFIG_UNLOCK情况下，不存在T-MSI。

主机端资源定义如下：

- ❏ DMA：主机端的内存、设备可以读写。但是设备无法知道这是 TEE 内存还是 Non-TEE 内存。
- ❏ MSI：设备向主机发出的内存触发中断（MSI），不被保护。
- ❏ 可信 MSI（Trusted-MSI，T-MSI）：一类特殊的 MSI，MSIX 表（MSIX Table）位于 TDI 报告的 MMIO_RANGE 中。

主机端资源访问规则定义如下：

- ❏ 允许（V）：设备可以发出 TLP。
- ❏ 不允许（X）：设备的 DSM/TDI 不应该发出此 TLP。主机端 SOC 会拒绝 TLP。

3.主机端作为请求者

当主机端作为 TLP 请求者时，设备端资源访问规则如表 9-3 所示。

表 9-3　主机端作为请求者时的设备端资源访问规则

访问控制	TEE-MMIO	Non-TEE-MMIO
TEE-TLP （私有 MMIO 访问）	TEE-MMIO（V）	Non-TEE-MMIO（V）
Non-TEE-TLP （共享 MMIO 访问）	TEE-MMIO（X）	Non-TEE-MMIO（V）

注：TVM 可以选择发出 TEE-TLP 访问 Non-TEE-MMIO，但是设备 DSM 没有义务保护 Non-TEE-MMIO。因此，TVM 仍然需要把 Non-TEE-MMIO 当成不可信的数据进行处理。

设备端资源定义如下：

- ❏ 私有 MMIO：TEE 设置的需要使用 TEE-TLP 访问的 MMIO。
- ❏ 共享 MMIO：TEE 设置的非私有 MMIO。

注意　这里我们使用不同域 TEE-MMIO 的定义。TEE-MMIO 是从设备角度来看，而私有 MMIO 是从主机角度来看。

设备端资源访问规则定义如下：

- ❏ 允许（V）：主机 SOC 可以发出 TLP。
- ❏ 不允许（X）：主机 SOC 不应该发出此 TLP。设备 DSM 会拒绝 TLP。

4.主机端作为完成者

当主机端作为TLP完成者时，主机端TEE资源访问规则如表9-4所示。

表9-4   主机端作为完成者时主机端TEE资源访问的规则

访问控制	私有内存	共享内存
TEE-TLP	私有内存（V）	共享内存（V）
Non-TEE-TLP	私有内存（X）	共享内存（V）

主机端TEE资源定义如下：

❑ **私有内存**：TEE的私有内存，其他TEE或非TEE无法访问。
❑ **共享内存**：TEE的共享内存，其他TEE或非TEE可以访问。

主机端TEE资源访问规则定义如下：

❑ **成功**（V）：主机SOC允许设备TDI访问。
❑ **拒绝**（X）：主机SOC不允许设备TDI访问。TSM需要配置主机端SOC的IOMMU，IOMMU在运行时拒绝访问。

9.1.5　TEE-IO中的密钥

根据上述协议，可以总结TEE-IO中的密钥，如表9-5所示。

表9-5   TEE-IO中的密钥

密钥名称	规范	功能	来源	子密钥
SPDM 会话密钥	SPDM	AEAD 密钥，保护 SPDM 会话	SPDM会话DHE 密钥交换以及衍生	2 个会话阶段：握手 / 应用 每个阶段：发送 / 接收两方向密钥
IDE 密钥	PCIe	AES-GCM 密钥，保护 PCIe IDE TLP	SPDM会话中的 IDE_KM 直接设置	3 个 IDE 子流：PR、NPR、CPL 每个子流：发送 / 接收两方向密钥
内存加密密钥	无	AES-XTS 密钥，保护 DRAM 数据	CPU SoC 内部产生	—

9.2 机密计算 TEE-IO 威胁模型

这里将总结 PCIe 基础规范中提到的 TEE-IO 相关的威胁。这些威胁是对于外部总线来说的，而对于 SoC 内部总线（Internal Bus），不同的厂商会有不同的考虑。

这里假设这个 TEE-IO 设备是一个标准 PCIe 设备，其他类型的设备可以有特定类型的威胁和安全需求。

9.2.1 需考虑的威胁

机密计算 TEE-IO 对于 TEE 的威胁范围做出了扩展，需要额外考虑的部分如下：

❑ **互联安全**：攻击者可能会使用实验室设备，例如转接板、恶意 PCIe 交换机、路由表修改、调试钩子等方式来进行窃听、拦截、篡改、伪造，以及使用上述方式的组合来发动攻击，如通过重放或非法重排来攻击主机与设备的通信数据。这些威胁可以通过 SPDM 协议和 IDE 建立安全通道得到缓解。图 9-8 展示了四种基本攻击方法，图 9-9 展示了一些组合攻击方法。

注意 单纯拦截破坏的是可用性，属于拒绝服务攻击，不在需要考虑的威胁范围之内。但是，拦截可以和其他方法组合，从而破坏系统的完整性和机密性，那就在需要考虑的威胁范围之内了。

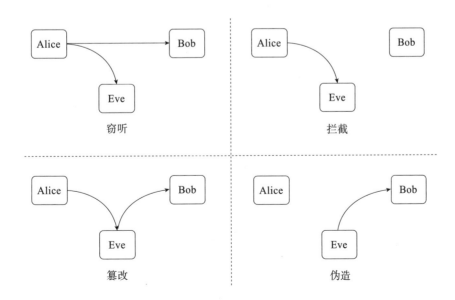

图 9-8 安全通信的基本攻击方法

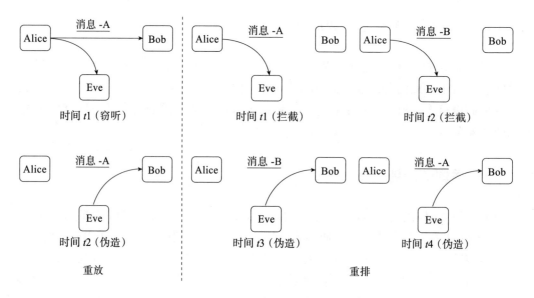

图 9-9　安全通信的组合攻击方法

❑ **身份和度量值报告**：攻击者可能会使用未知设备或虚假设备来模仿合法设备的行为，从而获取 TVM 的私有数据。攻击者可能会将合法设备的固件降级到一个有缺陷的版本，使之成为有缺陷的设备，然后利用缺陷获取 TVM 的私有数据。攻击者也可能会利用合法设备的调试接口来获取 TVM 的私有数据。这些威胁可以通过 SPDM 的身份认证和度量值报告检验进行防御。各类不安全设备和检查方法如图 9-10 所示。

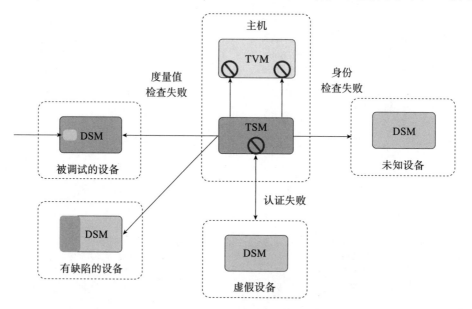

图 9-10　各类不安全设备和检查方法

❑ **TDI分配和移除**：攻击者可能会通过恶意修改设备的 MMIO地址、MMIO重映射（Remap）、MMIO重叠（Overlap）、修改 MMIO地址解码器，甚至移除再分配 TDI等方式来获取设备私有 MMIO的内容。攻击者可能会修改可信 IOMMU地址转化页表来控制 DMA访问，从而窃取 TVM私有内存。攻击者可能会通过突然移除设备、重启设备，或使设备 TDI进入错误状态等方式获取设备私有内存内容。攻击者可能会启动恶意 TVM来窃取 TDI中的私有内存内容。上面这些威胁可以通过使用主机和设备间的 TDISP协议得到缓解。图 9-11做了简单的总结，TVM把秘密分享给了可信的 TDI，TDI要继续保密。对 TVM来说，它要防止非 TDI通过 DMA访问 TVM的私有数据；对 TDI来说，它要防止非 TVM通过 MMIO访问 TVM的私有数据。

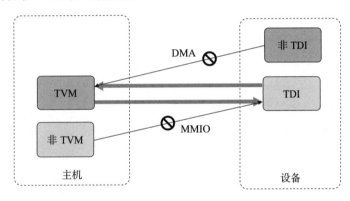

图 9-11　DMA 和 MMIO 的访问控制

TDX Connect架构中详细讨论了 MMIO和 DMA的各类威胁，下面来分别描述。

1.可信 MMIO 的威胁

针对可信 MMIO的威胁有以下几种，如图 9-12所示。

❑ **恶意干扰**：除了分配到 TDI的 TVM之外，其他的软件（如 VMM、其他 TVM、非 TEE VM）也可能访问 TDI的 TEE MMIO。

❑ **地址重映射攻击**：VMM可能会把一个连续的 MMIO HPA映射到不连续的两个 GPA，包括映射到不同设备或者交换映射次序等。

❑ **重叠攻击**：VMM可能会把同一个 MMIO HPA分配给两个不同的设备，使 PCIe硬件在解码时产生混乱。

❑ **重定向攻击**：PCIe交换机可能会把 MMIO的访问重定向到另一个不可信的设备。

❑ **中间人攻击**：主机端的 PCIe Root Complex和设备端的 PCIe端点之间的通信可能被窃听、拦截、篡改、伪造等。

□ **恶意的设备接口配置**：VMM可能会把未锁定的TDI分配给TVM。例如，TDI移除后立刻重新分配，诱使TVM发出MMIO请求或接收DMA请求。

□ **未授权的TEE访问**：VMM可能启动一个侵略者或同谋者TVM，在将TEE MMIO分配给同谋者TVM之后，把同样的MMIO分配给受害者TVM，利用同谋者TVM窃取信息。

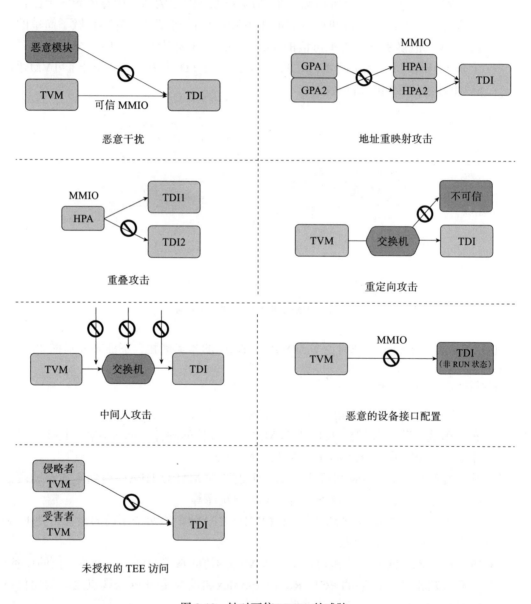

图9-12　针对可信MMIO的威胁

2.针对可信 DMA 的威胁

针对可信 DMA 的威胁有以下几种, 如图 9-13 所示。

- ❑ **ID欺骗**: 恶意设备使用伪造的请求者 ID（Requester ID, RID）或进程地址空间 ID（Process Address Space ID, PASID）假冒真正的 TDI访问 TVM。
- ❑ **重映射攻击**: VMM 把同样的 GPA 在安全页表和可信 IOMMU 中映射成不同的 HPA, 使 TDI 获得错误的地址信息。
- ❑ **中间人攻击**: 主机端的 PCIe Root Complex 和设备端的 PCIe 端点之间的通信可能被窃听、拦截、篡改、伪造等。
- ❑ **混淆代理访问攻击**: 当一个 TVM 接受一个 TDI 时, TVM 就接受了整个设备 TCB。但这不代表这个设备的其他 TDI 可以访问这个 TVM, 即使在同一个设备中, 不被 TVM 接受的 TDI 不能访问 TVM。

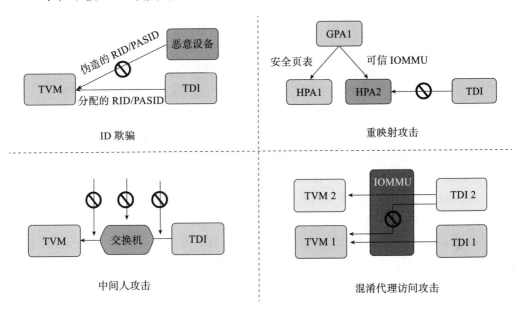

图 9-13　针对可信 DMA 的威胁

9.2.2　设备端的安全需求

下面总结了 TEE-IO 设备的安全需求, 详细的描述请参考 PCIe 基础规范。

- ❑ **设备身份和认证**: TEE-IO 设备需要支持 SPDM 协议来传递身份信息和身份认证。设备可以使用基于 TPM 的可信启动和身份认证, 或使用基于 DICE 的可信启动和身份认证。

- **固件和配置的度量**：TEE-IO设备需要通过SPDM返回设备度量值，可以是基于哈希的度量值，或SVN。如果设备支持固件更新，则建议遵循NIST SP800-193定义的固件弹性恢复功能。如果设备支持无须重启的运行时固件更新，则这个功能需要在TDI报告中说明，并且设备需要遵循主机端使用TDISP的NO_FW_UPDATE和SPDM的安全会话的TerminationPolicy设置。例如，如果主机端将NO_FW_UPDATE设置为1，那么在TDI处于CONFIG_LOCKED状态时，设备不支持运行时固件更新。如果主机端将TerminationPolicy设置为0，那么设备一旦发生运行时固件更新，SPDM的安全会话必须终止。

- **安全互联**：TEE-IO设备必须使用IDE来保护设备和主机Root Complex的通信，或者设备到设备间的点到点（Peer-to-Peer，P2P）通信。一旦IDE流切换到Insecure状态，那么所有和这个IDE流绑定的处于CONFIG_LOCKED或RUN状态TDI必须切换到ERROR状态。如果设备硬件在TDI状态为CONFIG_LOCKED或RUN时发出TLP请求报文后，接收到带有不支持请求错误（Unsupported Request，UR）的完成报文、带有完成者终止错误（Completer Abort，CA）的完成报文，或者完成报文超时，那就意味着发送了不可纠正的错误，例如IOMMU转换表错误。这时，TDI需要切换到ERROR状态。

- **设备附带的内存**：如果设备附带内存，并且用于存储TVM的私有数据，那么设备需要保证私有数据的明文不能泄露到设备之外。和主机端一样，设备也可以选择使用内存加密引擎来加密数据，并提供完整性保护。

- **TDI安全**：TEE-IO设备的DSM必须使用SPDM和TSM建立安全会话，支持IDE密钥管理和TDISP。和TDI绑定的IDE流必须在同样的SPDM安全会话中创建，尝试在别的SPDM安全会话配置IDE的企图必须被拒绝。一旦SPDM安全会话终止，那么受这个SPDM安全会话管理的IDE流必须切换到Insecure状态，受这个SPDM安全会话管理的TDISP必须切换到ERROR状态，设备必须清除所有TVM私有数据之后才能切换到CONFIG_UNLOCK状态。如果设备的配置发生改变，会导致TVM私有数据泄露，例如重新配置基址寄存器（Base Address Register，BAR）或重新映射MMIO等，那么处于CONFIG_LOCKED或RUN状态的TDI必须切换到ERROR状态。如果DSM遇到不可恢复的错误或DSM失去TDI的状态追溯，那么TDI必须切换到ERROR状态。

- **数据完整性错误**：TDI在RUN状态收到中毒的TLP，意味着发生了不可纠正的错误。除非TDI有恢复机制，否则DSM需要把TDI切换到ERROR状态。发生任何不可纠正的数据完整性错误时，DSM都需要把TDI从CONFIG_LOCKED或RUN状态TDI切换到ERROR状态。

- **调试模式**：如果设备在调试模式时只是收集信息，那么它不能影响设备的安全配置，也不能破坏TVM数据的机密性和完整性。如果设备在调试模式时会影响

设备的安全配置，例如绕过安全启动校验、影响度量值等，那么设备不能建立
SPDM安全会话，或者需要结束已有的 SPDM安全会话。

❑ **传统重启**：传统重启（包括冷启动和热启动）需要把所有的状态切换到初始状态，即包括 TDI的 CONFIG_UNLOCKED状态，所以传统重启需要清除所有TVM私有数据。

❑ **功能级别重启**（Functional Level Reset，FLR）：设备的虚拟功能（VF）或非 IO 虚拟化（Non-IOV）功能的重启会影响相关的 TDI。设备的物理功能（PF）重启会影响所有的下属虚拟功能 TDI。FLR需要把所有受影响的处于 CONFIG_LOCK或 RUN状态的 TDI转换为 ERROR状态。对于功能号非 0的 FLR，不会影响 SPDM安全会话或 IDE流。

❑ **DSM追踪和处理锁定的 TDI配置**：如果设备配置的改变会影响处于 CONFIG_LOCK或 RUN状态的 TDI，那么 DSM需要追踪这些配置，可以是 PF的配置、非 IOV功能的配置，或 VF的配置。如果发生了改变，那么应根据影响把 IDE流切换到 Insecure状态，或把 TDI的状态切换到 ERROR状态。

9.2.3　主机端的安全需求

下面总结了主机端的安全需求，详细的描述请参考 PCIe基础规范。

❑ **MMIO访问控制**：TSM需要保证以下几点：①TVM可以访问 TDI报告中的所有的 MMIO资源，②TVM只能访问分配给 TVM的 MMIO资源，③只有 TVM和 TCB可以发出针对分配给 TVM的 MMIO访问的 IDE TLP。

❑ **DMA访问控制**：TSM需要保证只有 TVM接受了 TDI之后，才能接收设备发出的针对 TVM内存的未转换的请求（Untranslated Request）或转换过的请求（Translated Request）TLP，这里的 TVM内存可以是私有内存也可以是共享内存。未接受 TDI之前的 DMA访问要被禁止。注意：一旦 TVM接受了 TDI，就意味着接受了整个设备的 TCB，设备不应该发出虚假的报文（例如 TLP的源请求者 ID）来欺骗 TVM。

❑ **设备绑定**：TSM需要有机制检查 TSM和 DSM之间建立的 SSPDM安全会话是否维持，TDI是否在使用 TSM建立的 IDE流。

❑ **安全互联**：TSM需要保证安全通道的密钥的安全，如保证 SPDM会话密钥和 IDE密钥不会泄露到 TSM和 TCB之外。TSM需要保证其他未授权模块不能修改安全通道密钥。TSM需要保证安全通道密钥不被重用。

❑ **数据完整性错误**：主机端需要使用数据抑制（Data Containment）机制来保证 Poisoned TLP不被使用或传播到 TVM。如果检测到 TLP不可纠正的错误，主机端需要使用数据中毒（Poison the Data）的方法来阻止错误数据的继续传播。如

果有记录错误症状的日志寄存器，可能会泄露 TVM 的信息，那么主机端需要清除这些寄存器的内容。

❏ **TSM 追踪和处理锁定的 Root Port 配置**：如果根端口配置的改变会影响处于 CONFIG_LOCK 或 RUN 状态的 TDI，那么 TSM 需要追踪根端口配置。如果发生了改变，那么可以根据影响把 IDE 流切换到 Insecure 状态，或者把 TDI 的状态切换到 ERROR 状态。这里的配置寄存器包括 IDE 扩展功能寄存器（IDE Extended Capabilities Register）。

9.3   机密计算 TEE-IO 主机端实例

本节我们来看一看主机端支持 TEE-IO 的实例。

9.3.1   Intel TDX Connect

Intel 的 TDX 连接（TDX Connect）是 Intel 提出的基于 TDX 的机密计算 TEE-IO 方案，它的架构如图 9-14 所示。

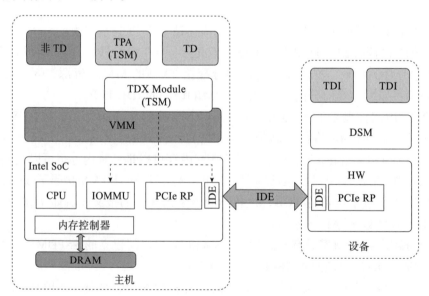

图 9-14   Intel TDX Connect 的架构

TDX Connect 主机端 Intel SoC 增加了以下安全功能：

❏ **PCI IDE 功能**：Intel PCIe Root Complex 有 IDE 的功能，可以给 PCIe TLP 加密，保证传输数据的机密性和完整性。在进入 TDX Connect 模式后，只有 TDX

Module作为 TSM可以访问 IDE相关寄存器，进行 IDE密钥配置和 IDE启动。

❑ **可信的 IOMMU引擎**：Intel IOMMU，即设备 IO虚拟化（Virtualization Technology for Directed IO，VTd）引擎被分割成不可信和可信两部分，分别包括一组寄存器和 DMA重映射表（DMA Remapping Table，DMAR），用于设备地址转换。VMM可以自由控制传统不可信的部分 DMAR表，只有 TDX Module作为 TSM访问可信部分的寄存器，称为可信 DMAR表。VMM可以给 TDX Module提交请求来更新 DMAR表，在更新完成锁定之后，VMM不能随意修改。

❑ **可信 DMA访问**：设备访问 TD私有内存时，需要使用 IDE TLP来保护私有数据的机密性和完整性。IOMMU引擎根据接收到的 TLP是否为 IDE TLP来决定参考哪一个 DMAR表，IDE TLP需要参考可信 DMAR表，可信 DMAR表中的下级转换表为安全 EPT（Secure EPT），这样就能保证一套完整的可信地址转换机制。

❑ **可信 MMIO访问**：TD访问设备 TEE MMIO时，需要使用 IDE TLP来保护私有数据的机密性和完整性。如果设备报告存在 TEE MMIO，那么这个 TEE MMIO的地址需要加入安全 EPT中。当 TD访问 TEE MMIO时，安全 EPT会把 GPA翻译成 HPA，然后在判定 MMIO之后交予 PCIe根端口来使用 IDE加密。

TDX Connect主机端的 TSM也进行了扩展。之前的 TDX Module增加了可信 IOMMU的管理和 SOC IDE密钥管理的功能。TEE-IO Provisioning Agent（TPA）是一个新的模块，用于辅助 TDX Module和设备 DSM建立 SPDM安全会话。

图 9-15展示了 Intel TDX Connect中可信 DMA和可信 MMIO的流程。

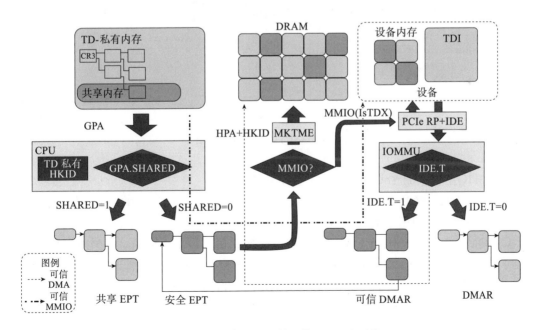

图 9-15　Intel TDX Connect 的可信 DMA 和可信 MMIO

┄┄►显示了可信 DMA 的流程。设备发出加密的 DMA 请求 IDE TLP，SoC 的根端口收到后解密，然后发送到 IOMMU 引擎查找地址。IOMMU 使用可信 DMAR 表做第一级地址翻译，然后指向 CPU 的安全 EPT，安全 EPT 做第二级地址翻译后获得物理地址。在判断此地址非 MMIO 之后，由 MKTME 引擎指向物理 DRAM 进行访问。

┄┄►显示了可信 MMIO 的流程。TEE 发出私有地址 MMIO 请求，CPU 判断页表中的 SHARED 位为 0，然后查找安全 EPT 进行地址翻译。安全 EPT 找出 MMIO 的物理地址，加上 TDX 的标签交给 SoC 的根端口，SoC 的根端口使用 IDE 进行加密，发送给设备。

9.3.2　AMD SEV-TIO

SEV 可信 IO（SEV Trusted IO，SEV-TIO）是 AMD 的 TEE-IO 方案，它的架构如图 9-16 所示。

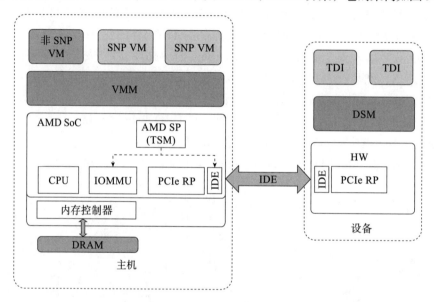

图 9-16　AMD SEV-TIO 的架构

SEV-TIO 主机端的 SoC 增加了以下安全功能：

❑ PCI IDE：PCIe Root Complex 增加了 IDE 的功能，可以给 PCIe TLP 加密，保证传输数据的机密性和完整性。

❑ IOMMU：IOMMU 负责实现设备地址转换和访问控制。IOMMU 使用同样的反向映射表（RMP）对 DMA 进行检查，以保证 SNP VM 的机密性和完整性。每一个 TDI 都附带一个安全设备表（Secure Device Table，SDT），用于描述额外的安全属性，例如 ASID 和 VMPL 等，以决定是否可以访问客户机的私有内存。SDT 必须存放在受保护的内存中，只能由 AMD SP 访问。

SEV-TIO DMA 管理如图 9-17 所示。

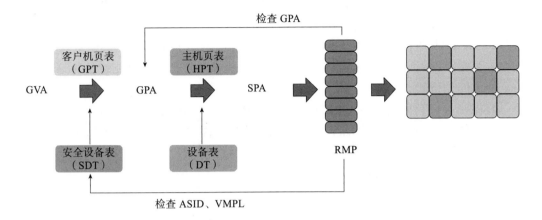

图 9-17　AMD SEV-TIO DMA 管理

SEV-TIO 主机端的 TSM 是 AMD SP，它负责管理可信 IOMMU 和 SoC IDE 密钥，负责和设备 DSM 建立 SPDM 安全会话。

9.3.3　ARM RME-DA

ARM CCA 机密计算的 DEN0129 RME 规范提出了 RME 设备分配（RME Device Assignment，RME-DA）扩展，作为 TEE-IO 的方案。RME-DA 的架构如图 9-18 所示。

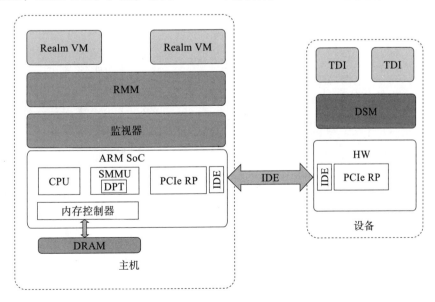

图 9-18　ARM RME-DA 的架构

其中增加了如下重要模块：

❑ CCA系统安全域（SSD）的硬件提供 PCIe根端口的硬件 IDE功能，负责加解密 PCIe TLP。

❑ SoC硬件的系统 MMU（System MMU，SMMU）则在 IHI0070中引入了**设备许可树**（Device Permission Tree，DPT）的概念，负责精确控制设备 TDI和 Realm 之间的访问。

❑ 机密领域管理安全域（RMSD）的 RMM软件作为 TSM实现 SPDM协议，并且 提供 PCIe规范中提出的 TDISP和 IDE_KM软件功能，负责管理 TDI。

9.3.4 RISC-V CoVE-IO

RISC-V标准化组织 AP-TEE-IO任务组在 2023年起草了机密虚拟机扩展 IO （Confidential VM Extension IO，CoVE-IO）规范，用于支持 RISC-V架构下的 TEE-IO 方案。RISC-V CoVE-IO的架构如图 9-19 所示。

其中，增加的重要模块如下：

❑ SoC硬件实现 PCIe根端口需要的 IDE功能。

❑ SoC硬件的 IO地址转换代理（Translation Agent，TA）实现 IOMMU扩展，如 **IO内存保护表**（IOMPT）负责控制设备 DMA到 TVM的机密内存访问，其用法 和 MPT类似。

❑ 域安全管理器（DoSM）的 TSM实现 SPDM协议，并且负责实现 PCIe的 TDISP 和 IDE_KM软件，管理 TDI。

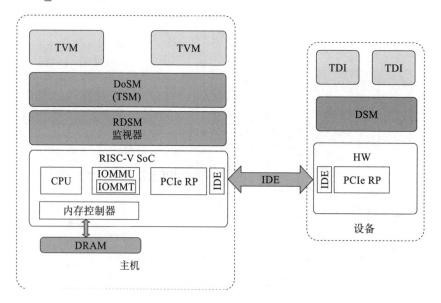

图 9-19 RISC-V CoVE-IO 架构

9.4 机密计算 TEE-IO 设备端实例

本节我们来看一看设备端支持 TEE-IO 的实例。

NVIDIA GPU

NVIDIA 在白皮书 "Confidential compute on NVIDIA Hopper H100" 和 "NVIDIA H100 Tensor Core GPU architecture" 中描述了支持机密计算的 Hopper H100 系列 GPU。

注意　这里的 Hopper 不是指漏斗或是跳虫，而是格蕾斯·霍珀（Grace Hopper）。格蕾斯·霍珀是一位受人尊敬的传奇女性程序员。她的事迹在 Byer 所著的《优雅人生》一书中有详细的介绍。大家熟知的一个故事就是 1945 年 9 月 9 日，一只飞蛾飞进了计算机房，死在了一个继电器里面，导致电路不通。霍珀发现了那只飞蛾，把它弄了出来，并且把蛾子的尸体贴在日志里，写道 "Relay #70 Panel F. moth in relay. First actual case of bug being found."（70 号继电器面板 F，继电器中的蛾子。第一个真正的被找到的 bug）。从此，Bug（小虫）和 Debug（除虫）就成为计算机中"错误"和"排错"的代称，并流传至今。霍珀对于计算机最大的贡献是发明了编译器（Compiler）。当年，程序员使用 0101 的机器码编写程序，在纸上打孔，然后将纸带送入机器。霍珀希望可以用类似于人类语言把想做的事情写下来，然后交给一个特定的程序进行翻译，变成机器语言。这个特定的程序就是编译器。后来，霍珀写出了世界上第一个编译器 A-0，并且有英文、法文和德文三个版本。霍珀最喜欢对年轻人说的话是 "A ship in port is safe. but that is not what ships are built for"（停在港口的船舶是安全的，但那不是造船的目的）。

NVIDIA H100 是设备端的机密计算方案，它需要主机端的机密虚拟机作为辅助，例如，Intel TDX、AMD SEV-SNP 或 ARM CCA 等。

H100 支持三种 GPU 到 TVM 的分配方式，如图 9-20 所示。

❏ **单 GPU 透传**（Passthrough）：独立的机密 GPU 直接分配给一个 TVM，可用于 AI 推理、高性能计算（High Performance Computing，HPC）、AI 轻量级的训练等。

❏ **多 GPU 透传**：多个机密 GPU 分配给一个 TVM 协同工作，需要 NVLink 支持，可用于 AI 训练工作。

❏ **多实例 GPU**（Multi Instance GPU，MIG）：将一个 GPU 分割成多个实例，每个实例分配给一个 TVM，需要 PCIe 单根 IO 虚拟化（Single Root IO Virtualization，SRIOV）的支持。它可用于 AI 微服务的推理、边缘聚合（Edge Aggregation）HPC。

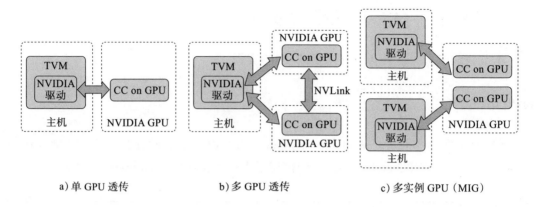

a）单 GPU 透传   b）多 GPU 透传   c）多实例 GPU（MIG）

图 9-20   NVIDIA H100 GPU 分配方式

NVIDIA H100在白皮书" Confidential computer on NVIDIA Hooper H100"中定义的威胁模型和CCC的定义基本一致。需要考虑的威胁包括：

- **软件攻击**。
- **基础物理攻击**。
- **软件回滚攻击**。
- **密码学攻击**。
- **数据回滚和重放攻击**。

NVIDIA H100范畴外的威胁包括：

- **复杂物理攻击**。
- **拒绝服务攻击**（Denial of Service Attack，DoS Attack）。

NVIDIA H100机密计算模型的安全特性如下：

- **机密性**：H100可以防止攻击者在 PCIe 或者 NVLink读取租户数据，防止使用带外管理通道，如系统管理总线或调试接口,读取数据，防止使用调试接口（如JTAG）读取数据，防止使用内存重映射读取数据，防止使用 GPU 缓存侧信道读取数据，防止使用 GPU 页表缓存（Translation Lookaside Buffer，TLB）侧信道读取数据，防止使用 GPU 性能指标读取数据。**H100不能防止复杂的物理攻击**，如差分能量分析（Differential Power Analysis，DPA）、电磁攻击（Electromagnetic attack，EM attack）、高带宽存储器（High Bandwidth Memory，HBM）转接板插入攻击等。
- **完整性**：H100可以防止使用 PCIe 或者 NVLink修改客户数据，防止带外管理通道，如系统管理总线（System Management Bus，SMBUS）或调试接口（如JTAG）修改数据，防止内存或 MMIO的重放攻击。**H100不能防止复杂的物理攻击**，如故障注入（Fault Injection，FI）、高带宽存储器（HBM）转接板插入攻击。

❑ **可用性**：H100可以防止客户机对 VMM的 DoS攻击、客户机对其他客户机的 DoS攻击，防止客户机对 GPU的永久 DoS攻击。

❑ **其他**：H100可以防止虚假的、非真实的或有已知缺陷的 TCB模块，防止诸如差分能量分析（DPA）的硬件侧信道提取永久设备密钥。H100也不能防止诸如差分能量分析（DPA）的硬件侧信道提取临时会话密钥。

NVIDIA H100是一款机密计算 GPU，但是还没有完整的 TEE-IO功能。完整支持 TEE-IO的 GPU需要等到 NVIDIA Blackwell架构完善之后。

第 10 章

TEE-IO 的生命周期

在第 9 章中，我们介绍了 TEE-IO 的安全模型和威胁模型，VMM可以把设备的 TDI 分配给 TEE作为 TCB 的扩展。在本章中，我们将介绍一个 TEE-IO 的生命周期，包括 TDI 的连接（Attachment）和 TDI 的移除（Detachment）等。

10.1 TEE-IO 的生命周期概述

在 TEE-IO 架构中，生命周期包括以下阶段：系统和设备初始化、SPDM安全会话建立、IDE安全链路建立、TDI锁定和分配、TDI接受和运行、IDE密钥更新、SPDM密钥更新、TDI移除、IDE安全链路停止和SPDM安全会话终止。下面逐一进行介绍。

10.1.1 系统和设备初始化

系统和设备初始化是常规的初始化过程。由 BIOS负责 PCI设备的枚举、总线资源分配、MMIO资源分配等。VMM可以对 PCI设备的资源重新分配。

VMM需要检查 PCI设备的能力寄存器（Capability Register），设备必须有以下功能：

❏ SPDM功能：存在数据对象交换（Data Object Exchange，DOE）扩展能力（DOE Extended Capability，DOE ECAP）结构体。

❏ IDE功能：存在 IDE扩展能力（IDE Extended Capability，IDE ECAP）结构体。

❏ TDISP功能：在 PCIE能力（PCIE Capability）结构体中，设备能力（Device Capability）寄存器中的 TEE-IO支持（TEE-IO Supported）位为 1。

之后，VMM可以发送 DOE Discovery命令来查询 DOE邮箱（Mailbox）的功能，确认 DOE可以支持 SPDM普通消息和 SPDM安全会话消息。

10.1.2　SPDM 安全会话建立

VMM向 TSM发出请求，TSM和设备建立 SPDM认证的安全会话。TSM需要收集设备的身份证书以备之后的证明。SPDM安全会话建立的过程如图 10-1所示，用粗体字标注了相关模块和操作，TSM和 DSM中的密钥符号表示 SPDM会话密钥。具体建立安全会话的步骤如下：

1）VMM向 TSM发出建立 SPDM安全会话请求。

2）TSM先后发出 SPDM GET_VERSION、GET_CAPABILITIES、NEGOTIATE_ALGORITHM来建立 SPDM连接。

3）TSM发出 GET_CERTIFICATE获取设备证书信息。

4）TSM发出 KEY_EXCHANGE、FINISH来建立认证的安全会话。

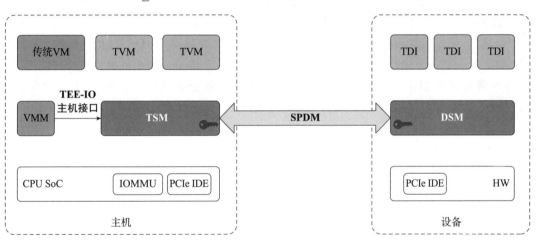

图 10-1　TEE-IO 的生命周期：SPDM 安全会话建立

10.1.3　IDE 安全链路建立

建立 SPDM安全会话之后，TSM和设备使用 SPDM建立 IDE安全链路，即选择性 IDE流（Selective IDE Stream）。TSM创建 6个 IDE密钥，分别对应发送方向（Transmit Direction，Tx）和接收方向（Receive Direction，Rx）的三个 IDE子流：投递请求（PR）、非投递请求（NPR）和完成回应（CPL），这样不同方向和不同 IDE子流都可以使用不同的 IDE 密钥加密数据。TSM 使用 IDE-KM 协议把这 6 个密钥通过 SPDM 安全会话传递给 DSM，TSM 和 DSM 再分别把这 6 个密钥写入自身的 PCIe IDE 寄存器中。IDE 安全链路建立的过程如图 10-2 所示，其中主机端 PCIe IDE 和设备端 PCIe IDE 中的密钥图标表示 IDE 密钥。

IDE 安全链路建立的具体步骤如下：

1）TSM 需要确保 Root Port 和设备的 IDE ECAP 结构体中的 IDE Stream Enable 位是 0。

2）TSM 发出 IDE_KM 的 KEY_PROG 配置 6 个 IDE 密钥到 Root Port 和设备。

3）TSM 发出 IDE_KM 的 K_SET_GO 激活 6 个 IDE 密钥到 Root Port 和设备。

4）TSM 需要确保设备不会率先发出 IDE TLP，例如禁止中断。

5）TSM 设置设备端的 IDE Stream Enable 位为 1。

6）TSM 设置 Root Port 的 IDE Stream Enable 位为 1。

7）TSM 重新配置设备，使其可以发出异步 IDE TLP。

注意   建立 IDE 安全链路需要按照一定的次序。步骤 4 的目的是在主机端未准备好时，禁止设备端发出异步 IDE TLP，否则主机端将拒绝这个 IDE TLP。步骤 5 在步骤 6 之前执行，这是考虑了 Link IDE 的情况。如果先做步骤 6，那么主机端发出 PCI DOE 命令时将会使用 IDE TLP，而设备端还未准备好，就会拒绝这个 IDE TLP。步骤 5 之后，设备还是可以接收主机端发出的 non-IDE TLP，直到设备端收到第一个 IDE TLP 为止。

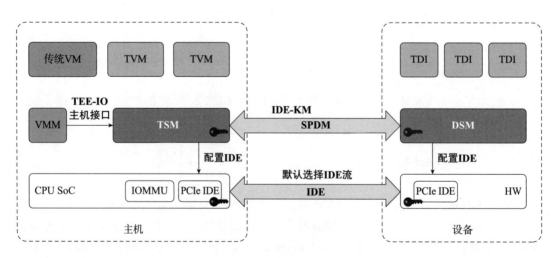

图 10-2   TEE-IO 的生命周期：IDE 安全链路建立

10.1.4　TDI 锁定和分配

VMM通知TSM使用基于SPDM安全会话的TDISP协议，把设备TDI从CONFIG_UNLOCK配置到CONFIG_LOCK状态，并且使用TSM配置可信MMIO和可信DMA。最后，VMM把TDI分配给TVM。TDI锁定和分配的过程如图10-3所示，其中TDI的锁图标表示TDI的锁定状态。

TDI锁定和分配的具体步骤如下：

1）TSM发出TDISP的GET_VERSION和GET_CAPABILITIES，这时的TDI处于CONFIG_UNLOCKED状态。

2）VMM要求TSM发出LOCK_INTERFACE，把TDI切换到CONFIG_LOCKED状态。

3）VMM向TSM配置可信IOMMU，创建设备可信DMA表，即可信I/O页表，用来支持可信设备访问TEE私有内存。这时的TSM需要保证客户机物理地址（Guest Physical Address，GPA）到宿主机物理地址（Host Physical Address，HPA）的映射在CPU可信页表和设备可信DMA页表中是完全一致的。为了支持TEE访问设备的可信MMIO，VMM需要向TSM申请把可信MMIO地址配置到CPU可信页表。

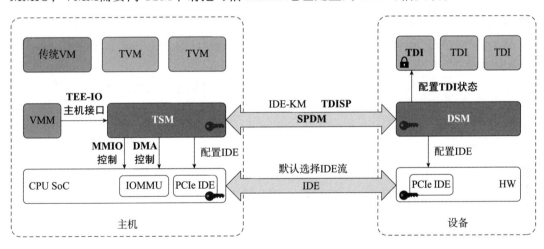

图 10-3　TEE-IO 的生命周期：TDI 锁定和分配

10.1.5　TDI 接受和运行

TVM获取设备的身份证书和度量值并且对设备做远程证明和验证后，才能确认这是可信的设备。TVM还通过TDISP获取TDI报告，并检验TDI的锁定策略和TEE MMIO的地址，以防止VMM在PCI设备的基址寄存器（BAR）上恶意配置MIMO地址。所有检查通过后，TVM通知 TSM接受这个 TDI，然后 TVM和 TDI就可以进行可信 DMA和可信 MMIO操作了。TDI接受和运行的过程如图 10-4 所示，其中 TDI的圆圈图标表示 TDI的运行状态。

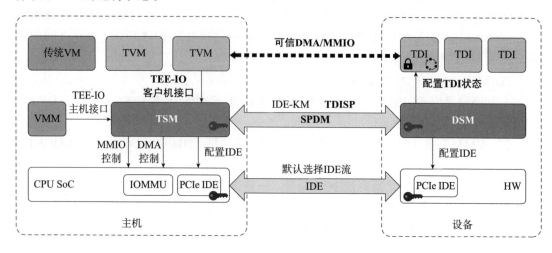

图 10-4　TEE-IO 的生命周期：TDI 接受和运行

TDI接受和运行的具体步骤如下：

1）TVM通过 TSM发送的 SPDM GET_CERTIFICATE获得设备的证书，GET_MEASUREMENTS获得设备的度量值。

2）TVM通过 TSM发送的 TDISP GET_DEVICE_INTERFACE_REPORT获得 TDI报告。

3）TVM验证设备的证书和度量值。这里 TVM需要对设备进行证明，我们将在第11章中详细讨论。

4）TVM验证设备 TDI的报告，包括 TDI的锁定配置和 TEE-MMIO空间。

5）验证通过后，TVM通过 TSM发送 TDISP START_INTERFACE，把 TDI切换到RUN状态。

6）TVM通知 TSM接受 MMIO的配置。

7）TVM通知 TSM接受 DMA的访问。如果可信 DMA表只包含 GPA到 HPA的映射，那么 TVM不需要做额外的事情。有些 DMA表允许系统配置客户机虚拟地址（Guest Virtual Address，GVA）到 GPA的映射作为一级页表，而 GPA到 HPA的映射作为二级页表。如果可信 DMA表支持一级页表配置，那么这时 TVM可以输入 TVM的一级页表给 TSM。

8）TSM最终允许设备的 DMA和 MMIO访问。

10.1.6　IDE 密钥更新

IDE安全链路是使用 AES-GCM-256进行加密保护的，每一次的消息都对应一个独立的计数器。当这个计数器达到理论上限时，安全会话就会自动中断。在未达到上限时，主机端需要使用 IDE_KM进行 IDE安全链路的密钥更新，TSM 和 DSM也需要更新 PCIe IDE的 IDE寄存器。IDE密钥更新的过程如图 10-5 所示。

IDE密钥更新的具体步骤如下：

1）TSM需要确保 Root Port 和设备的 IDE ECAP结构体中的 IDE流使能位是 1。

2）TSM发出 IDE_KM的 KEY_PROG，配置 6个新的 IDE密钥到 Root Port 和设备。

3）TSM发出 IDE_KM的 K_SET_GO，激活 3个 Rx方向新的 IDE密钥到 Root Port 和设备。这时两端继续用旧的 IDE密钥进行通信。

4）TSM发出 IDE_KM的 K_SET_GO，激活 3个 Tx方向新的 IDE密钥到 Root Port 和设备。这时两端就可以使用新的 IDE密钥进行通信。

10.1.7　SPDM 密钥更新

SPDM安全会话也使用 AEAD（例如 AES-GCM-256）进行加密保护，每一次的消息都对应一个独立的序列号（Sequence Number）。当这个序列号达到理论上限时，安全会话就会自动中断。在未达到上限时，主机端需要触发 SPDM安全会话的密钥更新。SPDM密钥更新的过程如图 10-5所示。

SPDM密钥更新的具体步骤如下：

1）VMM通知 TSM发送 SPDM KEY_UPDATE（UpdateAllKeys）来更新 SPDM密钥。

2）TSM发送 SPDM KEY_UPDATE（VerifyNewKey）确认 SPDM密钥已经更新。

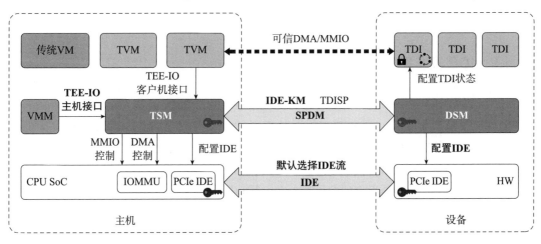

图 10-5　TEE-IO 的生命周期：SPDM 和 IDE 密钥更新

10.1.8 TDI 移除

当 TVM 不想使用 TDI 或 VMM 需要回收 TDI 时，TSM 要使用 TDISP 协议把 TDI 切换回 CONFIG_UNLOCK 状态，并且把所有 TDI 相关的 DMA 和 MMIO 从主机端 TVM 的访问控制列表中移除，这样才能使得 TDI 将来被重新分配。TDI 移除的过程如图 10-6 所示。

TDI 移除的具体步骤如下：

1）TVM 或 VMM 通过 TSM 发送的 TDISP STOP_INTERFACE 把 TDI 切换到 CONFIG_UNLOCK 状态。

2）VMM 对 TSM 进行配置，把 TDI 相关的 MMIO 和 DMA 区域从可信列表中移除。

3）TVM 向 TSM 确认 TDI 确实被移除了，并且没有对应的 MMIO 和 DMA 区域绑定。

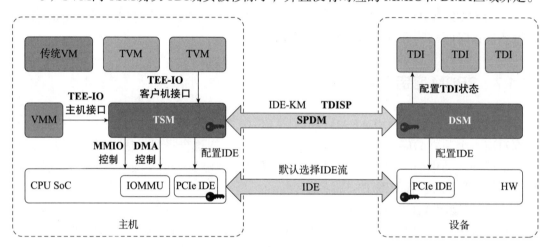

图 10-6 TEE-IO 的生命周期：TDI 移除

10.1.9 IDE 安全链路停止

移除 TDI 不需要断开 IDE 安全链路，因为 IDE 是针对整个设备来说的，只要还有一个 TDI 和 TVM 产生联系，那么 IDE 仍旧是需要的。只有当所有 TDI 都没有被分配的情况下，主机端可以中断和设备的 IDE 安全链路。

IDE 安全链路停止的具体步骤如下：

1）TSM 先设置设备端的 IDE Stream Enable 位为 0。这时设备端的 IDE 处于 Insecure 状态，主机端的 IDE 还处于 Secure 状态。设备端可能发出的 non-IDE TLP 中断等会被主机端拒绝，但不会产生严重的后果。

2）TSM设置 Root Port的 IDE Stream Enable位为 0。这时，两端就可以使用 non-IDE TLP通信了。

3）TSM发出 IDE_KM的 K_SET_STOP，停止 6个建立的 IDE密钥。

注意　考虑 Link IDE的情况，步骤 1 必须在步骤 2之前执行。如果步骤 2先执行，那么主机端发出 PCI DOE命令时会使用 non-IDE TLP，设备端会拒绝这个 non-IDE TLP，这样就没法正常地停止设备端 IDE。

10.1.10　SPDM 安全会话终止

移除设备的单个 TDI或断开 IDE安全链路可能不需要终止 SPDM安全会话，因为 SPDM是针对整个设备来说的，只有所有的 TDI和 IDE都停止，主机端才可以中断和设备的 SPDM安全会话。

SPDM安全会话终止的具体步骤如下：

1）VMM向 TSM发出终止 SPDM安全会话请求。

2）TSM发送 SPDM END_SESSION，终止 SPDM安全会话。

10.2　错误处理

本书将讨论 TEE-IO中的错误处理，分为错误触发、错误报告和错误恢复三部分。

本节参考 Intel TDX Connect TEE-IO Device Guide总结了 PCIe基础规范中关于各种错误的描述。

10.2.1　错误触发

错误触发机制有 SPDM会话终止、IDE Stream进入不安全状态或者 TDI进入错误（ERROR）状态。

1. SPDM会话终止

触发 SPDM会话终止的错误行为有以下几种：

❑ PCIe DOE邮箱出现了不可恢复错误。

❑ SPDM会话序列号溢出。

❑ SPDM会话心跳（Heartbeat）双倍超时。

❑ SPDM连接收到新的 GET_VERSION。

❑ 满足设备自定义的 SPDM会话终止条件，例如固件升级、设备重启等。

2. IDE Stream进入不安全状态

触发 IDE Stream进入不安全（Insecure）状态的错误行为有以下几种：

❑ 对应的 SPDM会话终止。

❑ 在其他 SPDM会话中收到 IDE_KM的 QUERY或 KEY_PROG。

❑ 针对有 IDE ECAP寄存器的设备重启，包括传统重启或功能级别重启。

❑ 使用选择性 IDE时的访问控制服务（Access Control Service，ACS）终止。

❑ 检测到不合适的 IDE重新配置。

❑ 可能暴露秘密数据的调试配置改变。

❑ IDE TLP发生 IDE检查失败（IDE Check Failured）错误，具体包括以下情况：

  ■ 收到不允许的 TLP类型。

  ■ 聚合 TLP（Aggregation TLP）错误，例如 TLP中的 K比特位翻转并非发生在
    聚合单元的第一个 TLP，或者当设备不支持聚合时出现 TLP中的 M比特位
    清除。

  ■ 收到和 NPR的 Stream ID及 T比特位不匹配的 CPL。

  ■ 丢弃选择 IDE TLP的情况，例如 MAC检测失败、TLP计数上溢或下溢、有不
    支持的域。

IDE TLP的其他错误，例如误转 IDE TLP（Misrouted IDE TLP）或明文 PCRC
（Plaintext Cyclic Redundancy Check）检查失败，不会导致 IDE流进入不安全状态。

3. TDI进入错误状态

触发 TDI进入错误（ERROR）状态的错误行为有以下几种：

❑ 对应的 IDE 流进入不安全状态。

❑ DSM检测到会影响 TDI安全或可信的 TDI配置改变。

❑ 改变请求者 ID。

❑ 使用 FLR重启 TDI。

❑ 收到 Poisoned TLP。

❑ 处于 CONFIG_LOCK或 RUN状态时，收到不支持的请求（UR）或完成终止
  （CA）的 CPL或 CPL超时。

❑ 地址转换服务（Address Translation Service，ATS）错误，例如请求 TLP设置
  T比特位时，转换完成（Translation Completion）或页面请求组（Page Request
  Group，PRG）回应 T比特位清除。

10.2.2　错误报告

1.软件协议错误

软件协议可能返回以下错误：

❑ SPDM协议可以通过 SPDM ERROR消息报告错误，或直接丢弃 SPDM请求。

❑ IDE_KM协议的 KP_ACK可以通过状态域返回错误报告。

❑ TDISP协议可以通过 TDISP ERROR消息报告错误，TDISP的 GET_STATE可以返回 TDI状态。

2.硬件 TLP错误

硬件 TLP可以返回以下错误：TLP可以返回不支持的请求（UR）或不期望的完成（Unexpected Completion，UC），完成终止（CA）或直接丢弃 TLP请求。

3.硬件寄存器错误

硬件寄存器可能返回以下错误：

❑ DOE邮箱可以返回 Error比特。

❑ IDE流的状态寄存器可以返回完整性检测失败信息。

❑ PCIe的不可恢复错误状态寄存器可以返回各类错误，包括 IDE检查失败、误转 IDE TLP或 PCRC检查失败。

注意　TDISP没有主动报告错误的机制，原因是 TLP的传送可能会遭受 DoS攻击，使得错误无法报告给 TEE。

在设备处于错误状态时，读取 MMIO时通常会得到全 1，例如 8比特的 0xFF、16比特的 0xFFFF或 32比特的 0xFFFFFFFF。因此，设备在设计时，通常会把全 1设计成错误状态，这样设备驱动就可以主动检测到设备出错，从而开始进行恢复。

10.2.3　错误恢复

1. DOE恢复

主机端需要在控制寄存器设置 DOE终止比特来清除错误。

2. SPDM恢复

如果 SPDM会话终止，主机端可以发送 KEY_EXCHANGE重新建立会话，或发送 GET_VERSION重新建立连接。

3. IDE恢复

如果是 Link IDE错误，那么主机端无法和设备进行沟通，所以只能进行设备重启。

如果是 Selective IDE错误，那么在 PCI配置请求加密禁用的情况下，主机端可以把对应的 Selective IDE禁用再启用，重新恢复 IDE流，再重启 TDI。在配置请求加密启用的情况下，和 Link IDE错误类似，主机端只能进行设备重启。

4. TDISP恢复

在出现 TDI错误时，主机端可以发送 STOP_INTERFACE请求，使得设备可以清除秘密，然后把 TDI变为 CONFIG_UNLOCKED状态。

设备端也可以选择主动清除秘密，然后把 TDI变为 CONFIG_UNLOCKED状态。

10.3 机密计算 TEE-IO 设备端实例

NVIDIA H100是一款支持 TEE的 GPU，它没有采用标准 PCIE定义的 IDE或 TDISP等 TEE-IO方法，所以可以和现有的主机端机密计算方案兼容，如 Intel TDX或 AMD SEV-SNP。NVIDIA H100的白皮书" Confidential Compute on NVIDIA Hopper H100"和" NVIDIA H100 Tensor Core GPU Architecture"中详细描述了基于 H100机密计算（CC）的情况。H100 GPU支持三种模式：

- ❏ **CC关闭模式**（CC-Off）：标准 H100操作模式，不支持机密计算；没有加密、认证等操作；CC特有的 GPU防火墙关闭，旁路通道开放。
- ❏ **CC开启模式**（CC-On）：H100协同主机端的 GPU驱动一起激活所有机密计算功能。GPU防火墙激活，旁路通道关闭。
- ❏ **CC开发模式**（CC-DevTools）：开发者可以使用这个模式来调试或发现性能瓶颈。这个模式下的 GPU也处于 CC开启模式，但是和 CC开启模式的区别在于 CC开发模式下的数据通路需要向开发工具开放。

H100 GPU的 CC模式的架构和初始化流程如图 10-7所示。CC模式下的 TDI可以认为是整个设备的物理功能（Physical Function，PF），包括 GPU系统处理器（GPU System Processor，GSP）、GPU固件支持包（Firmware Support Package，FSP）、身份密钥（Identity Key，IK）熔断寄存器、DRAM、缓存、计算引擎、PCIe等。

❑ **模式激活（Mode Enable）阶段**

①主机端请求启用 CC 开启模式。主机端可以把配置信息一次性部署到电可擦除可编程 ROM（Electrically Erasable Programmable Read-Only Memory，EEPROM）中，或者通过主板上的基板管理控制器（Baseboard Management Controller，BMC）用系统管理总线（SMBus）来进行带外（OOB）配置。主机端还可以根据用例的需要来配置 GPU 的拓扑结构，如单 GPU 透传、多 GPU 透传和多实例 GPU 模式（MultiInstance GPU，MIG）。

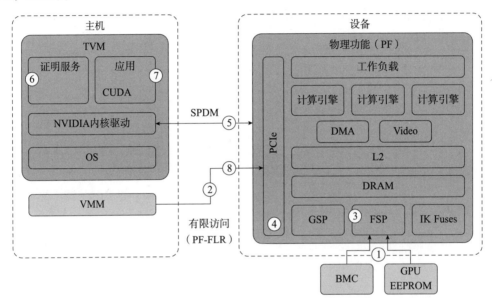

图 10-7　NVIDIA H100 CC 的架构和初始化流程

②主机端触发 GPU 重启来激活 CC 开启模式和 PF 的功能级别重启（PF-Function Level Reset，PF-FLR）。

❑ **设备启动阶段**

③GPU 固件清除 GPU 状态寄存器和内存。PF-FLR 时的内存被锁定不能访问，直到 GPU 清除 SRAM 中的状态寄存器和 DRAM 中的内容为止，这是为了防止冷重启攻击时未授权的软件读取上次 DRAM 中残存的内容。

④GPU 固件配置防火墙防止非授权的 GPU 访问，开启 PCIE。

❑ **客户机初始化阶段**

⑤GPU 的 PF 驱动使用 SPDM 建立安全会话，获取 GPU 的证明报告。因为 H100 没有使用 IDE 和 TDISP，它无法直接访问 TVM 的私有内存，数据交换需要使用不安全的回弹缓冲，因此 H100 的通信使用 AES-GCM-256 进行加密，保护数据的机密性和完整性。

⑥租户的证明服务使用NVIDIA管理库（NVIDIA Management Library，NVML）收集设备证书和度量值，以便进行远程证明。租户需要验证GPU的证书链确实由NVIDIA的根证书签发，以及GPU固件版本是可接受的，没有已知安全漏洞，包括允许放在GPU上的所有固件和微码。我们将在第11章对这方面内容进行详细讨论。

⑦通过所有的验证之后，租户的CUDA程序可以使用GPU。

❏ **客户机关闭阶段**

⑧当前租户使用完毕后，主机端触发PF-FLR来重启GPU，回到设备启动阶段的步骤③，这样才能把GPU分配给下一个租户。

第 11 章

TEE-IO 的证明模型

在第 10 章中,我们介绍了 TEE-IO 的生命周期。在启动过程中,TVM 在接受 TDI 之前需要验证,原因是 TDI 一旦被接受,就可以通过 DMA 访问 TEE 私有内存,从而获取隐私数据。在本章中,我们将详细介绍 TEE-IO 的证明模型,它主要分为两部分:TVM 对设备 TDI 的证明和第三方对于带有设备 TDI 的 TVM 的证明。

11.1 TVM 对设备的证明

我们在第 5 章描述了对于 TEE 的证明模型。IETF RFC 9334 的远程证明过程架构提供了很好的参考,如图 11-1 所示。我们将使用同样的架构介绍 TEE-IO 设备证明,包括证据的生成和传递、验证和证明结果的传递。

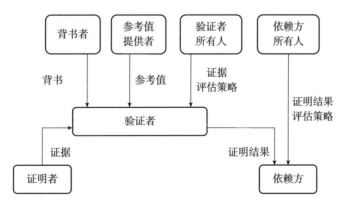

图 11-1 远程证明过程架构

11.1.1 证据的生成和传递

在第5章，我们介绍了基于TPM可信启动的方案。该方案是一个经典的方法，TEE-IO设备可以使用TPM。这个方案唯一的局限性就是成本，因为设备必须自带一个TPM芯片，增加了硬件成本。因此，TCG推出了DICE架构来作为没有TPM时的可信启动选择方案。

1. DICE可信启动

DICE起源于Microsoft的健壮IoT（Robust Internet-of-Things，RIoT）架构，后来Microsoft将这个方案提交到TCG，成立DICE工作组。DICE架构可以用很小的TCB提供可信的服务，包括设备身份、密钥封装和远程证明等。

DICE架构是分层启动的架构。当系统启动时，需要经历平台RoT（Platform RoT，PRoT）阶段、固件BIOS阶段、OS加载器阶段、OS内核阶段，再到OS应用阶段。DICE架构中的每一层都要定义本层的TCB模块可以访问如下资源：

- ❏ **TCB模块标识符**（TCB Component Identifier，TCI）：可以用来表示一个TCB模块的标识符，任何TCB模块的改变必然导致TCI的不同。TCI的例子有代码的哈希、代码的哈希加上版本号或SVN以及FPGA的bitstream等。
- ❏ **复合设备标识符**（Compound Device Identifier，CDI）：每一层的CDI值都是本层的机密性信息，不能被泄露。第n层接收到的CDI值必须至少基于两个输入：第$n-1$层的CDI和第n层的TCI。这些输入通过第$n-1$层的单向函数绑定在一起，输出第n层的CDI。本层不能生成自己的CDI。
- ❏ **单向函数**（One-Way Function，OWF）：一个密码学上符合NISP SP800-56c的伪随机函数（Pseudo-Random Function，PRF）。最常见的单向函数就是哈希（Hash）函数。

TCI、CDI和OWF之间的关系如下：

$$CDI_{L_{n+1}} = f\_owf\left(CDI_{L_n}, TCI_{L_{n+1}}\right)$$

DICE分层架构（Layering Architecture）规范描述了DICE设备的启动过程。图11-2展示了DICE分层架构，包括HRoT层、第0层、第1层，直到第n层。

从DICE的启动过程可以看出，任何一层的TCB改变都会导致TCI改变，然后反映到本层的CDI以及之后所有的CDI。因为DICE硬件信任根（Hardware Root of Trust，HRoT）没有上一层，所以HRoT层会用一个唯一设备密钥（Unique Device Secret，UDS）来表示这一层的CDI。除HRoT之外，第n层的CDI都是无法由第n层自己生成的，而是由第$n-1$层的CDI和第n层的TCI通过第$n-1$层的单向函数生成。第n层的CDI生成时存放在第$n-1$层，再由第$n-1$层传递到第n层。最后一层没有下一层的 TCI，取代 TCI 位置输入单向函数的是固件安全描述符（Firmware Security Descriptor，FSD）。每一层的软件不能在不被发现的情况下修改自己 CDI。原因在于，如果第 n 层可以修改 CDI，就意味着第 n 层可以修改自己的 TCI，这违反了可信启动链的要求。每一层的 CDI 都可以用来衍生出本层需要的其他密钥。为了保证 CDI 及其衍生密钥的机密性，第 n 层的软件需要保护自己的 CDI 及其衍生密钥不被第 $n+1$ 层访问，最简单的办法就是在启动第 $n+1$ 层之前销毁自己的 CDI 及其衍生密钥。

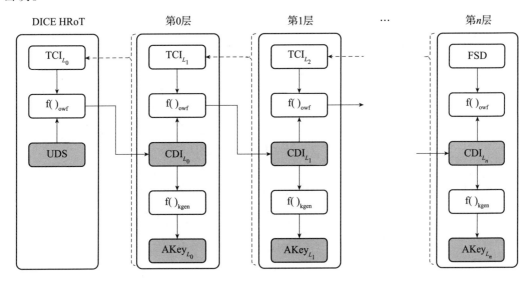

图 11-2 DICE 分层架构

CDI 可以在每一层衍生出各种密钥，除了和 TPM 类似的**身份密钥**（Identity Key，IK）和**证明密钥**（Attestation Key，AK）之外，DICE 还需要**内置证书权威**（Embedded Certificate Authority，ECA）**密钥**（ECA Key）。ECA 密钥的作用是在本层签发下一层的证书。DICE 的特殊之处在于 HRoT 层和第 0 层。DICE HRoT 层必须有一个设备独一无二的 UDS 作为衍生出其他密钥的基础，UDS 必须有足够的长度保证密钥的熵值。第 0 层需要生成设备的 DeviceID 密钥，DeviceID 密钥必须依赖于第 0 层的 CDI 生成。第 0 层还应该生成设备的 DeviceID 证书，例如 IEEE 定义的 IDevID。

最后来看一下 DICE 设备的证书链，它是保障 DICE 可信启动的关键，如图 11-3 所示。非 DICE 设备一般用一个设备证书表示身份，例如 TPM 设备的 EK 证书。DICE 设备则需要通过一条完整的证书链，从第 0 层开始，用第 n 层的证书来签发第 $n+1$ 层的证书，直到最后一层。DICE 证书一般都是 ASN.1 DER 编码 X.509 格式的证书，但是 IETF 也支持 CBOR 编码 C509 格式的证书（CBOR Encoded X.509 Certificate）。

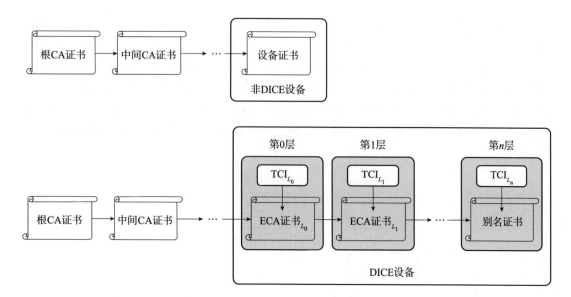

图 11-3   DICE 设备证书链

DICE ECA可以**直接签发证书**，流程如图 11-4所示，具体步骤如下：

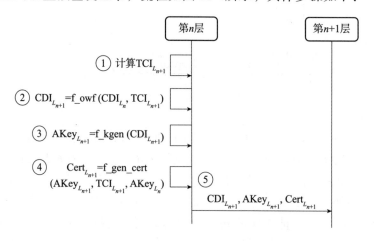

图 11-4   DICE 设备证书签发：直接签发流程

①第 n 层 TCB获取第 $n+1$ 层的固件信息，生成 $TCI_{L_{n+1}}$。

②第 n 层 TCB生成第 $n+1$ 层的 $CDI_{L_{n+1}} = f\_owf(CDI_{L_n}, TCI_{L_{n+1}})$。

③第 n 层 TCB生成第 $n+1$ 层的非对称证书密钥 $AKey_{L_{n+1}} = f\_kgen(CDI_{L_{n+1}})$。

④第 n 层 ECA生成第 $n+1$ 层的证书 $\text{Cert}_{L_{n+1}} = \text{f\_gen\_cert}\left(\text{AKey}_{L_{n+1}}, \text{TCI}_{L_{n+1}}, \text{AKey}_{L_n}\right)$。

⑤第 n 层 TCB把 $\text{CDI}_{L_{n+1}}$、AKey_{L_n} 和 $\text{Cert}_{L_{n+1}}$ 密钥部署到第 $n+1$ 层。

DICE ECA还可以使用**证书签名请求**（Certificate Signing Request，CSR）方式签发证书，流程如图 11-5所示，具体步骤如下：

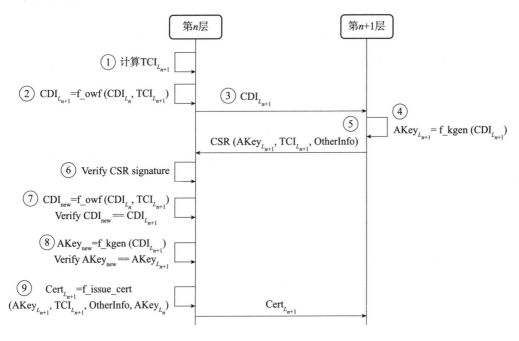

图 11-5　DICE 设备证书签发：使用 CSR 签发流程

①第 n 层 TCB获取第 $n+1$ 层的固件信息，生成 $\text{TCI}_{L_{n+1}}$。

②第 n 层 TCB生成第 $n+1$ 层的 $\text{CDI}_{L_n} = \text{f\_owf}\left(\text{CDI}_{L_n}, \text{TCI}_{L_{n+1}}\right)$。

③第 n 层 TCB把 $\text{CDI}_{L_{n+1}}$ 部署到第 $n+1$ 层。

④第 $n+1$ 层 TCB生成第 $n+1$ 层的非对称证书密钥 $\text{AKey}_{L_{n+1}} = \text{f\_kgen}\left(\text{CDI}_{L_{n+1}}\right)$。

⑤第 $n+1$ 层 TCB向第 n 层发出证书签名请求（CSR），其中包括 $\text{AKey}_{L_{n+1}}$ 公钥、$\text{TCI}_{L_{n+1}}$ 和其他第 $n+1$ 层希望包含在证书内的信息。CSR可以使用 $\text{AKey}_{L_{n+1}}$ 私钥签名。

⑥第 n 层 ECA验证 CSR签名。

⑦第 n 层 ECA 生成新的第 $n+1$ 层的 $\text{CDI}_{new} = \text{f\_owf}\left(\text{CDI}_{L_n}, \text{TCI}_{L_{n+1}}\right)$，并和原来的 CDI 值进行比较，判断 CSR 中的 TCI_{L_n} 是否可信。

⑧第 n 层 ECA 生成新的第 $n+1$ 层的非对称证书密钥 $\text{AKey}_{new} = \text{f\_kgen}\left(\text{CDI}_{L_{n+1}}\right)$，并和 CSR 中的 $\text{AKey}_{L_{n+1}}$ 进行比较。

⑨第 n 层 ECA 签发第 $n+1$ 层的证书 $\text{Cert}_{L_{n+1}} = \text{f\_issue\_cert}\left(\text{AKey}_{L_{n+1}}, \text{TCI}_{L_{n+1}}, \text{OtherInfo}, \text{AKey}_{L_n}\right)$，并把 $\text{Cert}_{L_{n+1}}$ 密钥部署到第 $n+1$ 层。

DICE 证书链中每一层的 TCI 都会反映在本层的证书之中，在证书中的 TCI 是一个名为 DICE TCB 信息（DiceTcbInfo）的结构体，包括固件的度量值、安全版本号等数据。由于第 n 层的证书由第 $n-1$ 层签发，所以每一层无法伪造自己的证书。也就是说，每一层的度量值 TCI 都被上一层忠实地记录到本层的证书之中，验证者在获取 DICE 证书链之后就可以取出 DiceTcbInfo 结构体，对 DICE 设备的每一层进行验证。

DICE 第 0 层没有设备内部的上级模块，所以第 0 层的证书一般由制造商的外部证书权威（Certificate Authority，CA）签发，过程和上述 ECA 签发类似，也具有直接签发和 CSR 签发两种方式，只需要把制造商当成第 -1 层即可。只是制造商需要预知 TCI_{L_0} 的值，而不是在启动过程中计算得到。第 0 层的证书又称为设备证书（Device Certificate），用于表示这个设备；其他证书则称为别名证书（Alias Certificate），用于表示设备的每个固件层。

DICE 证书的两种签发方法都是可行的。直接签发的优点在于签发过程不需要下一层参与，简单明了。而 CSR 签发的过程则更加灵活，下一层可以自行定义证书中的额外信息。在 DICE 的前身 RIoT 中，其初衷是采取直接签发的方式。在 RIoT 白皮书 "RIoT: A Foundation for Trust in the Internet of Things" 中特意提到，DICE 和 TPM 的显著区别在于它们对密钥的保护方式不同，TPM 依赖一个独立的执行环境来保护密钥，称为**空间性保护**；而 DICE 则依赖于上级模块加载下级模块时，上级模块销毁自身的密钥，这称为**时间性保护**。TPM 和 DICE 的区别如图 11-6 所示。

DICE 架构规范中没有定义如何传递 DICE 证书链，但 DICE 简明证据 SPDM 绑定规范（DICE Concise Evidence Binding for SPDM）中介绍了如何把 DICE 证书链通过 SPDM 协议传递给验证者。

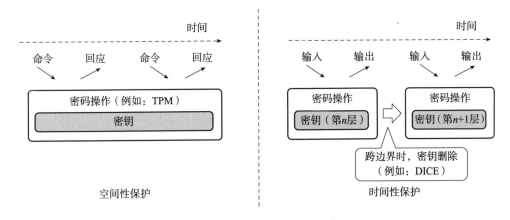

图 11-6 TPM 和 DICE 的区别

2. TEE-IO设备证据的生成和传递

TEE-IO设备可以采用 TPM可信启动的方式，也可以采用 DICE可信启动的方式，或者其他私有的方式。保证证据完整性的关键在于建立信任链，确保一个模块不能生成自己的度量值，而只能由上级模块或 TCB模块完成这项工作。

（1）TEE-IO设备证据的类型

对于 DICE设备来说，DICE证书中的 DiceTcbInfo是描述设备的重要数据结构。DICE证明架构规范（DICE Attestation Architecture）中定义的 DiceTcbInfo包括以下信息：

- ❑ 厂商（Vendor）：创建目标 TCB的实体。
- ❑ 型号（Model）：目标 TCB的产品名。
- ❑ 版本（Version）：目标 TCB的版本。
- ❑ 安全版本号（SVN）：目标 TCB的 SVN。
- ❑ 层级（Layer）：目标 TCB所在的 DICE层级。
- ❑ 索引（Index）：目标 TCB所在的 DICE层级可能有多个固件，分别用不同的索引表示。
- ❑ 固件 ID（Firmware ID，fwid）：表示目标 TCB固件的信息，包含固件度量值和度量算法。
- ❑ 未配置（Not-Configured）：目标 TCB的运作需要额外信息。
- ❑ 不安全（Non-Secure）：目标 TCB处于不安全状态。
- ❑ 恢复（Recovery）：目标 TCB处于恢复模式。
- ❑ 调试（Debug）：目标 TCB可以被调试。

当设备使用 SPDM协议传递度量值时，SPDM协议规定了一些度量值类型：

- 不可变的 ROM。
- 可变的固件。
- 硬件配置，如硬件引脚（Strap Pin）的信息。
- 固件配置，如固件可配置策略。
- 调试状态，包括非侵入式调试激活、侵入式调试激活、非侵入式调试本次启动后曾经激活、侵入式调试本次启动后曾经激活、侵入式调试出厂后曾经激活等。
- 设备状态，包括生产制造模式、验证模式、正常工作模式、恢复模式、返厂授权（Return Merchandise Authorization, RMA）模式、报废模式等。
- 固件版本。
- 固件 SVN。

注意　这些信息中最重要的有三类：度量值、SVN和调试信息。度量值忠实反映了固件模块的版本信息，保证厂商出品的设备没有更改。SVN反映的是安全相关的版本信息，很多时候用户不在意是否为最新的版本，而是要使用没有漏洞的版本。需要记住的是，SVN只有和安全启动结合才是有意义的。调试信息反映的是有没有破坏运行时的安全环境的风险。

（2）TEE-IO证据传递的安全要素

TEE-IO设备证据传递和TEE证据传递一样，要考虑以下要素：

- **完整性**：TEE-IO设备的报告不能被任何人篡改。SPDM协议通过数字签名来保证完整性。
- **时新性**：TEE-IO设备的报告需要有一定的时新性。SPDM协议采用基于 Nonce 的挑战–回应（Challenge-Response）模式来保证时新性。
- **原子性**：SPDM协议支持一次取回单个度量块，而不是整个度量记录。但是，为了确保设备度量记录的原子性，主机端必须一次取回 TEE-IO设备度量记录，或者分多次取完所有的度量块，并且使用最后一个数字签名确保之前的所有度量块没有发生改变。例如，设备有 1、2、3、4四个固件度量块，在主机端取回度量块 1、2、3之后，设备发生了更新，那么在取回度量块 4的时候，设备会报告度量记录发生改变。这时，主机端需要丢弃已经取回的度量块，重新取回 1、2、3、4四个固件度量块。
- **完备性**：TEE-IO设备的报告需要包含所有模块的信息，不能有遗漏。
- **绑定性**：提供证据的设备必须和提供 TDI的设备是同一个设备。这是 TEE-IO中新的需求。通常情况下，绑定由 TSM负责完成，TSM使用一个数据结构包含设备证据哈希和TDI管理信息，提供给 TVM。

（3）TEE-IO设备证明示例

TEE-IO设备启动到DSM之后，DSM层需要实现SPDM协议，并且把设备的信息通过SPDM协议传递给TEE。SPDM协议定义了标准的设备证书传递方式，如图11-7所示，具体步骤如下：

①主机端TSM发送SPDM GET_CERTIFICATE命令，请求返回设备证书。

②设备端DSM收集每一层的证书，拼接在一起组成证书链（CertChain）。从DICE第0层开始的设备证书到DICE最后一层的叶子证书，每一个别名证书中都包含DICE TCB信息（$DiceTcbInfo_{L_n}$）来标识DICE的每一层固件。DSM作为最后一层有叶子证书的私钥，也就是SPDM签名密钥。

③设备端DSM通过CERTIFICATE响应返回设备证书链，完成设备身份的识别。叶子证书的公钥就是之后SPDM签名验证的公钥。

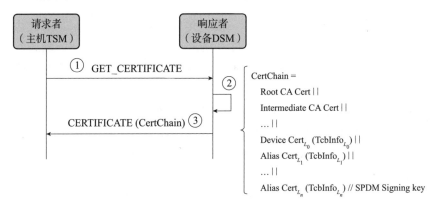

图 11-7　TEE-IO 设备的证书传递

SPDM协议定义了标准的设备度量值传递方式。图11-8展示了一次取回所有度量记录的方法，具体步骤如下：

①主机端TSM发送SPDM GET_MEASUREMENT命令请求返回所有设备度量值，其中包含请求端生成的一次性临时值Nonce（ReqNonce），防止重放攻击。

②设备端DSM收集每一层的$DiceTcbInfo_{L_n}$中的度量信息，组成SPDM格式的度量块（$MeasurementBlock_{L_n}$），然后拼接成度量记录（MeasurementRecord）。DSM也生成自己响应端的一次性临时值Nonce（RspNonce）。最后，DSM使用SPDM签名密钥来生成对度量请求的数字签名。

③设备端DSM通过MEASUREMENT响应返回设备度量记录，包含对ReqNonce、RspNonce和度量记录的数字签名，以保证完整性和时新性。因为是一次性取回所有记录，所以也保证了原子性和完备性。

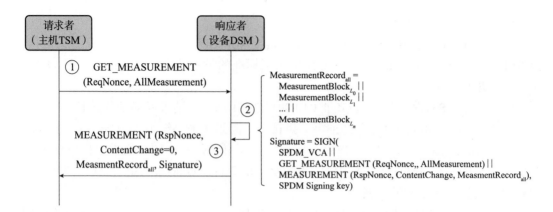

图 11-8   TEE-IO 设备的度量值传递：一次取回所有度量记录

如果设备的度量记录很大，超出了一次性传输的最大长度限制，那么主机端可以使用多次取回所有度量块的方法，如图 11-9 所示，具体步骤如下：

①主机端 TSM 发送 SPDM GET_MEASUREMENT 命令，请求返回所有度量块数目。

②设备端 DSM 根据所有 DiceTcbInfo 算出度量块数目。

③设备端 DSM 通过 MEASUREMENT 响应返回设备度量块数目 $n+1$。

④主机端 TSM 发送 SPDM GET_MEASUREMENT 命令，请求返回第一个度量块，其中包含度量块的索引 1。

⑤设备端 DSM 根据度量块索引 1 找到对应的 $DiceTcbInfo_{L_0}$，用其中的度量信息组成 SPDM 格式的度量块，再变成度量记录。

⑥设备端 DSM 通过 MEASUREMENT 响应返回设备的单个度量记录。

⑦以此类推，主机端 TSM 发送 SPDM GET_MEASUREMENT 命令，请求返回第二个度量块、第三个度量块。当主机端请求返回最后一个度量块 $n+1$ 时，主机端 TSM 发送 Nonce（ReqNonce），并要求数字签名。

⑧设备端 DSM 根据度量块索引 $n+1$ 找到对应的 $DiceTcbInfo_{L_n}$，用其中的度量信息组成 SPDM 格式的度量块，再变成度量记录。这时 DSM 生成自己响应端的 Nonce（RspNonce），并检查之前返回的度量块有没有发生更新，记录在 ContentChange 字段中。最后，DSM 使用 SPDM 签名密钥来生成对之前所有度量请求和回应的数字签名（从度量块索引 1 开始一直到度量块索引 $n+1$）。

⑨设备端 DSM 通过 MEASUREMENT 响应返回设备单个度量记录，而且包含对 ReqNonce、RspNonce、ContentChange 和之前所有度量记录的数字签名，以确保所有的度量记录的完整性和时新性。主机端还需要检查返回的 ContentChange 字段以确保原子性，以及检查所有度量块都有获取值，以确保完备性。

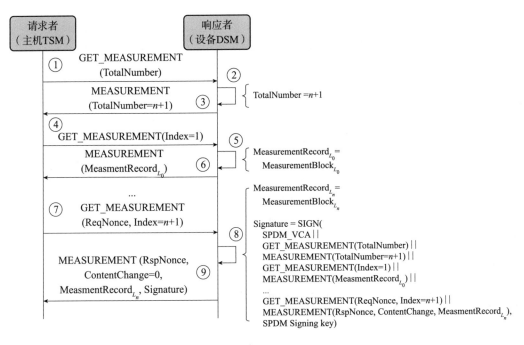

图 11-9 TEE-IO 设备的度量值传递：多次取回所有度量记录

最后，TSM把设备证书和度量值交给 TVM进行验证。如果 TVM需要通过不可信的 VMM获取 TSM收集的完整设备证书和度量值，那么 TVM需要通过一个简单的方法确保 VMM没有更改。例如，TSM保存一份设备证书和度量值的哈希值，TVM从 TSM处获取哈希值，然后和从 VMM获取的完整值进行比较。这个过程如图 11-10所示，具体步骤如下：

①主机端 TSM从设备 DSM获取证书链和度量值。

②设备端 DSM返回证书链和度量值。

③主机端 TSM计算设备信息哈希（DevInfoHash）备用，也就是证书链和度量值的哈希值。它可以是一个对所有信息的哈希值，也可以是多个分别对证书链和度量值的哈希值集合。

④主机端 TSM将证书链和度量值提交给 VMM。

⑤VMM把证书链和度量值发送给 TVM。

⑥TVM向 TSM索取 DevInfoHash信息。这一步不需要 VMM介入，所以是安全的。

⑦TSM返回 DevInfoHash。

⑧TVM验证 DevInfoHash是否和从 VMM传来的证书链和度量值一致，从而判断 VMM是否进行了篡改。

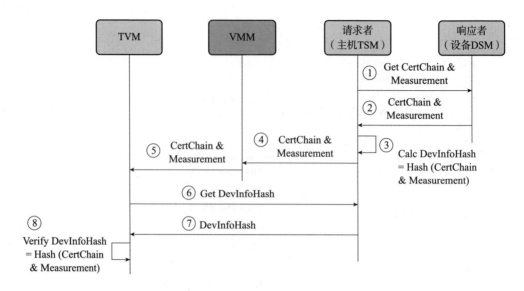

图 11-10　TSM 返回证据给 TVM

11.1.2　验证

验证 TEE-IO设备也可采用 IETF的 RFC9334远程证明过程架构，如图 11-1所示。验证者要参考的资源有背书、参考值和评估策略三类。

1. DICE可信启动的验证

对于 DICE设备，DICE的证书就是证据。

❑ **验证背书**：指验证 DICE证书链中签发第 0层设备证书的实体，也就是验证从厂商的 Root CA到设备证书的上级 CA这些所有证书的签发者。这一点 DICE设备和非 DICE设备是一样的。如果验证者相信设备厂商，那就相信厂商签发的根证书权威证书，也就相信这个设备的身份。

❑ **验证参考值**：这意味着验证者需要验证 DICE证书链中每一层的 DiceTcbInfo是否和期待值一样。我们期望设备厂商提供一份 DICE证书链中 DiceTcbInfo的参考值，作为参考。如果验证者选择相信设备厂商，那么就可以把设备厂商提供 DiceTcbInfo参考值与实际得到的证书链中每一层的 DiceTcbInfo进行比较。当然，厂商还可以给 DICE证书链定义其他的扩展来做比较，例如 DICE规范描述的通用实体 ID（Universal Entity ID，UEID）等。

注意　与 TPM 类似，这里省略了验证 DICE 叶子证书的数字签名验证，因为完整性是在安全传输过程中必须达到的密码学要求。另外，这里也省略了验证时新性，因为这也是传输中必须达到的安全要求，和信任无关。

DICE 背书架构（DICE Endorsement Architecture for Devices）描述了基于精简参考完整性清单（Concise Reference Integrity Manifest，CoRIM）的参考值提供方式。整个规范篇幅很长，核心是以主谓宾三元组（Triple）形式存在的声明（Claim）。下面以参考值三元组（Reference Value Triple）为例来说明。

- ❏ **主体**（Subject）：即**目标环境**（Target Environment，TE），包括类别名称（Class Name）和实例名称（Instance Name）两部分。例如，DiceTcbInfo 中的厂商、型号、层级、索引都属于类别名称，而 UEID 属于实体名称。

- ❏ **宾体**（Object）：即**度量值**（Measurement Value，MV），包括类别特定度量值和实例特定度量值。例如，DiceTcbInfo 中的版本、安全版本号、固件 ID 都属于类别特定度量值，而 UEID、设备序列号属于实例特定度量值。

- ❏ **谓词**（Predicate）：即存在，用在"**目标环境（TE）存在　参考值（MV）**"这句话中。例如，对于 DICE 设备，一个完整的声明就是："一个 DICE 层级有着厂商为 w、型号为 x、层级为 y、索引为 z 的环境 TE 应该存在版本为 a、SVN 为 b、固件 ID 为 c 的度量值 MV"。验证的方法是，先获取 DICE 证书链，解析出 DiceTcbInfo 结构，然后对照着环境 TE 去找到 DiceTcbInfo 中匹配的那一个，最后验证度量值 MV 是否一样。也就是说，理想状况下每个 $DiceTcbInfo_{L_n}$ 应该会有对应的环境 $Environment_{L_n}$ 和度量值 $Measurement_{L_n}$ 的三元组。

图 11-11 展示了 DICE 基于 CoRIM 证明的方法，具体步骤如下：

① DICE 第 $n-1$ 层签发第 n 层证书。第 n 层作为最后一层负责响应证明请求。

② 验证者通过挑战－回应方法，获取 DICE 证书链，同时保证完整性和时新性。

③ 验证者拿到证书链之后，把其中的 DiceTcbInfo 的内容和 CoRIM 中的参考值三元组进行比较，得出结论。

2. TEE-IO 设备证据的验证

TEE-IO 设备证据的验证也需要考虑验证背书和验证参考值两部分，并且采取一定的评估策略。

（1）TEE-IO 设备背书的验证

一般来说，TEE-IO 设备的背书应该是设备厂商，厂商可以在出厂的时候可以用自己的 CA 签发硬件的证书。厂商还应该维护一个证书撤销列表（Certificate Revocation List，CRL），以记录所有问题证书，例如有设备私钥泄密等验证安全漏洞。

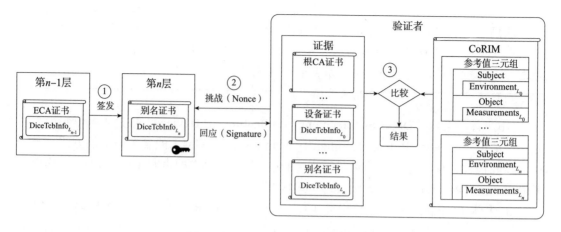

图 11-11　DICE 基于 CoRIM 的证明

（2）TEE-IO设备证据验证的安全要素

TEE-IO设备的证据通过 SPDM协议传输，应该符合 SPDM规范。除此之外，TEE-IO设备证据的生成方式多种多样，可以是基于 TPM的，也可以是基于 DICE的，或者是基于特定硬件 RoT的私有方案。把它们结合起来，我们需要考虑以下方面：

- ❑ **TCB集合验证的完备性**：设备硬件的 TCB模块必须要进行验证，缺一不可。例如，在有 TPM的情况下，验证者需要验证 TEE-IO设备的 TPM硬件本身是否可信，然后验证 TPM汇报的 PCR值。

- ❑ **启动链验证的完备性**：验证一个模块可信的关键是需要验证在它被加载之前的所有模块也都是可信的。例如，在使用 DICE的情况下，验证第 n 层 DiceTcbInfo之前，需要验证从第 0层开始到第 $n-1$ 层的 DiceTcbInfo是否可信。

- ❑ **设备的验证时 /使用时绑定**：TVM需要确定验证的设备和使用的设备是同一个设备，也就是说要防止检查时 /使用时（Time of Check/Time of Use，TOC/TOU）攻击，它属于资源竞争条件攻击的一种。这里的 TSM要负责锁定设备的分配，保证被 TVM验证的设备和使用的设备是同一个；如果 VMM重新进行分配，那么 TVM必须重新验证。

- ❑ **SPDM证据的复查**：验证者拿到 SPDM证据后，不能仅仅验证 SPDM内的证据，还要根据启动方式复查 SPDM内证据的正确性，以防止 SPDM实现伪造度量值。例如，当设备使用 TPM时，TPM硬件只能给内部的 PCR签名成 TPM Quote，以及给外部提供的 SPDM度量记录签名。如果设备的固件是恶意的，它可以伪造 SPDM度量记录获得正确的签名，所以验证者需要验证 SPDM度量记录是否和 TPM的 PCR值内容匹配，以保证 SPDM度量记录未被恶意修改。再例如，当设备使用 DICE时，DICE的第 n 层作为 SPDM响应者会给 SPDM度量记录签名。如果设备的第 n 层是恶意的，那么它可以伪造 SPDM度量记录获得正确的签名，所以验证者需要验证 SPDM 度量记录是否和 DICE 证书链中 DiceTcbInfo 的内容匹配，以保证 SPDM 度量记录未被恶意修改。

注意　这里没有考虑 SPDM 实现伪造数字签名，因为那是 SPDM 协议的基本要求。SPDM 的实现需要设备 TCB 保护设备私钥，不被其他实体获得。

SPDM 可以用一种不需要证据复查的方式实现，即负责 SPDM 签名的 RoT 模块同时也是存储可信根和报告可信根，这个 RoT 模块负责给所有度量请求和回应消息的数字签名的同时，也保证度量值的正确性。图 11-12 给出了一个 SPDM RoT 实现的例子，具体步骤如下：

①SPDM 实现软件向 SPDM RoT 发出给所有度量请求和回应消息数字签名的请求。

②SPDM RoT 验证度量回应消息中的每一个度量值（MeasurementRecord）和本地存储的度量值是否一致。如果有不一致的情况，可能是 SPDM 实现软件正在锻造度量值，从而拒绝请求。这是关键的一步，意味着 SPDM 证据的复查由设备自身的 RTS 和 RTR 完成。

③只有当所有验证都通过的时候，SPDM RoT 才会计算出正确的数字签名。

④SPDM RoT 返回数字签名。

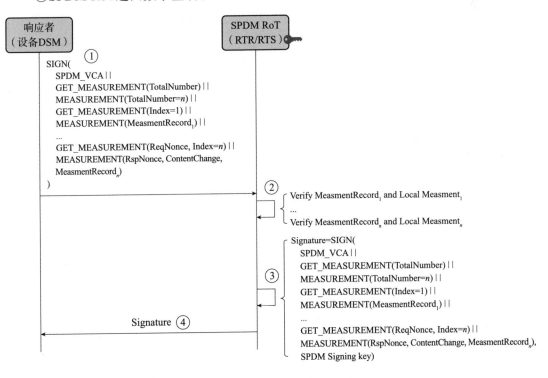

图 11-12　SPDM RoT 实现示例

（3）TEE-IO设备参考值提供举例

TEE-IO设备的参考值一般由设备制造商提供，常用的业界规范有ISO/IEC 19770-2:2015 Part 2定义的软件识别标签（SWID）、IETF RFC9393定义的精简软件识别标签（CoSWID）以及IETF起草的精简参考完整性清单（CoRIM）。DICE背书架构使用的就是CoRIM。

设备制造商提供参考值时需要提供参考值的完整性保护，一般是使用数字签名的方式。

（4）TEE-IO设备评估策略示例

TEE-IO设备的评估策略因人而异，常见的策略包括全部度量值匹配、全部TCB匹配+部分非TCB匹配和全部SVN匹配等。

11.1.3　证明结果的传递

TEE-IO设备证明结果的传递涉及评估者和依赖方，它们可能发生在操作系统内部，评估者和依赖方都是系统内核驱动，如图11-13所示；当然，也可能发生在设备厂商的模块之间，例如评估者是设备远程证明服务，依赖方是TVM内部设备驱动，如图11-14所示。

图11-13和图11-14都展示了TEE-IO设备证明的背景调查模型流程。

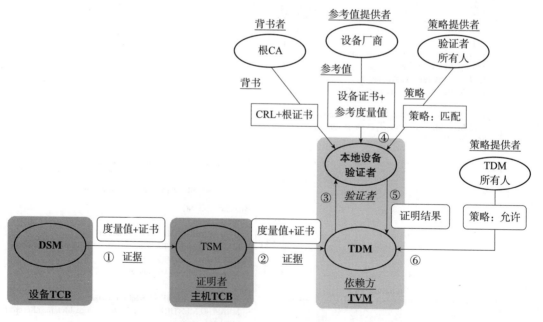

图11-13　TEE-IO设备证明过程：本地验证者（背景调查模型）

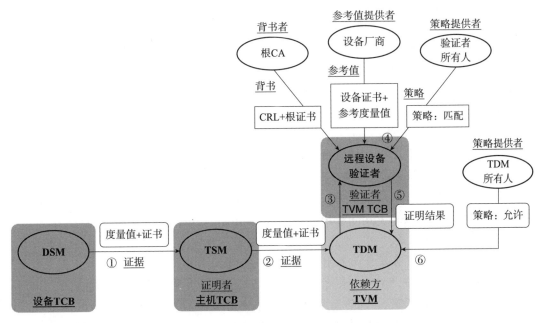

图 11-14   TEE-IO 设备证明过程：远程验证者（背景调查模型）

注意   这里以背景调查模型作为例子，是因为它在 TEE 用例中更加适用。如果采用护照模型，那就意味着 TSM 要和验证者通信，获取证明结果，传递给 TVM。从安全角度来看，这增加了 TSM 不必要的功能，违反了 TCB 最小化原则。从兼容性角度来看，这样使得原来可以中立的 TSM 不得不决定是采用本地验证者还是远程验证者，如果决定采用远程验证者，还要知道地址，这使得 TSM 依赖于实际用例。背景调查把决定权交给 TVM，由租客用户根据需求决定采取哪种方式更合适。

①TEE 安全管理器（TSM）和设备安全管理器（DSM）建立 SPDM 连接，获得设备证书和度量值作为证据。

②TSM 把收集到的证据传递给 TVM 中的 TEE 设备管理器（TEE Device Manager，TDM）。

③TDM 继续把证据传递给验证者，可以是图 11-13 中的本地验证者，也可以是图 11-14 中的远程验证者。在远程验证者模式下，这个远程验证者是 TVM 的 TCB。

④验证者根据背书、参考值和验证策略来做验证，得出证明结果。

⑤验证者把证明结果返回给 TDM。

⑥TDM 根据证明结果和自己的策略决定是否相信这个设备。

注意   可以看到，图中有两个策略，一个是验证者使用的策略，另一个是TDM使用的策略，它们是不一样的。以侦探小说来类比，验证者就像私人侦探做调查，然后根据自己的判断出具调查报告作为证明结果；TDM则是委托人根据调查报告做出自己的判断，决定是接受现状还是有下一步行动。

再举一个例子来说明它们的不同之处。

验证者的策略可以是：

1）背书：证书需在有效期内由已知 Root CA Cert背书，并且不在 CRL中。

2）参考值：比较最新 SVN，不比较度量值。

3）证明结果：证书是否有效+有效期，SVN是否最新+非最新SVN时模块存在的通用漏洞披露（Common Vulnerabilities & Exposures，CVE）列表。

TDM的策略可以是：

1）背书：证书应有效，而且有效期在1年之内。

2）参考值：最新SVN，或者非最新的SVN时没有高危和中危漏洞，可以有低危漏洞。在这种情况下，一个三年之前的有效证书可以被验证者通过但不被TDM接受，一个有低危漏洞的非最新SVN的模块会被验证者发现有问题，但是被TDM接受。

图 11-13展示的本地验证者模式和图 11-14 展示的远程验证者模式之间的比较如表 11-1 所示。

表 11-1   本地验证者模式和远程验证者模式的比较

TVM 对设备证明	本地验证者模式	远程验证者模式
验证者位置	TVM 内部	TVM 内部或远程服务
背书（根证书、CRL）	TVM 内部部署	远程服务
参考值（RIM）	TVM 内部部署	远程服务
评估策略	TVM 内部部署	远程服务
证明数据更新（背书、参考值、评估策略）	无更新或基于计划的更新	服务维护的最新版本

11.2　第三方对绑定设备的 TVM 的证明

第三方对于绑定设备的 TVM 的证明和第三方对于没有设备的 TVM 的证明相似，不同之处在于第三方如何验证绑定到 TVM 的设备 TDI。在 TEE-IO 架构中，因为 DSM 是设备级别的，而不是 TDI 级别的，所以 TVM 接受 TDI 就意味着要接受整个设备，对设备 TDI 的证明往往意味着对设备的证明，也就是验证 SPDM 设备证书和设备度量值。

对 TDI 进行额外的证明也是可以的，这取决于设备本身的能力。例如，一个功能齐全的设备可能对于 TDI 有不同的执行引擎，TVM 的设备驱动希望得到更详细的信息（TDI 引擎特有的信息、TDI 引擎加载的数据等）。这些信息可以在 SPDM MEASUREMENTS 的不透明数据中返回，或者作为厂商特有数据（Vendor Specific Data）反映在 TDI 报告中。

11.2.1　证据的生成和传递

在部署安全启动策略的可信启动中有三类证据：策略清单、权威和实例。策略清单指的是允许安全启动的代码的签名公钥集合，权威指的是用来验证模块的公钥，实例指的是模块的哈希。

TVM 中关于设备 TDI 的证据也分为策略清单、权威和实体三类。

❑ **策略清单（Policy Manifest）**：验证者评估所需要的证明数据包括：设备背书，包括根证书和 CRL；设备参考度量值，包括固件哈希值和安全版本号等；评估策略。策略数据可以被安全地更新，例如使用数字签名校验。策略必须包含在 TVM 报告中。

❑ **权威（Authority）**：验证者使用策略清单来验证设备的那一条策略。举个例子，策略中可以部署三个不同厂商的根证书：厂商 A、厂商 B 和厂商 C。在运行过程中，厂商 B 的设备被绑定到 TVM，进行了验证，这个时候的权威就只有厂商 B 的根证书。也就是说，策略清单是一个允许设备的大集合，而权威是当时真正起效验证设备的那一条策略。TVM 报告可以包含权威，也可以不包含，这取决于安全需求。报告权威的优点是可以得知哪类设备被允许了，而缺点是使得 TVM 报告不停地动态变化。

❑ **实体（Entity）**：这是真正的描述设备的证据，分为类别（Class）证据、实例（Instance）证据和动态（Dynamic）证据。类别证据有通过 SPDM 传递的固件度量值、安全版本号、配置信息、调试信息等。实例有通过 SPDM 传递的设备证书链。动态证据包含当时的运行状态动态数据，例如电压和温度。TVM 报告可以包含实体，也可以不包含，取决于安全需求。如果要报告，可以只报告类别证据，而忽略实例证据和动态证据，这是因为实例证据和动态证据会导致每个 TVM 报告都不同，从而无法有效地实施部署。TVM 绑定设备 TDI 的过程可以是动态的，TVM 可以不停地绑定、解绑、再绑定、再解绑等。如果要报告实体或权威，那么只要是历史上曾经绑定过的设备都需要被记录。

根据设备验证者的不同，生成的 TVM 设备相关证据报告也会不同，如图 11-15 所示。

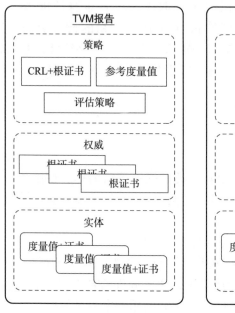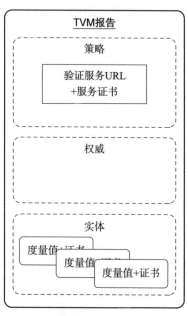

本地设备验证者模式   远程设备验证者模式

图 11-15　第三方对于带有设备 TDI 的 TVM 的证明

- ❏ **TVM设备本地验证者**：TVM中需要有验证相关的背书和参考值等，包括根证书和 CRL 的集合，它们可以静态部署在 TVM 中，或者由 VMM 在启动 TVM 时动态输入，甚至可以由云服务提供商动态更新。通常，这些背书和参考值的集合会作为**策略证据**被度量到 TVM 的证明报告。在运行时，本地验证者会根据背书和参考值的集合来验证获得设备的证书和参考值，并且把用于验证的背书记录作为**权威证据**度量到 TVM 的证明报告。同时，把设备的证书和度量值作为**实体证据**度量到 TVM 的证明报告中。同 TEE 的证明一样，实体证据中的类别证书、实例证据和动态证据需要分别放入不同的 TVM 度量寄存器。

- ❏ **TVM设备远程验证者**：TVM中只要有远程验证者服务的地址即可，它可以作为**策略证据**被度量到 TVM 的证明报告。由于验证发生在远端，因此不需要**权威证据**。最后，TVM 把设备的证书和度量值作为**实体证据**度量到 TVM 的证明报告中。

11.2.2　第三方验证 TVM

第三方验证 TVM要分为两种情况：

❏ **TVM设备本地验证者**：第三方必须首先验证 TVM中的设备验证程序本身，然后根据实际需要验证 TVM报告中所有的策略证据、权威证据和实例证据或其中的一部分。

❏ **TVM设备远程验证者**：第三方需要相信 TVM-TCB的设备厂商提供的设备验证服务，然后根据实际需要验证 TVM报告中的所有策略证据、远程证明服务地址和实体证据或其中的一部分。

采用设备远程证明的优点在于，在线验证服务会主动寻找厂商发布的最新背书和参考值，以保证证明结果的时效性（Timeliness）。但是回顾证明结果，人们在后期也只能知道是"当时最新的"，很难知道"当时最新的"到底是哪个版本。而设备本地证明恰恰相反，所有的策略信息都被部署到 TVM内部，这些信息也被反映到证明结果中，所以人们在后期可以精确地了解当时发生的情况。但这种方法的缺点在于，CSP部署的背书和参考值等可能落后于厂商发布的最新值。

证明结果的传递和 TEE-IO 的关系不是很密切，只需和普通 TVM证明结果传递一致即可。读者可以参考第 5 章中证明结果传递的相关介绍。

在第三方对绑定设备的 TVM的证明中，设备本地验证和远程验证也是有区别的，它们之间的比较如表 11-2 所示。

表 11-2　第三方对设备本地验证和远程验证的比较

第三方对绑定设备 TVM 证明	设备本地验证模式	设备远程验证模式
TVM 报告中的设备验证者	TVM 验证者代码	TVM 验证者代码或验证服务通信代码
TVM 报告中的设备策略	TVM 的背书、参考值和评估策略	验证服务 URL 和服务证书
TVM 报告中的设备策略更新	策略更新的代码和签名者	N/A
TVM 报告中的设备权威	设备根证书	N/A
TVM 报告中的设备实体	设备证书和度量值	设备证书和度量值

11.3　设备与主机的双向证明

在某些用例场景下，不仅主机端可以对设备端进行证明，设备端也可以对主机端进行证明。SPDM是设备间的认证密钥交换协议，也有基于证书和基于 PSK两种模式。如果在 TEE中使用，则可以采取 Intel白皮书"Intel device attestation model in confidential computing environment"中所描述的和 RA-TLS类似的远程证明 SPDM（Remote Attestation SPDM，RA-SPDM）方案，使用基于 TEE Quote的证书代替普通的 X.509证书。RA-SPDM方案的流程如图 11-16 所示。

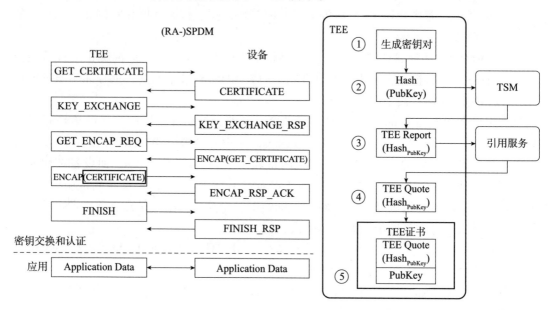

图 11-16   RA-SPDM 方案的流程

在设备与主机的双向证明的 RA-SPDM中，设备端提供的 SPDM证书是普通的 X.509证书，主机端提供的 SPDM证书则是基于 TEE Quote的证书。设备端需要预先部署 TEE以及 TEE平台的参考值，以便对 TEE Quote进行验证，从而决定是否可以给此 TEE提供服务。

11.4   机密计算 TEE-IO 设备端证明实例

NVIDIA在白皮书"Confidential compute on NVIDIA Hopper H100"中描述了 GPU证明的大致流程，在应用指南"NVIDA Hopper confidential computing attestation verifier"中介绍了验证者相关工具。

1.设备证书

当一个 TVM使用 NVIDIA GPU时，必须先验证它确实是 NVIDIA出品的真实的 GPU。每个 GPU有一个独一无二的身份密钥（Identity Key，IK）烧录在 H100芯片中，用作身份标识。每个 GPU 芯片中都有设备特有标识符（Per Device Identifier，PDI），也就是设备身份证书。每个 GPU 都在 GPU 启动时以确定的方式由报告可信根软件生成证明密钥（AK），AK 的证书由设备身份密钥（IK）签名。图 11-17 展示了 NVIDIA 的 GPU 证书链，从 NVIDIA 根证书开始，然后是 GPU 型号证书和部署证书，所有 Hopper GPU 有统一的型号证书和部署证书。收到 GPU 证书链之后，验证者可以用 NVIDIA 根证书来验证背书，同时需要通过在线证书服务协议（Online Certificate Service Protocol，OCSP）验证证书的有效性，确认证书是否在 CRL 之中。

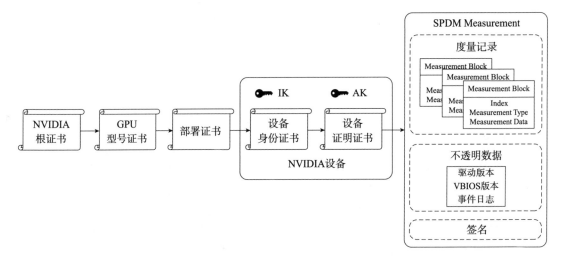

图 11-17　NVIDIA GPU 的证书链和度量值

2.设备度量值

NVIDIA GPU 使用 SPDM 规范定义的 MEASUREMENT 响应来返回设备信息，度量块中记录了静态硬件配置、固件 / 显卡 BIOS（Video BIOS，VBIOS）、驱动微代码、硬件初始化状态以及运行时硬件状态等信息。另外，MEASUREMENT 响应中的不透明数据还包含了驱动版本、VBIOS 版本、事件日志等。整个 MEASUREMENT 响应由设备 AK 签名，如图 11-17 右侧所示。

3.设备参考值

NVIDIA 的参考值符合 TCG RIM IM 规范。NVIDIA 为 GPU 提供两个 RIM 包，一个是 VBIOS 的 RIM，作为验证者包裹（Verifier Package）的一部分；另一个是驱动的 RIM，作为驱动包（Driver Package）的一部分。每个 RIM 都由一个对应的 RIM 证书提供签名，RIM 证书链从 NVIDIA RIM 根证书开始，然后是 L2 中间证书和 L3 型号证书，所有 Hopper GPU 都有统一的 L2 中间证书和 L3 型号证书。NVIDIA GPU 参考度量值和签名证书链如图 11-18 所示。

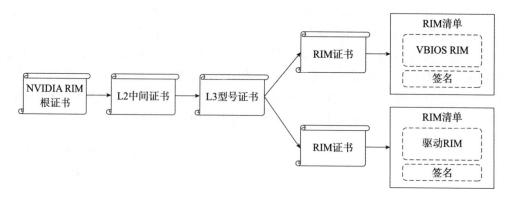

图 11-18   NVIDIA GPU 参考度量值和签名证书链

4.策略评估引擎

开放策略代理（OPA）是一个开源的通用策略引擎，为全栈提供统一的策略控制。OPA使用一种高级声明式编程语言 Rego来描述策略，默认使用 JSON格式的数据描述。

NVIDIA验证者使用基于OPA的统一访问管理（Unified Access Management，UAM），根据比较策略来对输入的证据和参考值进行评估，得出证明结果，如图 11-19 所示。

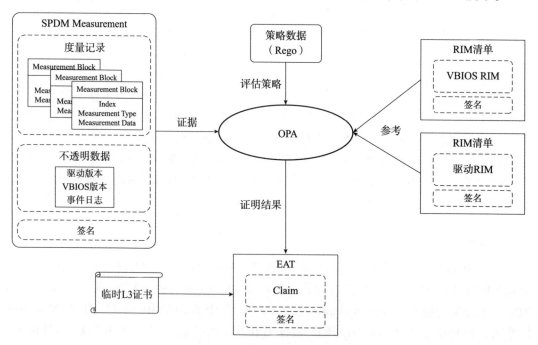

图 11-19   NVIDIA GPU 策略评估

5. 证明结果

NVIDIA的证明结果使用的是基于 JWT格式的实体证明令牌（Entity Attestation Token，EAT），并且用一个 24小时有效的临时 L3证书签名，以保证完整性。EAT还使用 JWT中的 JWT ID（jti）来防止重放攻击以及使用过期时间（Expiration Time，exp）来标识结果的有效期。这个过程如图 11-19 所示。

6. NVIDIA远程证明服务

NVIDIA远程证明服务（NVIDIA Remote Attestation Service，NRAS）是一个在线服务，用于提供在线验证 GPU 的功能。白皮书"Confidential compute on NVIDIA Hopper H100"中描述的大致流程如图 11-20 所示，具体步骤如下：

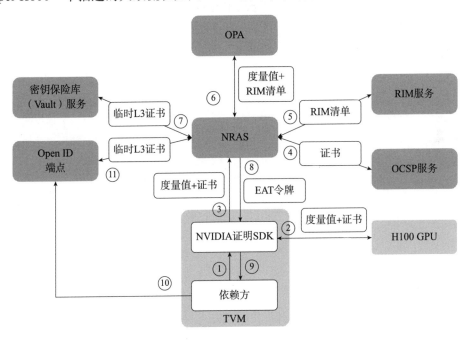

图 11-20   NVIDIA GPU 证明的大致流程

①验证依赖方调用本地 NVDIA证明软件开发包（Attestation Software Development Kit，Attestation SDK），请求验证 GPU。

②NVIDIA证明 SDK生成随机数，发送证明请求到 H100 GPU。H100 GPU返回证书链，以及签名的 SPDM度量信息。

③NVIDIA证明 SDK把设备证书和 SPDM度量信息发送给 NVIDIA远程证明服务（NRAS）。

④NRAS验证 SPDM度量信息的数字签名，然后根据 NVIDIA根证书验证设备证书

链，并通过 OCSP 服务验证确保证书不在 CRL 列表中。

⑤NRAS 从 RIM 服务获取设备对应的参考值清单，然后根据 NVIDIA RIM 根证书验证 RIM 清单的完整性，并通过 OCSP 服务验证确保 RIM 清单的有效性。

⑥NRAS 通过基于 OPA 的 UAM 验证 RIM 清单和 SPDM 度量信息，得出证明结果，组成 EAT 令牌。

⑦NRAS 向密钥保险库请求生成临时 L3 证书，并用 L3 证书给 EAT 令牌签名。

⑧NRAS 返回作为证明结果的 EAT 令牌给 NVDIA 证明 SDK。

⑨NVDIA 证明 SDK 返回作为证明结果的 EAT 令牌给验证依赖方。

⑩验证依赖方可以使用 OpenID 公钥验证 EAT 令牌，OpenID 公钥可以作为 EAT 令牌的一部分，也可以来自 OpenID 端点。

⑪若使用 OpenID 端点，NRAS 向 OpenID 端点提供临时 L3 证书来验证 EAT 令牌。

EAT 令牌验证成功后，依赖方可以根据自己的评估策略决定是否使用这个 H100 GPU 设备。

第 12 章

TEE-IO 的特别功能

在第 11 章中，我们介绍了 TEE-IO 的证明功能。在本章中，将继续介绍其他可选功能。

12.1 TEE-IO 设备的弹性恢复

根据 PCIe 基础规范中 TDISP 章节的介绍，TEE-IO 设备中的 DSM 扮演着重要的角色，它负责提供设备认证、度量信息、和主机端建立安全会话、管理 TDI、采取必要的安全策略维护机密计算的需求、监视所有影响 TDI 或 TVM 数据安全的活动，等等。DSM 不可能都由硬件实现，除设备 RoT 之外，DSM 的一部分应该由固件实现，例如 SPDM 会话建立、IDE 密钥传输、TDISP 管理等。因此，安全地实现 DSM 固件是 TEE-IO 设备必要的需求，这些需求可分为两类：

- ❏ 可信启动的需求：包含定义可信根和可信启动链，目的是保证提供的设备度量值没有被篡改。方法有基于 TPM 的安全启动、基于 DICE 的安全启动等。在第 11 章中已经介绍过相关内容。
- ❏ 弹性恢复的需求：包括安全启动、安全更新、安全恢复等。目的是阻止针对设备的恶意攻击，维护设备的可用性。

根据 NIST SP800-193 规范，固件的弹性恢复需求包括三个维度：保护、检测和恢复，如图 12-1 所示。

1.保护

保护即安全更新功能，用于维护静态固件的完整性。当系统运行时，只允许设备固件进行授权的更新。采取的措施可以有以下几种：

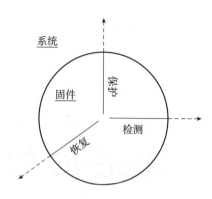

图 12-1　固件的弹性恢复需求

1）锁定当前设备固件的直接访问权限为只读。

2）只允许重启之后的更新，或在一个安全环境中进行更新。

3）更新时验证固件更新包的数字签名。

4）更新时验证固件更新包的 SVN。

5）不允许绕过数字签名或 SVN 检测，例如使用调试接口进行更新。

维持安全更新功能的可信根称为升级可信根。需要保护的内容通常包括固件代码和重要固件数据。需要注意的是，验证数字签名的公钥和进行对比的最小 SVN 也是需要保护的。

2.检测

检测即安全启动功能，用于维护运行时固件的完整性。当系统运行时，前一个模块在加载后一个模块时，需要验证后一个模块的数字签名和 SVN 值，以防恶意篡改或降级。这样，万一保护功能失效，设备固件被恶意更新，系统仍然有机制检测出固件被恶意更新。

维持安全启动功能的可信根也称为检测可信根。需要检测的对象和需要保护的对象通常一一对应，通常包括固件代码和重要固件数据。

3.恢复

恢复即安全恢复功能，用于维护固件的可用性。当系统运行时，如果检测出系统固件遭到恶意篡改，那么最佳方案是进行自动恢复，而不是宕机或继续启动。自动恢复过程可以是启动一个已知完好的备份固件，然后恢复正常的固件代码和重要固件数据。

维持安全恢复功能的可信根称为恢复可信根。需要注意的是，这里假设完好的备份固件同样需要实施保护和检测功能。如果由于备份固件的保护不到位，导致备份固件也被篡改，那么恢复就不起作用了。

12.2　TEE-IO 设备的运行时更新

我们之前提到 TEE-IO设备固件安全更新的方式，可以通过重启之后更新，或在一个安全环境中进行更新。对于后一种情况，更新完成之后又有两种情况：一种是更新之后需要重启设备才能生效；另一种是更新之后不需要重启，立即生效，也称为运行时更新。

运行时更新有其独特的优势，那就是不需要和 TEE 重新建立连接，可以一直为 TEE提供服务。但是，运行时更新也存在风险，那就是它继承着更新之前的运行环境，如果之前的固件有潜在的安全隐患，那么这个安全隐患可能会继承下来，没有消除。因此，是否支持运行时更新取决于安全策略。

12.2.1　运行时更新策略

TEE-IO设备的运行时更新策略有两个，分别是更新的启动策略和更新的后果策略。

❑ **更新的启动策略**：在 PCIe 的 TDISP 协议中，更新的启动策略由 LOCK_INTERFACE_REQUEST的标志位的无固件更新（NO_FW_UPDATE）比特位控制。当 TSM作为请求者指定 1时，表示设备作为响应者可以在 TDI CONFIG_LOCKED 或 RUN时进行更新。当请求者指定 0时，表示设备不能在 TDI CONFIG_LOCKED或 RUN时进行更新。

注意　这里有几点需要说明一下：

1）NO_FW_UPDATE控制的是能不能进行固件更新，而不在乎是运行时更新还是重启后更新。

2）NO_FW_UPDATE控制的是在 CONFIG_LOCKED或 RUN状态时能不能进行更新，其他状态时的更新一直是允许的。

3）NO_FW_UPDATE控制的是整个设备。只要有一个 TDI设置了 NO_FW_UPDATE并且处于 CONFIG_LOCKED或 RUN状态，那么整个设备就不能更新。

❑ **更新的后果策略**：SPDM协议版本 1.2中，更新的后果策略由 KEY_EXCHANGE的会话策略（Session Policy）字段的终止策略（Termination Policy）比特位控制。在 SPDM协议中，TSM是请求者，设备是响应者。当 TSM作为请求者指定 0时，表示设备作为响应者完成更新之后，必须终止安全会话，也就是不支持运行时更新。当请求者指定 1时，表示响应者完成更新之后，可以保留安全会话，也就是支持运行时更新。

注意   这里有几点需要说明一下：

1）TerminationPolicy为 0 时，表示更新后安全会话必须终止；该值为 1 时，表示更新后安全会话可以终止或保留。响应者可以根据当时的情况来决定，所以最终由设备进行选择。原因在于，只有设备才能正确地判断是否有能力保留安全会话。特殊情况下，例如设备发生一个安全更新或大的功能更新，在运行时更新后设备可能无法保留安全会话。这时设备就应该终止安全会话，无论 TerminationPolicy 是 0 还是 1。

2）TerminationPolicy 控制的是更新之后的决定，而不是是否可以更新。

3）TerminationPolicy 对每一个安全会话单独起作用。更新之后，可以有一些安全会话终止，另外一些安全会话保留。

由此可知，NO_FW_UPDATE 和 TerminationPolicy 是互不相关的两种策略控制，可以有 4 种不同的组合。希望支持运行时更新的 TSM 应该选择 NO_FW_UPDATE 为 0，TerminationPolicy 为 1。

12.2.2　更新策略的验证

SPDM 会话建立和 TDISP 接口锁定命令都由 TSM 根据 VMM 的输入发起，因此 TVM 需要验证这两个更新策略是否符合要求，方法如下：

❑ **更新启动策略的验证**：在 PCIe 的 TDISP 协议中，设备接口报告（DEVICE_INTERFACE_REPORT）的接口信息（INTERFACE_INFO）的比特位 0 反映了当时的 NO_FW_UPDATE 信息。TVM 可以直接向设备获得设备接口报告，验证此信息。

❑ **更新后果策略的验证**。TVM 无法直接向设备获得 SPDM 协议的 TerminationPolicy。因此，TVM 需要向 TSM 获取 TerminationPolicy 信息。

12.2.3　更新固件的证明

我们在第 11 章详细讨论了设备的证明。当 TVM 和设备支持运行时更新时，TVM 可能需要额外的步骤来监测更新固件的证明。从大方向来说，可以分为两类：更新后的证明和更新前的证明。

1. 更新后的证明

设备的运行时更新可以由当前 TVM、其他 TVM、其他 VM、TSM、VMM、云服务编配器（Cloud Orchestrator），甚至 BMC OOB 机制触发。

如果 TSM选择了 NO_FW_UPDATE为 0，TerminationPolicy为 1，并且 TVM接受了这种选择，就意味着 TVM支持设备的运行时更新。TVM可以部署策略进行更新后的重新证明。例如，TVM进行周期性的设备证明、TVM根据云服务编配器进行按需的设备证明、SPDM1.3度量改变（MeasurementChange）或证书改变（CertificateChange）事件触发的重新证明。

重新证明的流程如图 12-2 所示，具体步骤如下：

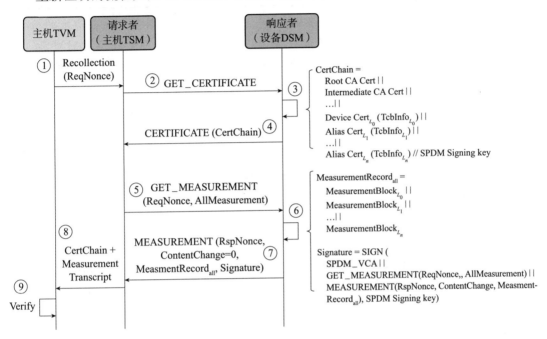

图 12-2　更新后的证明

①主机端 TVM给 TSM发送设备证据重新收集请求 Recollection以及 ReqNonce。

②主机端 TSM发送 SPDM GET_CERTIFICATE命令请求返回设备证书。

③设备端 DSM收集当时的证书链。

④设备端 DSM通过 CERTIFICATE响应返回设备证书链，完成设备身份的识别。设备证书链中的叶子证书的公钥就是之后的 SPDM签名验证的公钥。

⑤主机端 TSM发送 SPDM GET_MEASUREMENT命令请求返回所有设备度量值，其中包含请求端生成的 Nonce（ReqNonce），防止重放攻击。

⑥设备端 DSM收集到当时的 SPDM度量记录，生成自己响应端的 Nonce（RspNonce）。最后，DSM使用当时的 SPDM签名密钥来生成对度量请求的数字签名。

⑦设备端 DSM通过 MEASUREMENT响应返回设备度量记录，包含对 ReqNonce、RspNonce和度量记录的数字签名，以保证完整性和时新性。

⑧TSM将设备证书链和包含数字签名的度量值返回给 TVM。

⑨TVM需要验证 ReqNonce以确保时新性，验证证书链的完整性，并验证证书链中的设备证书和之前的设备证书一致，以确保设备绑定，以及验证度量值的数字签名以保证证书链中的叶子证书的有效性和度量值的完整性。最后，TVM需要验证度量值是否满足要求。

注意　更新后的证明和初始的证明几乎一样，唯一的区别在于设备绑定的验证。在 SPDM证书链中，设备证书是标识设备身份的证明，因此不会在运行时更新。所有 TVM可以通过验证设备证书没有改变来确认设备没有变化。在非 DICE模式下，叶子证书就是设备证书，不会变化。在 DICE模式下，设备证书用来签发下级别名证书，因为别名证书包含度量值信息，可能会发生变化，所以叶子证书也可能会发生变化。

在 TVM完成重新证明之后，它可以选择继续接受此设备，或者不接受此设备，并立即终止连接。

2. 更新前的证明

使用更新后的证明会造成验证和更新之间存在一个间隔期。在此间隔期间，在 TVM验证并且可能终止设备之前，更新后的设备会继续和 TVM交互机密信息，如图 12-3a所示。

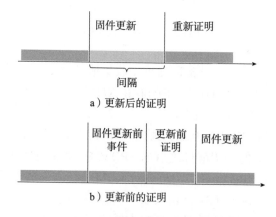

图 12-3　更新后的证明与更新前的证明

为了避免更新/验证的间隔期，SPDM1.3加入了会话内的事件（Event）机制，并且定义了度量值更新前（MeasurementPreUpdate）事件。如果 SPDM请求者注册了

MeasurementPreUpdate事件，那么设备在更新之前需要触发事件给请求者。之后，SPDM请求者获取即将更新但尚未生效的度量值进行验证，并且决定是否要接受或终止设备连接。这个过程如图 12-3b所示。

注意　这里有几点需要说明：

1）MeasurementPreUpdate事件的接受者，也就是SPDM请求者，不能阻止更新的实施。如果不能接受，SPDM请求者可以选择不确认而使事件超时，终止会话或终止设备连接，但是设备仍然会实施更新。这么做是为了防止恶意的事件接受者阻止设备的固件更新。

2）MeasurementPreUpdate事件发送后，设备会等待事件解决，即事件确认（Acknowledgement，ACK）、会话终止，或者命令超时。当事件解决之后，设备才会进行固件更新。

3）MeasurementPreUpdate事件是基于会话的。设备要等待会话中所有的MeasurementPreUpdate事件解决之后，才会实施固件更新。

更新前证明的流程如图 12-4 所示，具体步骤如下：

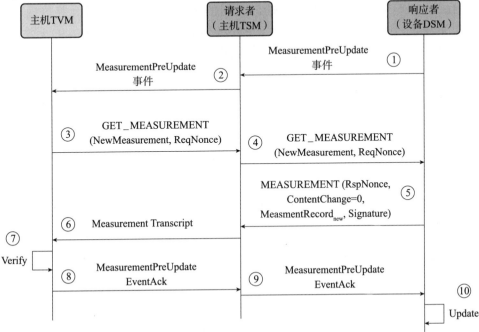

图 12-4　更新前证明

①设备端 DSM发送 MeasurementPreUpdate事件。

②主机端 TSM收到事件之后，通知 TVM。

③主机端 TVM发送 SPDM GET_MEASUREMENT命令请求给 TSM，返回新的设备度量值，其中包含请求端生成的 Nonce（ReqNonce），防止重放攻击。

④主机端 TSM通过 SPDM会话发送 SPDM GET_MEASUREMENT命令。

⑤设备端 DSM通过 MEASUREMENT响应返回设备度量记录，包含对 ReqNonce、RspNonce和度量记录的数字签名，保证其完整性和时新性。

⑥TSM将设备证书链和 MEASUREMENT消息的整个消息序列记录（Transcript）连同数字签名返回给 TVM。

⑦TVM需要验证 ReqNonce以确保时新性，验证 MEASUREMENT记录的数字签名以保证度量值的完整性。最后，TVM需要验证度量值是否满足要求。

⑧如果 TVM可以接受新的度量值，TVM给 TSM发送事件确认（EventAck）。

⑨TSM通过 SPDM会话给 DSM发送事件确认（EventAck）。

⑩更新实现。

12.3　PCIe 设备间的对等传输

PCIe的 TLP传输除了设备和根端口之间的传输，还有设备间对等传输（Peer-to-Peer，P2P），IDE TLP也同样适用于 P2P的传输。P2P本身与 TEE-IO无关，TEE-IO需要根据不同的 P2P形式对 IDE流进行配置。根据 PCIe规范，存在两种 P2P的形式。

1.直接 P2P

直接 P2P（Direct P2P）如图 12-5a所示。两个设备端点建立一条独立的直接连接的 P2P选择性 IDE流，进行通信。通信可以通过 PCI交换机，但不需要通过根复合体。P2P IDE流需要主机端通过 TDISP的 BIND_P2P_STREAM消息对两个设备端点进行分别配置，设置同样的 P2P IDE流，这需要设备对直接 P2P进行支持。

2.经由根复合体的 P2P

经由根复合体的 P2P如图 12-5b所示。两个设备端点分别和根复合体建立不同的 IDE流，根复合体负责加密第一个 IDE流，然后加密第二个 IDE流。这时的根复合体属于 P2P传输的 TCB，缺点是没有直接 P2P那么高效，优点是不需要设备对直接 P2P提供额外的支持。

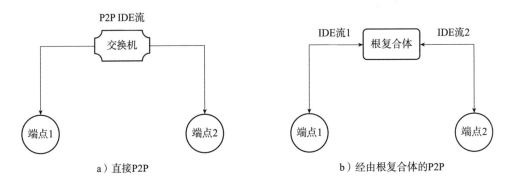

图 12-5　P2P 的两种形式

12.4　CXL 设备

相比 PCIe，CXL总线更加复杂，而 CXL总线是为了解决主机端快速访问设备内存的问题而设计的。CXL总线分为三类：

❏ CXL.io负责和传统 PCIe类似的部分，包括发现、配置、中断、DMA等。

❏ CXL.cache负责处理缓存一致性相关的操作。

❏ CXL.mem负责主机管理设备扩展内存（Host-Managed Device Memory, HDM）的访问。

图 12-6展示了三类典型的 CXL设备。

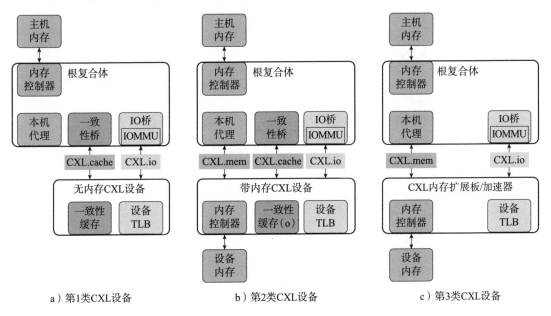

图 12-6　CXL 设备种类

- **第一类**：有 CXL.cache，没有 CXL.mem。例如，带有 cache，但不带外接内存的 CXL 设备。根复合体的缓存一致性桥（Coherency Bridge）通过 CXL.cache 总线和设备的一致性缓存联系，根复合体的 IO 桥（IO Bridge）通过 CXL.io 总线和设备 TLB 联系。
- **第二类**：有 CXL.cache，也有 CXL.mem。例如，带有 cache，也带外接内存的 CXL 设备。除了缓存一致性桥和 IO 桥，根复合体的本机代理（Home Agent）通过 CXL.mem 总线和设备内存联系。
- **第三类**：没有 CXL.cache，只有 CXL.mem。例如，带外接内存的 CXL 内存扩展板。根复合体只有本机代理和 IO 桥和 CXL 设备联系。

12.4.1　机密计算 CXL HDM 的安全模型

在 TEE 架构中，我们假设内存控制器存在 SoC 中，属于 RoT 的一部分，内存控制器具有内存加密以及完整性检测功能。CXL 的第二类和第三类设备带有 CXL 内存控制器，可以连接主机管理设备扩展内存（Host-Managed Device Memory，HDM）。如果 TEE 或 TEE-IO 架构中的主机端需要使用 CXL 的 HDM，那么就需要把这个 CXL 设备也加入 TCB 中。图 12-7 展示了机密计算 CXL HDM 架构模型。

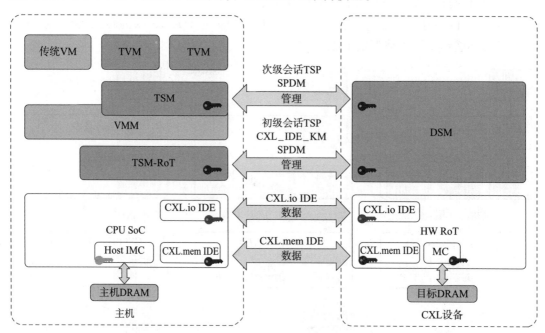

图 12-7　机密计算 CXL HDM 架构模型

注意　这里说 CXL 的 HDM 可以用于 TEE 或 TEE-IO，是因为 CLX 的 HDM 和 TEE-IO 是正交的。HDM 的作用只是提供内存扩展，可以把 TSM 运行在 HDM 上，同时 CLX 的内存控制器可以负责对内存数据进行加密。所以，HDM 更多是属于平台组件级别的 TCB 而非 TSM 级别的 TCB。

1. 机密计算 CXL HDM 的范围

根据 CXL 规范，机密计算 CXL HDM 的安全架构只考虑以下方面：

❑ 直接连接的逻辑设备（Logic Device，LD）、单一逻辑设备（Single Logic Device，SLD）、多头单一逻辑设备（Multi-Headed Single Logic Device，MH-SLD）。

❑ 动态容量设备（Dynamic Capacity Device），即设备的内存容量可以在主机运行时动态改变。

❑ 内存池（Memory Pooling），即多个发起者访问同一设备的非共享区域。

CXL HDM 的安全架构目前不考虑以下方面：

❑ CXL 交换机（Switch）。

❑ 通过 CXL 交换机连接的设备，包括多个逻辑设备（Multi-Logic Device，MLD）。

❑ 使用无序 IO（Unordered IO，UIO）的直接 P2P 连到 HDM。

❑ 使用 CXL.mem 的直接 P2P。

❑ 使用 CXL.io 的直接 P2P。

❑ CXL 类型 1 或类型 2 设备访问类型 3 设备的内存。

❑ 设备一致性 HDM（HDM-D）和使用反向失效侦听（Back-Invalidate Snoop）的设备一致性 HDM（HDM-DB）内存。

❑ 内存共享（Memory Sharing），即多个发起者同时访问同一设备的共享区域。

2. 机密计算 CXL HDM 的功能模块

机密计算 CXL HDM 继承了 TEE-IO 中 TSM 和 DSM 的概念，同时引入了新的模块 TSM 可信根。一些重要模块的角色和责任如下：

❑ **主机端 TSM 可信根（TSM RoT）** 负责和设备 DSM 建立一个 SPDM 连接以及初级会话。初级会话主要的功能有：1）通过 CXL TEE 安全协议（CXL TSP）设定配置和锁定配置；2）通过 CXL IDE_KM 设置 CXL IDE 密钥；3）部署次级会话的 PSK。次级会话支持是可选的，在没有次级会话的情况下，初级会话可以负责次级会话的所有功能。

❑ **主机端 TSM** 负责和设备 DSM 在同一个 SPDM 连接中建立次级会话。它的功能如下：1）通过 CXL TSP协议设置 TEE独占状态（TEE Exclusive State，TE State）；2）通过 CXL TSP协议设置或清除目标 DRAM的密钥。

注意 初级会话只能有一个，次级会话可以有多个。多个次级会话之间没有影响，次级会话也不会影响初级会话。初级会话的终止不会影响次级会话，但是一旦初级会话重新建立，那么所有的次级会话必须终止。

- ❑ **设备端DSM**负责与主机端的 TSM RoT和TSM建立 SPDM连接，并且通过 TSP 协议管理设备 HDM。
- ❑ **设备端内存控制器**负责加密/解密写入设备端目标 DRAM的内容。

3. 机密计算 CXL HDM的通信协议

与 PCIe一样，主机端和 CXL设备端的通信协议可以分为管理通道协议和数据通道协议，有以下几种：

（1）SPDM协议

与 PCIe一样，CXL设备也是通过 SPDM协议传递身份信息和度量值，使得主机端可以验证 CXL设备。主机端和 CXL的 DSM建立安全管理通道，承载 SPDM的应用层 CXL IDE密钥管理（CXL IDE Key Management，CXL IDE_KM）协议和 CXL TEE安全协议（CXL TEE Security Protocol，CXL TSP）。

（2）CXL设备的 IDE

CXL IDE是数据通道协议。CXL设备和主机端的 Flit TLP传输也需要 IDE保护，CXL.io的 IDE重用了 PCIe IDE的定义，而 CXL.cache和 CXL.mem使用的是一类新的 CXL.cachemem IDE，简称 CXL IDE。

- ❑ **CXL.io选择性 IDE Stream**（Selective IDE Stream）：它和 PCIe Selective IDE Stream一样。
- ❑ **CXL.io链路 IDE Stream**（Link IDE Stream）：它和 PCIe Link IDE Stream一样。
- ❑ **CXL.cachemem IDE Stream**（CXL IDE Stream）：加密两个相邻端口之间的 CXL.cache或 CXL.mem的 Flit，是点到点的加密。

不同于 PCIe IDE的三个子流，CXL IDE只有一个流。但是 CXL IDE可以支持两种模式：

- ❑ **CXL抑制**（Containment）**模式**：数据只有通过完整性检测之后才能被继续处理。
- ❑ **CXL滑行**（Skid）**模式**：数据可以在完整性检测尚未结束之前就被继续处理。这意味着上层软件得到的可能是攻击者的数据，但是上层软件可以在之后得知数据的完整性检测结果。滑行模式的显著优点是传输速度快。

（3）CXL IDE_KM协议

CXL IDE_KM是管理通道协议。CXL IDE_KM和PCIe的 IDE_KM类似，负责 CXL IDE的密钥协商，如图 12-8 所示。CXL IDE_KM增加了 GETKEY，在设置状态时使用。GETKEY的作用是获得设备 CXL IDE发送方的密钥。在 PCIe的 IDE_KM中，设备发送方和接收方的密钥都是由主机端生成的，这使得设备端无法单独进行 FIPS140-3的认证，因为 FIPS140-3要求 FIPS边界内的模块负责机密数据的加密保护，所以发送方需要自己生成密钥，而接收方密钥可以由对方生成。为了满足 FIPS要求，CXL IDE添加了 GETKEY命令来获取设备的发送方密钥，而 KEY_PROG只用来传递接收方密钥。

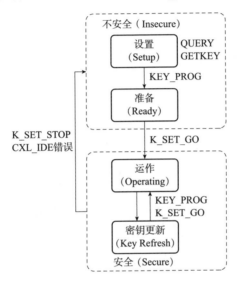

图 12-8 CXL IDE 的状态

（4）CXL TEE安全协议

CXL TSP是管理通道协议。CXL TSP是针对 CXL第三类设备内存扩展板提出的安全管理协议，用于管理机密计算 CXL HDM。TSP管理的设备有三种状态（如图 12-9 所示）：

- ❑ **配置未锁定**（CONFIG_UNLOCK）：这是 TSP的初始状态。主机端可以发送 Get Target TSP Version、Get Target Capabilities命令来获取目标信息。主机端 TSM RoT要从 SPDM初级会话发送 Set Target Configuration命令来配置目标，例如，选择内存加密功能、加密算法、访问控制，等等。
- ❑ **配置锁定**（CONFIG_LOCK）：当配置完成后，主机端 TSM RoT从 SPDM初级会话发送 Lock Target Configuration命令，把设备从 CONFIG_UNLOCK切换CONFIG_LOCK状态。这时目标的配置被锁定，主机端只能获取配置信息，不能修改配置信息。在配置锁定状态时，主机端的 TSM RoT 或 TSM 可以继续设置或清除 CXL HDM 的内存加密密钥，以及设置 TE 状态。

❏ **错误（ERROR）**：当 TSP 在 CONFIG_LOCK 时，任何会影响 SPDM 或 CXL IDE 连接安全的行为或 CXL 重启都会使 TSP 进入 ERROR 状态。ERROR 状态下的 TSP 不能暴露 TVM 机密信息，不能发送或接收 TEE 内存事务。非 TEE 内存事务可以继续发送。退出 ERROR 状态有两种方法：1）TSP 设备收到传统重启请求，清除所有 TVM 的机密数据后回到 CONFIG_UNLOCK 状态；2）TSP 设备自动清除所有 TVM 的机密数据，回到 CONFIG_UNLOCK 状态。

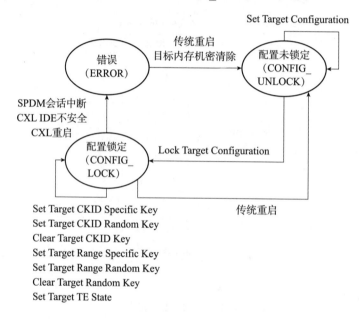

图 12-9 CXL TSP 设备的状态

4.机密计算 CXL HDM 的资源

CXL HDM 的内存分为 TEE 内存和非 TEE 内存，这取决于 TEE 独占状态，也称为 TE 状态。TE 状态为 1 的内存为 TEE 内存，只能由 TEE 访问；TE 状态为 0 的内存为非 TEE 内存，TEE 或非 TEE 都可以访问。TE 状态可以由 TSP 的 Set Target TE State 命令在运行时改变，立刻生效。CXL HDM 内存访问如图 12-10 所示。

注意 这里 TE 状态控制的是访问，而不是加密，就算是非 TEE 内存也可以加密。另外，TE 状态控制的是内存静态数据，而不是传输数据，CXL 内存传输由 CXL IDE 控制。

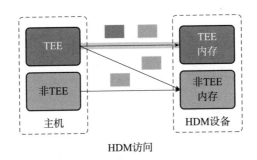

图 12-10 CXL HDM 内存访问

如果 HDM 的目标 DRAM 需要加密，加密密钥可以选择以下密钥之一：

❑ **上下文密钥标识符**（Context Key Identifier，CKID）**密钥**（CKID key）：使用传输层指定的 CKID 域来选择对应的 CKID 密钥进行加密。CKID 密钥分为两类：OSCKID（用来加密非 TEE 数据）和 TVMCKID（用来加密 TEE 数据）。

❑ **内存范围密钥**：使用内存的地址来选择对应的密钥进行加密。

主机端对于密钥的参与也分为两种情况：

❑ **指定特定密钥**：主机端直接指定 CKID 密钥或内存范围密钥。

❑ **提供随机熵值**：主机端提供熵值（Entropy）给设备，设备根据熵值生成随机密钥，可以是 CKID 密钥或内存范围密钥。

5. 机密计算 CXL HDM 的密钥

根据上述协议，我们可以总结一下机密计算 CXL HDM 中的密钥，如表 12-1 所示。

表 12-1　机密计算 CXL HDM 中的密钥

密钥名称	规范	功能	来源	子密钥
SPDM 初级会话密钥	SPDM	AEAD 密钥，保护 SPDM 初级会话	SPDM 初级会话 DHE 密钥交换以及衍生	2 个会话阶段：握手 / 应用 每个阶段：发送 / 接收两方向密钥
SPDM 次级会话密钥	SPDM	AEAD 密钥，保护 SPDM 次级会话	SPDM 初级会话中设置次级会话 PSK，然后衍生	2 个会话阶段：握手 / 应用 每个阶段：发送 / 接收两方向密钥
CXL.io IDE 密钥	PCIe	AES-GCM 密钥，保护 CXL.io IDE TLP	SPDM 初级会话中的 PCIe IDE_KM 直接设置	3 个 IDE 子流：PR、NPR、CPL 每个子流：发送 / 接收两方向密钥

（续）

密钥名称	规范	功能	来源	子密钥
CXL.cachemem IDE 密钥	CXL	AES-GCM 密钥，保护 CXL.cachemem IDE Flit	SPDM初级会话中的 CXL IDE_KM 直接设置	2 种 CXL IDE 模式：滑行和抑制模式 每种模式：发送 / 接收两方向密钥
主机端内存加密密钥	无	AES-XTS 密钥，保护主机 DRAM 数据	CPU SoC 内部产生	—
设备端目标内存加密密钥	CXL	AES-XTS 密钥，保护设备端目标 DRAM 数据	可由 TSP 协议配置，主机端可指定特定密钥或提供熵值	可以是基于 CKID 或是内存范围 CKID 密钥：OSCKID 和 TVMCKID

12.4.2 机密计算 CXL HDM 的威胁模型

根据 CXL规范，机密计算 CXL HDM应考虑以下威胁：

❑ **设备到 DRAM传输**：设备端采用内存加密，加密密钥可通过 TSP协议由主机端直接设定或提供熵值。

❑ **设备到主机端互联安全**：攻击者可能窃听、拦截、篡改、伪造，或重放数据包。TSP协议由 SPDM会话进行保护。TEE内存数据包由 CXL IDE进行保护。

❑ **设备端身份伪装**：主机端 TVM需要通过 SPDM协议对设备进行证明。

❑ **主机端身份伪装**：当建立新的初级会话时，设备端 DSM立刻终止所有次级会话，以及将 TSP切换到 ERROR状态。

❑ **从已有的明文数据包推测信息**：这属于侧信道攻击风险。主机端 TVM最好避免发送明文数据。

❑ **非 TEE访问 TEE数据**：设备端通过 TE状态进行访问控制。

❑ **TEE访问其他 TEE数据**：主机使用 TSP协议设置 TVM特有的密钥，而不是通用的密钥。

❑ **TEE访问非 TEE数据**：这只是风险，主机端 TVM不能完全相信非 TEE数据，需要验证。

❑ **目标把数据传输到别的端口**：SoC内部严格区分不同端口传输的数据。

第 13 章

TEE-IO 机密计算软件的开发

在第9章到第12章中，我们介绍了 TEE-IO 的各类架构和规范。在本章中，我们将介绍用来构建 TEE-IO机密计算方案的开源软件。大多 TEE-IO 相关的软件是基于 TEE的软件，在第7章中已经有所介绍，本章仅介绍 TEE-IO特有的部分。

13.1 TEE-IO 软件应用的场景

图 13-1展示了一个 TEE-IO 的典型应用场景。

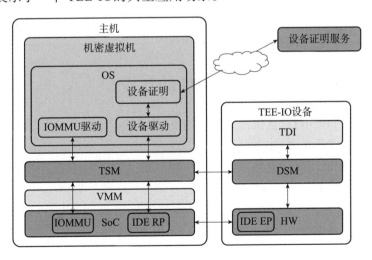

图 13-1　TEE-IO 的典型应用场景

这个应用的架构如下：主机端 VMM负责管理所有设备，包括 TEE-IO设备和非TEE-IO设备。对于支持 TEE-IO 的系统，VMM选择性地把 TEE-IO设备 TDI分配给

TVM。TVM操作系统中的设备驱动检测到这个 TEE-IO设备，但是不能完全相信，因此需要调用设备证明程序验证 TEE-IO设备的真实性，并且确认此设备证书是否在 TVM操作系统的可信设备列表中，以及设备度量值是否可以接受等。由于一个 TEE-IO设备可以同时共享给多个TVM，因此主机端和 TEE-IO设备的安全连接由 TSM负责。如果所有验证都通过，则 TVM操作系统开始使用这个 TEE-IO设备的 TDI。整体过程如下：

1）VMM检测到 TEE-IO设备。

2）VMM根据策略把 TEE-IO设备的 TDI分配给 TVM，又称为虚拟 TEE-IO功能。

3）TVM操作系统中的设备驱动检测到这个虚拟 TEE-IO功能。

4）TVM操作系统调用设备证明程序验证 TEE-IO设备，包括 TEE-IO设备的真实性、TEE-IO设备证书和设备度量值等。

5）TVM操作系统使用这个虚拟 TEE-IO功能。

TEE-IO机密计算相关的软件的分类如表 13-1 所示。

表 13-1   TEE-IO机密计算软件的分类

类型	机密虚机
TEE-IO 基础架构	虚拟器管理器 客户机操作系统内核 设备驱动
TEE-IO 设备证明	设备证明服务、验证服务 设备参考完整性清单服务
TEE-IO 安全通信	SPDM

13.2   机密虚拟机中支持 TEE-IO 的软件

从架构上看，TEE-IO只有机密虚拟机的支持，安全飞地不支持 TEE-IO。本节重点介绍机密虚拟机中支持 TEE-IO的软件。

1.虚拟机管理器

虚拟机管理器是机密虚机方案中的资源管理器，目前主流的 VMM都开始支持TEE-IO机密虚拟机，例如，Linux KVM和 Microsoft Hyper-V。

2.客户机操作系统

TEE-IO也需要客户机操作系统的支持，目前 Linux社区已经启动 TEE-IO支持的讨论，希望能够统一 Intel TDX Connect、AMD SEV-TIO、ARM RME-DA、RISC-V CoVE-IO等。

13.3 TEE-IO 设备证明

在 TVM 操作系统使用 TEE-IO 设备之前需要对 TEE-IO 设备进行证明、验证，包括 TEE-IO 设备的真实性、TEE-IO 设备证书和设备度量值等。

在设备证明和验证服务方面的软件有：

❑ 机密容器项目（CoCo）的**可信设备管理器**（Trusted Device Manager，TDM）是 CoCo 社区中提出的基于 Rust 语言的一个应用程序，具有设备认证功能，并支持设备的本地证明或者远程证明。TEE-IO 设备证明和验证的架构如图 13-2 所示。TVM 中的 OS 内核获取设备证据之后，把证据提交给 TDM 发出设备证明请求。TDM 选择采用本地证明或者远程证明的方式验证这些设备证书和度量值，最后 TDM 把设备验证结果返回给 OS 内核。

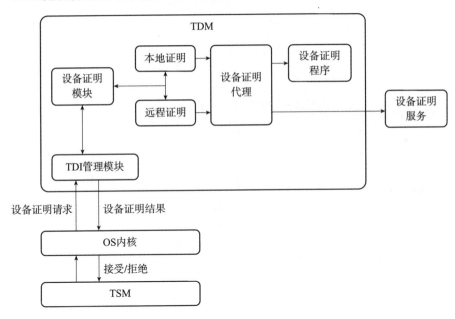

图 13-2 TEE-IO 设备证明和验证的架构

TDM 中的设备证明需要和 TVM 的证明相结合，也就是说，支持 TEE-IO 的 TVM 证明需要包含设备证明信息。

❑ **nvTrust** 是 NVIDIA 开发的针对 H100 GPU 机密计算一系列开源工具和 SDK，其中包含使用 Python 语言的 NV 证明 SDK 和 GPU 本地验证者。

13.4　TEE-IO 安全通信

TEE-IO的主机端需要使用 SPDM 和 TEE-IO 设备进行安全通信，目前业界常用的是平台模块间的 SPDM 协议。

已有的开源 SPDM 协议实现包括以下几种：

❑ libspdm 是 DMTF 基于 C 语言开发的一系列 SPDM 相关的代码。libspdm 提供了 SPDM 协议栈的基础，spdm-emu 提供了可以在操作系统中运行的 SPDM 模拟程序，spdm-dump 可以用来解析 SPDM 命令，SPDM-Responder-Validator 则是用来测试 SPDM 设备的测试库。图 13-3 展示了 libspdm 架构中的各类函数库。

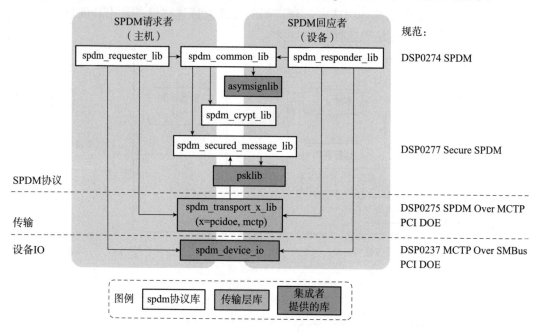

图 13-3　libspdm 架构

❑ spdm-rs 是 Intel 开发的基于 Rust 语言的 SPDM 协议栈，贡献给了 CCC 社区。spdm-rs 除了支持 SPDM 之外，还为机密计算添加了 PCIe 规范中 IDE 和 TDISP 的支持。

TEE-IO 交互性测试工具如下：

❑ SPDM-Responder-Validator 是 DMTF 用来测试 SPDM 设备的开源测试工具，包含 SPDM 协议的测试用例文档和测试库。

❑ tee-io-validator 是 Intel 用来测试 TEE-IO 设备的测试库，除了 SPDM 协议之外，还有关于 PCIe 规范 IDE_KM 和 TDISP，以及 CXL 规范的 CXL_IDE_KM 和 TSP 相关的测试用例文档和测试库。

第 14 章

TEE-IO 的攻击与防范

在第 13 章中,我们介绍了关于 TEE-IO的软件 SDK。在本章中,我们将介绍 TEE-IO的攻击与防范。

14.1 攻击方法

TEE-IO的架构大体上可以分为主机端、设备端,以及主机设备间连接。针对主机端 TEE的攻击在 TEE-IO中依然适用,而且 TEE-IO暴露了新的攻击面,如图 14-1 所示,包括攻击 TEE-IO设备端和攻击主机与设备的连接。

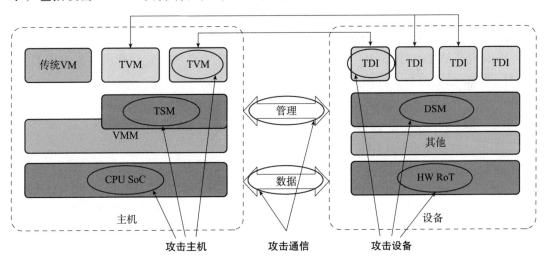

图 14-1 TEE-IO 架构中的攻击面

14.1.1 攻击 TEE-IO 主机端

TEE-IO架构给 TEE主机端增加了新的功能，这也是可能的针对 TEE的攻击点。关于 TEE部分的攻击，在第8章中已有描述，这里不再赘述。本节只介绍和 TEE-IO相关的新的攻击点。

1. 攻击 TEE-IO主机端 TVM

主机端 TVM软件需要增加设备管理功能，攻击点包括以下方面：
- 攻击设备驱动程序。例如，驱动程序软件漏洞、ARM Mali GPU驱动。
- 攻击设备证明流程。例如，证明流程协议的漏洞、密码实现的漏洞。
- 攻击主机 IOMMU管理。例如，Funderbolt攻击、雷霆（Thunderclap）攻击、雷电间谍（Thunderspy）攻击等。

2. 攻击 TEE-IO主机端 TSM

主机端 TSM和硬件需要提供机制来安全地管理设备 MMIO、管理 IOMMU来控制 DMA访问，以及控制 IDE TLP的加密和解密。攻击点包括以下方面：
- 攻击主机 MMIO访问控制硬件。
- 攻击主机 IOMMU和 DMA访问控制硬件。例如，IOMMU占用侧信道攻击 ⊖是利用 IOMMU资源的有限性，使用远程 DMA（Remote DMA，RDMA）网卡（RDMA Network Interface Card，RNIC）探测 IOMMU的工作条目分配，从而获得 GPU执行的信息。
- 攻击主机 IDE TLP加解密流程。

PCIe规范的 TDISP部分定义了一系列主机端的安全需求，它们都可以作为攻击点。我们在第9章已经进行了详细的描述。

14.1.2 攻击 TEE-IO 设备的连接

TEE-IO架构需要在 TEE和设备之间建立安全会话连接。从功能上看，可以分为管理通道和数据通道。从实现方面看，可以有软件连接，例如 TLS协议或 SPDM协议，以及硬件连接。PCIe规范的 IDE功能以及 CXL规范的 CXL_IDE可以作为硬件实现的安全数据通道。在此之前，设备只能依靠软件实现安全数据通道。

⊖ 参见 "PCIe side-channel attack on I/O device via RDMA-enabled network card"。

1.攻击 TEE-IO设备的软件连接

目前，业界常用的端到端安全会话协议有 TLS协议和 SPDM协议。TLS是 IETF 发布的网络传输层安全协议，广泛用于浏览器的 HTTP，目前的版本是 TLS1.3。业界也有关于 TLS协议的各种形式化验证来保证协议规范的安全性。针对 TLS实现方面的攻击已经有很多了，例如，心脏出血（Heartbleed）攻击是利用缺乏边界检查导致的缓冲区溢出，贵宾犬（POODLE）攻击利用了协议版本降级，而浣熊（Raccoon）攻击是针对 TLS协议 DH密钥衍生的侧信道隐患。TLS的开源实现 OpenSSL、MbedTLS和 WolfSSL都公布了实现相关的安全通告，其中最常见的还是缓冲区溢出和侧信道攻击。TLS可以作为一个选项，但实际中，设备端会选择更简单实用的 SPDM协议。

SPDM是 DMTF发布的用于平台组件之间的通信协议。SPDM1.0支持常用的模块度量和认证（Component Measurement and Authentication，CMA）功能，SPDM1.1支持建立安全会话和双向认证，SPDM1.2增加了设备证书部署功能并支持 DICE设备以及中国商密算法（Shang-Mi，SM），SPDM1.3则增加了异步事件、多密钥支持、端点信息、度量扩展日志（Measurement Extension Log，MEL）和哈希扩展度量（Hash Extended Measurement，HEM）等功能。同时，人们对 SPDM协议的安全研究也不断地演进：

- ❑ SPDM1.2重新设计了数字签名的消息通信记录，其中包含 SPDM版本 -能力 -算法（Version-Capability-Algorithm，VCA）三类协商信息，使攻击者无法使用降级攻击。这是为了解决 1.0/1.1的 MEASUREMENT消息的签名表单中没有 VCA的安全隐患。
- ❑ SPDM 1.2数字签名的消息通信记录中，被签名的消息包含 spdm_prefix。这样就避免了签名消息混淆的风险。
- ❑ SPDM 1.2中度量概要哈希的计算使用了整个度量块的信息，包含索引（Index）、类型（Type）等消息，而不只是度量值本身。这避免了度量值长度扩展的风险。
- ❑ SPDM1.2去除了基于 CHALLENG消息的双向认证。因为从严格意义上说，CHALLENGE的"双向认证"只是分开的两次认证，没有机制把它们绑定到一起。所以，SPDM1.2只提供了基于安全会话的双向认证。
- ❑ SPDM1.2去除了 InvalidSession错误码，以免暴露信息。
- ❑ SPDM1.3严格区分了 DHE和 PSK的会话密钥衍生机制，使用了不同的 Salt_0，能够更好地帮助形式化证明。

由于 SPDM是新出现的安全会话协议，因此关于 SPDM的研究和攻击还不多。Cas Cremers、Dax和 Naska对 SPDM做了形式化验证，并发现了 SPDM实现 libspdm的漏洞。libspdm安全公告 DMTF-2023-0001是一个双向认证绕过攻击。SPDM规范定义了两种双向认证方式，第一种是图 14-2a所示的基于证书的双向认证，请求者和应答者分别利用 KEY_EXCHANGE开始认证，再发送证书，最后使用 FINISH来完成认证；第二种是图 14-2b所示的基于预共享密钥（PSK）的双向认证，请求者和应答者分别利用 PSK_

EXCHANGE开始认证，最后使用 PSK_FINISH来完成认证。任意选择其中一种方式均可达到双向认证的目的。但是，如果一个设备同时支持两种双向认证，攻击者可以先发送 KEY_EXCHANGE来完成上半部分，然后用 PSK_FINISH来完成下半部分，这种模式切换可以绕过应答者对请求者的双向认证。

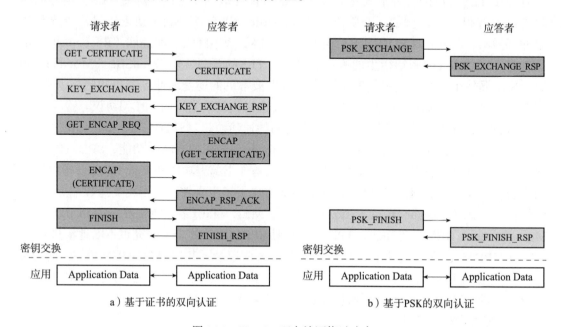

a）基于证书的双向认证　　　　　　b）基于PSK的双向认证

图 14-2　libspdm 双向认证绕过攻击

安全会话协议一般使用 AEAD算法进行消息加密和MAC，这是因为 AEAD算法可以同时提供机密性和完整性保护。表 14-1 列出了 SPDM和 IDE的 AEAD参数，包括算法、密钥长度、初始向量（Initialization Vector，IV）长度和MAC标签长度。

表 14-1　SPDM和 IDE的 AEAD参数

参数	安全 SPDM	PCIe IDE	CXL_IDE
算法	AES-GCM-256	AES-GCM-256	AES-GCM-256
密钥长度	256 比特	256 比特	256 比特
IV 长度	96 比特确定性构成 64 比特计数器 初始值 96 比特由协商得来，之后 XOR 从 0 开始的 64 比特计数器，每条消息加 1	96 比特确定性构成 64 比特计数器 比特 [95:64]: 全 0 比特 [63:0]: 从 1 开始的计数器，每条消息加 1	96 比特确定性构成 64 比特计数器 比特 [95:92]:1000b 比特 [91:64]: 全 0 比特 [63:0]: 从 1 开始的计数器，每条消息加 1
MAC 标签长度	128 比特	96 比特	96 比特

从表 14-1 可以看出，一个 AES-GCM-256的密钥可以使用 2^{64} 次。但是，IETF的 AEAD算法使用限制 [⊖] 文档草案表明，IV的使用次数可能远低于预期的 2^{64}。

我们假设对手攻击概率的上限（Upper Bound on Adversary Attack Probability）p 为 2^{-32}，根据文档的描述，可以得到表 14-2所示的 AEAD IV 使用次数的限制。其中，q 表示受机密性保护的消息个数，即 AEAD加密次数，也称为机密性限制（Confidentiality Limit）；v 表示攻击者可以尝试伪造消息的次数，即 AEAD解密失败的次数，也称为完整性限制（Integrity Limit）。最终，AEAD的限制取 q 和 v 中较小的值。

表 14-2　SPDM和 IDE的 AEAD IV使用次数限制（AES-GCM-256，$p=2^{-32}$）

参数	安全 SPDM	PCIe	CXL 抑制模式	CXL 滑行模式
$L=$ 最多 AES 块	4096	256	32	480
$t=$MAC 长度	128 比特	96 比特	96 比特	96 比特
$q=$ 机密性限制	$2^{36.5}$	$2^{40.5}$	$2^{43.5}$	$2^{39.5}$
$v=$ 完整性限制	2^{64}	2^{55}	2^{58}	2^{54}
AEAD 限制	$2^{36.5}$	$2^{40.5}$	$2^{43.5}$	$2^{39.5}$

攻击者可以不停地收集 AEAD消息，直到超过 AEAD限制，然后实现破解。

2.攻击 TEE-IO设备的硬件连接

根据 PCIe规范中规定的 TDISP功能，在 TEE-IO架构中，设备和主机端的 PCI TLP 传输通过 IDE进行加密保护。PCIe 5.0 IDE ECN增加了初始的 IDE支持，并且集成到了 PCIe 6.0规范中。安全方面，PCIe 6.0中额外增加了部分包头加密（Partial Header Encryption），只把 TLP路由相关的信息用明文传送，而尽量加密 TLP的其他部分包头，从而减少侧信道泄露的风险。根据 Xu、Cui和 Peinado的 "不安全系统中的确定性侧信道" 一文 [⊖] 的描述，攻击者可以通过观察访问的不同地址来判断程序的流程。如图 14-3 所示，假设函数 $F1$ 根据输入调用 $F2$ 和 $F3$，$F2$ 会调用 $F4$，$F3$ 会调用 $F5$，其中 $F1$ 在页面 A，$F2$ 在页面 B，$F3$ 在页面 C，$F4$ 和 $F5$ 在页面 D，那么攻击者可以观察每个页面访问的次序，从而获取相关信息。例如，访问页面 A、B、D意味着调用顺序为 $F1$、$F2$、$F4$，而访问页面 A、C、D意味着调用顺序为 $F1$、$F3$、$F5$，从而推断出 $F1$ 的输入。因此，

⊖　即Usage Limits on AEAD Algorithms。

⊖　英文标题为 "Controlled-channel attacks deterministic side channel for untrusted operating systems"。

TLP应该尽量隐藏不必要的内存地址访问信息。

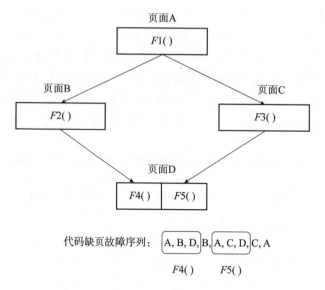

图 14-3　基于输入的确定性侧信道攻击的原理

TEE-IO对 PCIe IDE的需求是使用选择性 IDE流，因此对于 PCIe交换机没有安全需求。但是，CXL IDE是一种点到点安全链路，这意味着要相信设备和主机根端口之间的CXL交换机。

14.1.3　攻击 TEE-IO 设备端

TEE-IO设备由于拥有 TEE机密数据，因此也是潜在的攻击点。

侧信道是 TEE攻击的一种常用手段，为了构建一个安全的 TEE，架构师和开发者需要充分理解侧信道的攻击与防范原理。

1.攻击 TEE–IO设备 RoT

硬件可信根包含提供可信启动的度量硬件可信根、存储可信根和报告可信根，以及提供弹性恢复功能的检测可信根、更新可信根和恢复可信根。这些都可以成为攻击点。

2020年关于 FPGA的星星出血（Starbleed）攻击利用了 Xilinx-7 FPGA的寄存器侧信道信息泄露。图 14-4 显示了 Xilinx-7 FPGA的设计，配置流（bitstream）中包含FPGA的编程信息。在 FPGA开发阶段，需要把 bitstream下载到 FPGA运行，使这个设备成为一个真正的功能设备。为了维护机密性和硬件 IP以及 FPGA设备的完整性，bitstream通常采用加密和 MAC的方式。FPGA设备内部有一个配置引擎，负责解密bitstream，验证 MAC的完整性，然后再编程到 FPGA Fabric。

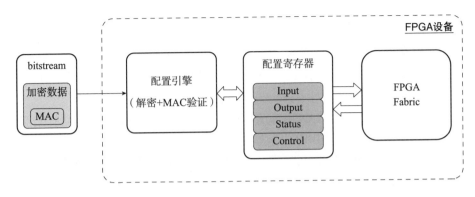

图 14-4　Xilinx-7 FPGA 的设计

图 14-5显示了 Starbleed的攻击原理。在理想状态下，任何数据都应该先验证再使用，但在 Xilinx 7系列的 FPGA中，FPGA配置引擎会在 MAC验证之前就使用 bitstream 中的数据。同时，Xilinx FPGA有一个非易失寄存器 WBSTAR，它在 FPGA系统重启的情况下不会清零。在 Starbleed攻击中，攻击者修改 bitstream的数据，让 FPGA把解密数据写入 WBSTAR，然后重启 FPGA，恶意程序便可以从 WBSTAR中读取解密数据。虽然一次重启只能读出 4字节的信息，但是攻击者可以反复尝试，直到所有数据都被读出为止。这就是第一阶段，目的是破坏机密性。在第二阶段，攻击者直接从明文数据中获取 MAC密钥，这是一个密码设计缺陷。结果，攻击者便可以构造正确的 MAC信息，从而破坏真实性（Authenticity）。

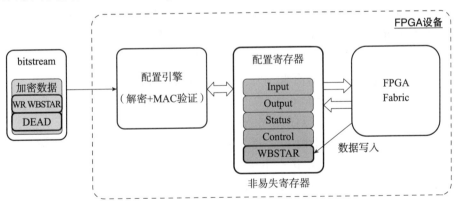

图 14-5　Starbleed 的攻击原理

其他形式的攻击还有利用电压毛刺攻击 NVIDIA Tegra X2 SoC的启动 ROM[⊖]，以及覆写 PCIe交换机设备的电可擦可编程只读存储器（EEPROM）攻击等[⊖]。

⊖　参见The Forgotten Threat of Voltage Glitching: A Case Study on Nvidia Tegra X2 SoCs。

⊖　参见PCIe Device Attacks: Beyond DMA Exploiting PCIe Switches Messages and Errors。

2.攻击 TEE-IO设备 DSM

设备 DSM和硬件需要管理设备的身份和度量、设备和 TDI的配置、TDI的状态、设备重启、TDI内存隔离以及控制 IDE TLP的加密和解密。攻击点包括以下方面：

- ❑ 攻击设备的身份或度量。例如，恶意固件更新或固件 SVN降级。
- ❑ 在 TDI处于 CONFIG_LOCK或 RUN状态时，攻击设备的私有 MMIO空间。例如，读取或写入私有 MMIO。
- ❑ 在 TDI处于 CONFIG_LOCK或 RUN状态时，攻击设备的 PCI配置空间。例如，重新配置 MMIO BAR。
- ❑ 攻击设备 IDE TLP的加 /解密流程。
- ❑ IDE回到 Insecure状态后，读取机密数据。
- ❑ 设备 TDI回到 ERROR或 CONFIG_UNLOCK状态后，读取机密数据。
- ❑ 重启设备或部分功能后，读取机密数据。
- ❑ 启用设备调试模式后，读取机密数据或修改安全配置。

PCIe规范的 TDISP部分定义了一系列设备端的安全需求，它们都可以成为攻击点。我们在第 9章对此已做过详细的描述。

3.攻击 TEE-IO设备 TDI

TDI是 TEE-IO设备中的功能模块，会接收 TEE的输入处理机密数据，并有可能接触机密代码和数据，因此保护 TDI对于整个 TEE-IO架构来说至关重要。

TEE-IO设备也存在侧信道攻击。例如，针对 GPU的侧信道攻击有以下几种：

- ❑ **指令信息泄露**：CUDA Leak攻击利用了 CUDA指令的信息泄露。
- ❑ **缓存侧信道**：GPU密钥恢复时长攻击[⊖]、GPU时长侧信道[⊖]，以及三叉戟（Trident）攻击利用了 GPU上的缓存侧信道，导致 AES密钥泄露。
- ❑ **GPU软件侧信道**：渲染不安全（Rendered Insecure）攻击提出了 GPU侧信道的可能性，包含使用内存分配 API、性能计数器、时间测量等方法，GPU侧信道[⊜]使用间谍应用来监测受害者应用的侧信道信息，例如网站指纹（Website Fingerprinting，WF）攻击、击键信息推断，以及神经网络模型恢复等。
- ❑ **电磁侧信道**：图形偷窥单元（Graphics Peeping Unit）攻击利用动态电压和频率调节（Dynamic Voltage and Frequency Scaling，DVFS）导致电磁侧信道泄露，例如网站指纹和击键时长信息推断。洞察力（Clairvoyance）攻击利用 GPU的电磁侧信道获得深度神经网络（Deep Neural Network，DNN）模型信息。

⊖ 参见A complete key recovery timing attack on a GPU。

⊖ 参见A timing side channel attack on a mobile GPU。

⊜ 参见Side channel attacks on GPUs。

❑ **微架构侧信道**：GPU盒中间谍（Spy in the GPU-box）攻击利用了多GPU微架构中的共享L2缓存侧信道攻击，使得一个GPU能够获取远程GPU的机密信息。

❑ **GPU算法侧信道**：GPU.zip攻击利用了GPU对处理数据进行压缩而导致的SVG（Scalable Vector Graphics）滤镜像素窃取（Pixel Stealing）。图14-6展示了GPU.zip攻击流程，第一步是把跨域网页嵌入一个iframe；第二步是隔离并且二值化iframe的单个跨域像素，然后扩展；第三步是把以压缩为中心的SVG过滤器栈（filter stack）应用到扩展的像素之上，根据目标像素颜色来创建可压缩或不可压缩纹理；第四步是依据渲染时间或最低级缓存（Last Level Cache，LLC）访问时间来推导目标像素的颜色。

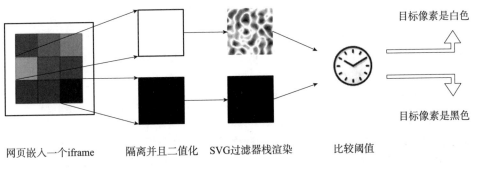

网页嵌入一个iframe　　　隔离并且二值化　　SVG过滤器栈渲染　　　　比较阈值

图 14-6　GPU.zip 攻击的过程

利用 PCIe总线的侧信道攻击有：

❑ **PCIe总线信息**：赫尔墨斯攻击（Hermes Attack）利用 PCIe未加密数据包来获取深度神经网络（Deep Neural Network，DNN）模型信息。

❑ **PCIe流量拥塞**：不可见探查（Invisible Probe）攻击利用了 PCIe的流量拥塞，在多设备接入时，由 RDMA网卡攻击 GPU进行用户输入推导、网页推导、机器学习模型推导，以及由 NVMe攻击 NIC进行网页推导。锁定（LockedDown）攻击通过 CUDA锁定页面内存分配造成 PCIe流量拥塞，从而进行网页推导。PCIe总线时长攻击 [⊖]的原理是 GPU/FPGA等多个设备同时接入 PCIe总线时，恶意设备可以通过探查 PCIe总线来得知受害者设备的数据传输时间以及信息。

故障注入必须要关注，之前已有利用故障注入攻击 AI模型的案例，如下所示：

❑ **终端脑损坏（Terminal Brain Damage）攻击和深度锤击（DeepHammer）攻击**利用了内存行锤击故障注入攻击深度神经网络模型，从而实现攻击。

❑ **NMT打击（Neural Machine Translation-Stroke，NMT-Stroke）**利用内存行锤击故障注入进行比特翻转，攻击神经机器翻译（Neural Machine Translation，NMT）。

⊖　参见Timing-based side channel attack and mitigation on PCIe connected distributed embedded systems。

NVBitFI提供了 NVIDIA GPU故障注入的工具，可以来验证程序的错误处理能力。

随着 TEE-IO机密计算的发展，针对设备的侧信道攻击将会成为有效的攻击手段，因此必须高度重视，并尽早进行防范。

14.2　防护原则

针对以上攻击方法，本节重点介绍相应的防范方法。

14.2.1　TEE-IO 主机端防护

TEE 和 TSM的软件部分应遵守第 8章讨论的安全软件设计原则，包括密码应用安全、侧信道保护等。特别需要注意的是 TEE-IO架构中新的模块的安全防护。

1. TEE-IO主机端 TVM

主机端的 TVM需要负责以下工作：

- ❏ 安全使用设备功能，由设备驱动程序完成。由于设备可能随时遭到攻击而切换到 TDI错误状态或 IDE不安全状态，设备驱动程序不能假设读取的私有 MMIO信息是无误的，因此在访问 MMIO数据前，一定要检查设备的错误位是否置位。一旦错误位被置位，设备驱动程序就需要检查 TDI状态，进行必要的恢复。
- ❏ 安全管理设备的添加 /删除，由设备管理模块完成。VMM可能随时添加或删除设备，设备管理模块需要及时处理设备的状态。
- ❏ 验证设备身份和度量值，由设备认证模块完成。设备认证模块需要及时更新CRL列表以及设备参考值，防止过时的或有安全漏洞的设备被 TVM接受。

2. TEE-IO主机端 TSM

主机端的 TSM需要负责以下工作：

- ❏ 安全 MMIO管理：TSM需要管理私有的 MMIO列表，VMM只能向 TSM发送MMIO修改请求，但不能直接修改 MMIO配置。
- ❏ 安全 DMA管理：TSM需要管理可信的 IOMMU，控制 DMA对私有内存的访问，VMM只能向 TSM发送 IOMMU修改请求，但不能直接访问可信的 IOMMU。
- ❏ 设备绑定：建立 SPDM安全协议、身份认证和度量值获取、建立 IDE流、建立TDISP连接运行可信 MMIO和 DMA的设备必须是同一个设备。
- ❏ 控制主机端 SOC PCIe根端口的 IDE配置。

PCIe规范中的 TDISP部分定义了一系列主机端的安全需求，这些需求都应该满足，我们在第 9章已对此有过详细的描述。

14.2.2 TEE-IO 设备的连接防护

TEE-IO设备的连接通常涉及安全会话协议，通过安全会话协议提供机密性和完整性。

1. TEE-IO设备的软件连接

TEE-IO设备的软件连接安全通常使用SPDM协议来实现。对于一个安全协议，通常需要考虑以下几部分：

- ❑ **协议规范的安全**：例如，对SPDM协议进行形式化验证，证明SPDM协议本身没有安全漏洞，包括错误信息的侧信道漏洞。
- ❑ **协议密码的安全**：例如，在协议双方协商选择密码算法的时候，应尽量使用标准化的算法，并且过滤掉有潜在安全威胁的算法，详见第8章的描述。
- ❑ **协议实现的安全**：例如，对SPDM协议的实现进行测试，特别需要注意缓冲区溢出和侧信道安全。使用第三方库的时候，需要随时关注安全通告和更新。
- ❑ **协议应用的安全**：例如，评审使用SPDM协议的方法是否安全，输入的一次性临时值（Nonce）是不是得到验证，SPDM会话策略是不是需要支持设备运行时更新，SPDM度量值在安全会话内获取还是在安全会话外获取，度量值是否需要阶段性重新获取，等等。

根据IETF的AEAD算法使用限制文档草案，AEAD IV的使用次数可能远低于预期的2^{64}，因此使用SPDM协议时需要及时进行SPDM密钥更新。

2. TEE-IO设备的硬件连接

TEE-IO设备的硬件连接安全通常使用PCIe IDE协议实现，同样需要考虑以下几部分：

- ❑ **协议规范的安全**：例如，对IDE协议进行形式化验证，证明IDE协议本身没有安全漏洞，包括侧信道风险。
- ❑ **协议实现的安全**：例如，对IDE协议进行测试，查看PCIe规范中描述的各种情况下的需求是否都得到满足。使用第三方IP库的时候，需要随时关注安全通告和更新。
- ❑ **协议应用的安全**：例如，PCIe IDE需要使用选择性IDE流还是链路IDE流，使用CXL IDE要如何验证CXL交换机的安全性，等等。

根据IETF的AEAD算法使用限制文档草案，AEAD IV的使用次数可能远低于预期的2^{64}。因此使用IDE时需要及时进行IDE流的密钥更新。

14.2.3 TEE-IO 设备端防护

TEE-IO设备需要遵从通用的安全设计原则，可以参考以下几本书籍。Huffmire等编写的《FPGA安全性设计指南》和Kleidermacher编写的《嵌入式系统安全：安全与可信软件开发实战方法》分别总结了FPGA和嵌入式系统的安全设计。姚颉文和Zimmer编写的《构建安全固件》总结了固件安全设计的方法，适用于系统固件以及设备固件。

1. TEE–IO设备 RoT

硬件可信根需要安全地实现提供可信启动的度量硬件可信根、存储可信根和报告可信根。例如，可以使用已有的 TPM架构或 DICE架构。如果选择独立 RoT，那么需要严格进行架构评审。

硬件可信根需要安全地实现提供弹性恢复功能的检测可信根、更新可信根和恢复可信根。可以参考 NIST SP800-193固件弹性恢复指南获得这方面更多的信息。

2. TEE–IO设备 DSM

PCIe规范的 TDISP部分定义了一系列设备端的安全需求，这些安全需求都应该满足，我们在第 9章已对此做过详细的描述。

3. TEE–IO设备 TDI

TDI是功能单元，保护 TDI时需要考虑数据的机密性和完整性，特别需要注意防范侧信道攻击和故障注入攻击。

推荐阅读

深入理解计算机系统（原书第3版）

作者：[美] 兰德尔 E. 布莱恩特 等　译者：龚奕利 等　书号：978-7-111-54493-7　定价：139.00元

理解计算机系统首选书目，10余万程序员的共同选择
卡内基-梅隆大学、北京大学、清华大学、上海交通大学等国内外众多知名高校选用指定教材
从程序员视角全面剖析的实现细节，使读者深刻理解程序的行为，将所有计算机系统的相关知识融会贯通
新版本全面基于X86-64位处理器

　　基于该教材的北大"计算机系统导论"课程实施已有五年，得到了学生的广泛赞誉，学生们通过这门课程的学习建立了完整的计算机系统的知识体系和整体知识框架，养成了良好的编程习惯并获得了编写高性能、可移植和健壮的程序的能力，奠定了后续学习操作系统、编译、计算机体系结构等专业课程的基础。北大的教学实践表明，这是一本值得推荐采用的好教材。本书第3版采用最新x86-64架构来贯穿各部分知识。我相信，该书的出版将有助于国内计算机系统教学的进一步改进，为培养从事系统级创新的计算机人才奠定很好的基础。

—— 梅 宏　中国科学院院士/发展中国家科学院院士

　　以低年级开设"深入理解计算机系统"课程为基础，我先后在复旦大学和上海交通大学软件学院主导了激进的教学改革……现在我课题组的青年教师全部是首批经历此教学改革的学生。本科的扎实基础为他们从事系统软件的研究打下了良好的基础……师资力量的补充又为推进更加激进的教学改革创造了条件。

—— 臧斌宇　上海交通大学软件学院院长

推荐阅读

软件工程（原书第10版）

作者：[英]伊恩·萨默维尔 译者：彭鑫 赵文耘 等 ISBN: 978-7-111-58910-5

本书是软件工程领域的经典教材，自1982年第1版出版至今，伴随着软件工程学科的发展不断更新，影响了一代又一代的软件工程人才，对学科建设也产生了积极影响。全书共四个部分，完整讨论了软件工程各个阶段的内容，适合软件工程相关专业本科生和研究生学习，也适合软件工程师参考。

新版重要更新：

全面更新了关于敏捷软件工程的章节，增加了关于Scrum的新内容。此外还根据需要对其他章节进行了更新，以反映敏捷方法在软件工程日益增长的应用。

增加了关于韧性工程、系统工程、系统之系统的新章节。

对于涉及可靠性、安全、信息安全的三章进行了彻底的重新组织。

在第18章"面向服务的软件工程"中增加了关于RESTful服务的新内容。

更新和修改了关于配置管理的章节，增加了关于分布式版本控制系统的新内容。

将关于面向方面的软件工程以及过程改进的章节移到了本书的配套网站（software-engineering-book.com）上。

在网站上新增了补充材料，包括一系列教学视频。